線型代数学序説

—ベクトルから固有値問題へ—

銀　林　　浩著

現 代 数 学 社

まえがき

大学初年級のレベルでの代数教科書には，だいたい3段階の変化がみられる．

A) 戦前．旧制高校では，代数学・解析幾何・微分積分学の3本建て．代数学ではまず複素数があり，ついで方程式 (3次方程式，4次方程式など) を解き，それから行列式がくるといった体裁で，行列は最後にちょっと触れられるか，ほとんど触れられなかった．ベクトルという用語はもともと代数には出てこなかった．それは力学に登場してくるものと決まっていたのである．

解析幾何は，座標からはいって，直線・円・円錐曲線ときて，中心は2次曲線の分類ということになる．しかも，三角法 (三角関数にあらず，まさしく三角法!) が抱き合わせになっていた．

これは，だいたい19世紀末の分科主義からくる硬直した体系ともいえるもので，半世紀ほどの長い間高等教育を支配していた．

B) 1960年代まで．大学も旧制から新制へ切り換わるにしたがって，数学の教科書も一変した．代数学と幾何学というのと，解析学の2本建てとなり，後者には，実数論や微分方程式論が追加されるようになった．代数系統では，

複素数 ⟶ 方程式 ⟶ 行列式 ⟶ 1次式と直線
⟶ 2次式と円錐曲線 ⟶ ベクトル・行列

のような形になってきた．以前より，方程式論が後退し，線型性がやや前面に現われてきたが，依然としてベクトルや行列は行列式よりあとにあり，ベクトルは主役とはなっていない．その上，2次式では，2次曲線が主体で，固有値問題はその分類のための手段にすぎなかったといえる．

C) 1960年以降．代数系統では，はっきり線型代数を軸とするものが現われてきた．書名も『線型代数』ないし『ベクトルと行列』(あるいはその逆) のようなものが多くなってきた．こうして，現在では，むしろ線型代数と銘打った教科書の方が多いくらいである．

内容も，ベクトルや行列，線型空間や線型写像が主役になってきて，解析幾何はむしろそれらの空間的表象として扱われるようになってきた．目的は2次形式や固有値問題で，2次曲線の分類などは，附随的に扱われるにすぎなくなってきた．

解析系統への線型性の浸透もめざましく，ニッカーソン・スペンサーの『現代ベクトル解析』のようなテキストがすすめられている．微分方程式の扱いでも，以前のような技巧的求積法中心ではなく，連立線型微分方程式中心に変わってきている．そしてその中でこそ，固有値問題が役に立つのである．

こうして，代数系統が線型代数中心になってきたのには，いくつかの理由がある．まず第一に，ブルバキ『数学原論』中の『代数2』や『代数3』によって，線型代数や複線型代数（行列式や外積などを扱う）の内容や体系が整備されたことがあげられよう．そしてこのこと自身が，数学の全体系の中で，線型構造（線型空間＋線型写像の法則性）が枢要の地位を占めることの反映でもあった．第二に，応用面における線型代数の役割の増加があげられる．量子力学の線型性の認識と線型計画法などにみられるような経済・経営分野における線型性の比重の圧倒的増大に，このことは象徴的に現われていて，上述のような，微分方程式における線型微分方程式中心への移行も，そのことの反映であるともいえる．とくに，経済分野では，線型の差分方程式が重要になるが，これも固有値問題の重要な応用場面の一つである．

第三に，初等教育の観点からみても，線型代数は中心的概念の地位を占める．まず，ベクトルは（矢線ではなく）多次元量の直接的抽象化であるし，その上に立てば，線型写像は正比例関数 $y=ax$ の多次元化にすぎない．さらに，行列式はベクトルの《張り具合》の数量化であり，内積は速度×時間のようなごくありふれた乗法の多次元化と考えることもできる．こうみてくると，最新の洗練された線型代数的諸概念は，高踏的抽象であるどころか，初等教育（それもその本質的な部分）に直結する，ひじょうに具体性をもったものだということになる．

線型代数の名著の多い中で，あえてこの著をその中に加えようというのは，何をおいても，線型代数の以上のような諸相を一貫して追究したかったからである．すなわち，(1) 線型空間・線型写像のような数学的構造が中心に置かれている，(2) 上の最後に述べたような初等教育との合理的つながりが強く意識されている，(3) 固有値問題を到達点に据え，線型差分方程式や線型微分方程式へのその適用まで扱うことによって，応用と接触させ，その意義が十二分に汲み取れるようにした，ことなどである．それればかりではなく，従来の≪証明一辺倒≫的教科書の欠陥を補う意味もあって，線型代数の

計算的側面 (computational aspect)

にも焦点をあてた．これは，《掃き出し》法による行列の階数計算や，1 次方程式の解法と，固有値問題の扱い方に特徴的に現われている．これらの叙述の展開はすべて，理論的展開とこの計算的側面が本質的に結合されるように選ばれているのである．

1970 年 12 月

著　　者

再　版　の　弁

もう30年も前に出したこの本を再版したいと，出版社から突然の申し出がきたときには正直いってびっくりした．もうとっくに役割を終えたかと思っていたからである．

たしかに20世紀後半は,「まえがき」にも述べたようにブルバキ等の努力もあって，線型代数は花盛りであったといえる．しかしまさにその半世紀の後半，その繁栄に水をさすような事態が起こっていた．いわゆる「カオス現象」の発見・再発見である．一層複雑な21世紀を予感させるような激動である．

例えば，

$$F(x)=4x(1-x)$$

といったごく簡単な2次関数においても，初期値 x_0 から始めて

$$x_1=F(x_0), x_2=F(x_1), \cdots\cdots, x_{n+1}=F(x_n), \cdots\cdots$$

と反復変換していくと，初期値がちょっとずれただけで，まったく想像を絶する振る舞いをする．線形現象ではこうしたことは起こりえない，すべて予測可能である．こうした分析にコンピュータ・シミュレーションが寄与していることは疑いない．

では線型代数はもう要らないか，と思うと大間違い．よく見ると，こうした非線形の現象を解析する際にも，実は線型代数が不可欠の基礎になっている(とくに高次元の場合)．線形性の理論が確立していたから，非線形も「まともに(？)」扱えるようになったといった方がよいかも知れない．

その証拠に，この本の出版後にも固有値問題やジョルダンの標準形を取り上げた線型代数のテキストは依然山と出ている．それなら今日再び，この本をあえて世に問うてもおかしくはあるまい．

その中にあって，このテキストの特徴をひとことでいうなら，必要最小限のことが一般性をもってしかも効率的に盛られていることか？

2002年1月　　　　　　　　　　　　　　著　者

読者への注意

1. 本書は，雑誌『現代数学』に2年間（1968年5月～1970年4月）連載した講義をもとに，加筆訂正してできあがったものである．したがって，第4章までの初等的部分と，第5章以後の上級の部分とに分かれていて，ベクトルと行列についての基本的概念さえあれば，後半は前半と独立に利用できるようになっている．記述の体裁も，前半の初等的部分では，直観との橋わたしに留意してあるが，後半では論理的な展開と構造の把握に重点が置かれている．
2. 各章の論理的関連はほぼ次のようになっている．

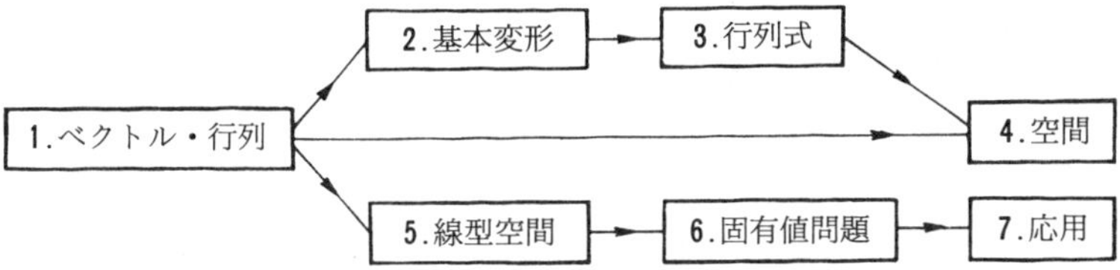

3. (1) もっとも重要な定義は，全巻通して番号づけ，巻末に一覧表として再録した．

(2) 定理，例，問は，章ごとに番号づけられている．

(3) なお，問は本文の説明の理解に不可欠なものもあるので，その掲載箇所で解かれるのが望ましい．問の略解は巻末にまとめてある．

(4) 式番号は節ごとにつけられている．

(5) 直観との橋わたしは，主として☞の印しの小活字で印刷した部分で行なった．これは舞台裏をそっと告げる，いわば《かげの声》である．

(6) こまかい注意は，本文の中の注意と脚注で行なうことにした．

も　く　じ

第 0 章　代数学を学ぶ心がまえ

大学でも代数をやるのか？　まだやることが残っているのか？——なかなかどうして，代数をネタに一生めしを食っている人がいる．いったい大学における代数とは何か？

■イラスト・中西伸司

§1　高校数学とどこが違うか？

めでたく大学に入学でき，いろいろ講義をきいてみて，高校時代と同じようにひき続いてスムーズに勉強できていければ，これほど幸いなことはない．ところがどっこい，なかなかそうはいかない．数学の講義もその不幸の実例の一つである．高校数学にすっかりなじんできた諸君は，大学の数学に接してみて，おそらくおおいに戸惑うに違いない．

まず，高校は≪授業≫だったのに，大学は≪講義≫だ．名まえが変わっていかめしくなっただけなら何ということはないが，やり方から内容そのものまでがらりと変わってしまう．高校の授業は，いつも生徒の反応を見ながら進めてくれたが，大学の講義は教壇からの一方通行のことが多い．今はやりのマスプロ教育なのか，100人，200人，ひどいのになると，ワイヤレスマイクとプロジェクターやテレビを使って400人という≪大≫講義であったりする．これでは，わからない個所ですぐに先生に質問して，疑問を正すというようなことはできるわけがない．質疑用のボタンがあっても，それを押して何百人の他の学生に迷惑をかけることを考えると，気おくれしてとても押せるものではない．授業が終わってから，教授のところへききに行こうと思っても，わずか10分間の休み時間では，行って帰ってくるだけでつぶれてしまい，ゆっくりきき直すひまもない．それに，高校のときは，すぐに演習問題をやってくれたから，それによって講義のわからないところが補えたが，大学ではまったく演習をやってくれないか，やってくれても一章分くらいまとめてだし，多くの場合，講義担当の教授ではなく若い助手の人が受けもっているので，講義内容の助けにはあまりならない．

それに，問題はその講義内容だ．高校の数学は要するに≪計算≫だと思っていたが，大学の数学の講義では，計算などはほとんどでてこない．もっぱら，≪証明≫の連続である．しかもおどろいたことに，証明は幾何学で図形について行なうものと信じていたのに，代数や解析まで，全部これ証明である．高校までに10年以上も学んできた数学はいったいどこにいってしまったのだろう？何の役にも立たないのだろうか？ 解析で,「和の極限は極限の和である」という定理に，やっと不等式の技法が使われたのをみて，ハハーと思ったくらいである．高校の数学と大学のそれとは，どうしてこうも違うのだろうか？ これではまるで，平価切下げによって貨幣価値を切り下げられ，持っていた宝が一朝にしてくずとなってしまったようなものだ．しかも，一片の通告もなしにだ…….

これほどひどくはないにしても，大学にはいって同じような感想をいだかれる方は少なくないのではなかろうか？

§2 一つの実例

高校以下の数学と大学数学という2種類の数学があるわけではない．数学は一つのものだからである．違いがあるとすれば，それは≪扱い方≫である．すなわち，高校以下の数学の扱い方は，おおむね構成的 (constructive) であるが，大学ではだいたい，体系的 (systematic)，あるいは理論的 (theoretic)，数学的にいえば，公理的 (axiomatic) に扱う．

具体例によって，もう少しくわしく説明してみよう．

一つの整数 b を正の整数 a でわると，整商 q と余り r が得られる：

$$b = aq + r, \qquad 0 \leqq r < a \quad \cdots\cdots\cdots\cdots\cdots\cdots (1)$$

これは，小学校4年生のときから知っている事実である．しかし，この事実を≪知る≫までには，3年間以上の年月がかかっていることに注意しなければならない．個物の集合の大きさを表わすことから自然数を抽象し，それの加減乗除を学ぶ．それも最初は1位数，次は2位数，そして3位数，…と，一歩一歩学んでくるのである．一度にはけっして学べないのである．この段階では，

「知ること」はすなわち「できること」

である．むずかしくいえば，認識は能力と切り離しがたく結びついているのである．しかし，このように整数の四則を習得しても，その段階では，

$$525 = 231 \times 2 + 63 \quad \cdots\cdots\cdots\cdots\cdots\cdots\cdots\cdots (2)$$

というような≪数的≫な事実の総体にすぎないのであって，前記の(1)のような一般的な表現はまだできない．これができるためには，文字の使用が自由でなければならないが，それにはさらに1年か2年の歳月を必要とする．

こうして，(1)という事実を認識するためには(1)をみたすqとrが，与えられたどんなa,bに対しても実際に求められるということが基礎になっている．このような意味で，高等学校までの数学は≪構成的≫であるということができる．

しかし，理論的にいって，(1)でだいじなのは，任意の与えられた整数$a(>0)$とbに対して，(1)をみたす整数qとrがただ一通りに存在(exist)するということであって，どういう手続きで実際にそのqとrが求められるかは二の次である．小学生には，実際的手続きから離れて≪存在≫を認識することはできないが，高校生や大学生にはそれが可能である．

この≪存在≫そのものを把えるということこそ，大学以後の数学の最大の特色なのである．実際の計算や手続きと切り離して，(1)なら(1)という事実を把えようとすれば，(1)そのものを大前提または第1原理と仮定するか，(1)をさらにもとになる事実から，純論理的に導くかしなければならない．「純論理的に導く」ことが，すなわち≪証明≫であり，証明が数学の最大特徴になるのはこのためなのである．

いま考えている整除法においては，(1)は

「自然数の集合が空でなければ最小数をもつ」 ……………(3)

という事実から証明される．そしてさらに，これは

数学的帰納法の原理 …………………………(4)

と同等なことがわかっている．だからけっきょく，整除法の原理(1)は数学的帰納法(4)を前提（仮定）すれば証明されることである．すなわち，

$$(4) \to (3) \to (1)$$

もちろん，さらに別の仮定において，数学的帰納法の原理(4)を証明することもできる．

しかしともかく，このようにさかのぼっていけば，最初に，「証明を要しない」，あるいは「証明することを要請されない」原理がなければならないことは明らかである．このような原理は，よく知られるように，公理とよばれる．このような意味で，大学以後の数学は公理的ということができるのである．

ところで，ひとたびこういう立場に立てば，かえっていろいろな道が考えられる．たとえば，整除法の原理(1)そのものを出発点の公理にとることもできよう．そうすれば，同じようなことは，整数だけでなく，1変数の多項式にも，同じ原理が適用できる．すなわち，二つの多項式 $a(X)$ と $b(X)$ に対して，

$$b(X)=a(X)q(X)+r(X), \quad r(X) \text{ の次数} < a(X) \text{ の次数} \quad \cdots\cdots (5)$$

をみたす二つの多項式 $q(X)$, $r(X)$ がただ一通り存在する．(5)の後半の不等式が(1)の後半の不等式と少し形が違うけれども，同じように，整除法の原理とよんでもよいものである．だから，整除法の原理を公理にとって，理論を展開しておけば，整数と1元多項式とを共通に扱うことができる．たとえば，倍数・約数，最大公約数・最小公倍数，素数，素因数分解のようなことがらはこの両者で共通に展開することができるわけである．

§3 大学での勉強法

これで，高校数学と大学数学の違いはわかったことと思う．高校までの数学は，認識の深層構造として，立派に生きているのである．それにしても，断絶はいかにも大きい．高校では，大学でのような現代数学的な考え方には一言も触れられないし，大学では教授それぞれの流儀で講義が進められるので，断絶のあることすら考慮されないように思われる．

では，大学の数学をどのように勉強したらよいだろうか？ それには，前項の指摘から，次のような二つの方向が考えられよう．

一つは，頭を切りかえることである．すなわち，大学における新しい考え方に早くなれることである．公理的扱いでは，最初に基礎になる公理をいくつか設定し，それから純論理的に議論を展開していく．その間に，どんな余分の知

識も密輸入しない．したがって，どんな予備知識も仮定されないし，どんな不意の飛躍も行なわない（原理的には）のであるから，見方によっては，これほどやさしいことはないともいえる．極端にいって，健全な理性のみが必須の素質だといってもよいだろう．しかし，その代わり，途中が抜けたり，忘れたりすると致命的になる．だから，心得の第1は，絶対に途中が抜けないようにすることである．そのためには，

1)　確実にノートを整理する．

2)　公理・定義・定理の一覧表をまとめておく．

などいろいろな手段があろう．

さらに，公理的扱いは，その理論的展開が重要であり，それを全体として理解することがだいじなのである．そのためには，

3)　自分の力で全体を再構成してみる．全体をもっと単純化できないか？ 公理系を少し変えて，同様の理論が構成できないか？

のようなことを考えてみるとよい．

第2は，高校数学との断絶をうめることである．たしかに大学では，高校時代のような豊富な演習問題は与えてくれない．単なる計算技術ではない公理的展開においては，演習問題はそうたやすくできないし，力をためすだけの演習問題は年令が進むとともに次第に不要となってはいくが，大学初年程度では，まだ適切な演習が必要であることも疑いない．そこで，

4)　他の教科書・演習書を少なくとも1冊併用する．

5)　問題の型の分類を行なう．

などの手だてを考えることにする．

要するに，大学においては，先生や親にそそのかされて勉強するのであったり，問題を与えられてやるのであったりしてはならない．自分でみずから問題をみつけてきて計画を立てて進むのでなくてはならない．その中から，自分の個性に合ったやり方を見つける，というより，作りだしていくようにしなくてはならないのである．

§4　代数学の系譜

代数学は古くて新しい．しかし，いずれにしても，1次方程式を解くことから代数学が始まったことはたしかである．世界最古の数学書といわれる古代エジプトのアーメスのパピルス (B. C. 2000 年ころ) でも，

「その 2/3　その 1/2　その 1/7　その全体　それはなる　37」

という1次方程式

$$\frac{2}{3}x+\frac{1}{2}x+\frac{1}{7}x+x=37$$

がのっているし，中国の古い教科書『九章算術』(漢時代 B. C. 4 年) にも，第8章に「方程」という章があり (方程式という用語はここから出た)，連立1次方程式を解いたり，2次方程式を解いたりしている．

この1次方程式を拡張する方向は二つある．一つは，未知数の数をふやして，連立の1次方程式へいく方向であり，もう一つは次数を増して，高次の代数方程式へ向かう方向である．

この前の方向は，行列式 (ライプニッツ，クラーメル)，ベクトル・行列 (ハミルトン，グラスマン，ケイリー，シルベスター) などの諸概念をへて，19 世紀の後半に

線　型　空　間

の概念にいきつく．これは，

和：$a+b$ と 係数倍：ka

という二つの算法をもつ集合で，ベクトルも行列も行列式さえも，この基礎の上に作られる概念なのである．デカルトの解析幾何学 (17 世紀) や 19 世紀における幾何学の発展から，さらに幾何学的空間も本質的には，この線型空間の基礎の上に組み立てられることがわかってきた (ワイル)．そればかりではない．20 世紀になってから，解析学の重要な部門，たとえば，積分方程式や線型の微分方程式や関数解析のような部門，そのような部門さえ本質的にこの線型空間

に基礎をおくことが明らかとなってきたのである．こうして，この方向は

線型代数 (linear algebra)

という広汎な範囲を占めるまでになっている．

前述のあとの方向は，3次方程式（タルタリア，カルダノ），4次方程式（フェラリ）の解法（これ自身はそれほど重要なことではない）をへて，5次方程式の問題にいたり，それを機縁として19世紀の初めに，ついに群（コーシー）と体（アーベル，ガロワ）の概念を生み出した．そしてこれこそ，方程式論を中心とする古典代数学から，代数系の構造中心の現代代数学への大転回のはじまりとなったのである．ここで，群というのは一つの算法 ab（あるいは $a+b$）とその逆算法をもつ集合のことであり，体というのは，2種類の算法 $a+b, ab$ とその逆算法をもつ，つまり加減乗除の四則をもつ集合のことである．

一方，高次の代数方程式について，ガウスは，それまで自明のことがらと思われていた「任意次数の代数方程式が複素数の範囲内に必ず根をもつ」ことをはじめて厳密に証明した(1799)．この定理は，その重要さのために長い間≪代数学の基本定理≫とよばれてきたが，本来≪複素数体の基本定理≫というべきものである．ともかくこれによって，複素数のもつ「最後の数 (last number)」としての性格が明確になり，19世紀を通じての複素数の関数論の花を咲かせることになった．

さらに，高次の連立方程式の研究から，代数幾何学が生まれてきたが，これはまた上記の複素変数関数論とも結びついて，代数関数や保型関数などの理論に発展していった．そうして，この方向は今日では，代数多様体や代数群の研究へとさらに進展してきているのである．

以上のような代数学の系譜をごくおおざっぱに図式的に表わせば，

1次方程式 ↗ 線型代数 ↘ 代数多様体
1次方程式 ↘ 群・環・体 代数方程式 ↗ 代数多様体

のようになろう．

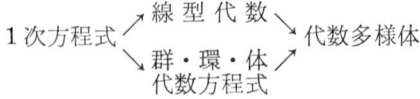

§5　代数学の特異性

こうして，けっきょく，代数学とは，現代的には，

代 数 構 造 の 研 究

であると規定することができる．この規定が19世紀以前のイメージと大きく異なる点は，以前の代数学が（あるいは高校までの代数学が），一つの数（たとえば，方程式の根）とか，一つの式・関数（円関数とか2次の同次式とか）をもっぱら扱っていたのに対して，数とか式の集まりである集合の全体構造を問題にするという点である．

たとえば，前にも例にあげたように，一つの整数 b を他の整数 $a(>0)$ でわって整商 q と余り r を一意的に求めうる：

$$b = aq + r, \qquad 0 \leqq r < a \quad \cdots\cdots\cdots\cdots\cdots\cdots (1)$$

このときに，これを2数 a と b の関係とだけは考えないで，有理整数の全体 $\boldsymbol{Z}$ がもつ一つのいちじるしい性質と考えるのである．こういう種類の除法ができることが（この除法は，わって分数や小数にしてしまう本来の除法にくらべれば，≪半≫除法である），有理整数の全体 $\boldsymbol{Z}$ や1元多項式の全体 $k(X)$ の大きな特色で，このような代数系には，とくにユークリッド環という名まえがつけられている．

同じように，有理数の全体 $\boldsymbol{Q}$ についても，その中で，

加：$a+b$,　　減：$a-b$,　　乗：ab,　　除：a/b

の四則が可能であるが，これを2数 a, b にいくつかの算法がほどこされるとだけ考えないで，有理数の全体 $\boldsymbol{Q}$ のもつ一つの性質と考えることにする．四則ができるという，このような性質をもつ代数系が，前にも触れた体である．

$$f(X) = a_0X^n + a_1X^{n-1} + \cdots\cdots + a_n = 0$$

をみたす複素数がかならず存在するという事実を前に例にあげたが，これを一つ一つの方程式 $f(X)$ のもつ性質とか，それをみたす根のもつ性質とだけ考えないで，複素数の全体 $\boldsymbol{C}$ のもつ一つのいちじるしい特色と考えるのである．複

素数の全体 $\boldsymbol{C}$ は四則ができるから，一つの体であるが，さらにこのような性質をもつ体のことを，代数閉体とよんでいる．

いずれの場合においても，あるものの集まりの全体構造を研究の対象にするということで，これこそ，現代の数学を以前の数学から区別する一つの大きな特徴であるし，大学における数学を高校までの数学からへだてる特色でもある．

しかし，代数学について見逃せないもう一つの面がある．

よく，「数学は自然の言葉である」ということがいわれるが，同じような意味で，「代数学は数学の中の言葉である」ということがいわれる．これを，現代のフランスの数学者シュヴァレは，『代数学の基礎概念』という著書の序文の中で，次のように述べている：

「代数学は単に数学の一部門ではない．代数学は，数学が物理学に対して長い間果たしてきたのと同じ役割を，数学そのものに対して果たしている．代数学者は他の数学者に対して何を提供すべきだろうか？　ときには，特殊な問題の解決で役立つこともあろう．しかし，多くは，数学的事実を表現し，いろいろな推論のパターンを標準的な形におく≪ことば≫を提供することによってである．代数学はそれ自身が目的ではなく，いろいろな分野の数学から生じた要請に耳をかたむけなければならない．」

代数学は，幾何学のように描像的ではないし，解析学のように具体的問題の裏付けもあまりない．その点は，「代数学は抽象的だ」という感じを抱かせるもとで，最初に学ぶ者を戸惑いさせるところでもある．しかし，「代数学は言語だ」と思えば，この抽象性も宙に浮いたものでなく，きわめて有用なことが理解されるであろう．これをわきまえておくことは，代数学を学ぶ上に必須の心がけである．

第 1 章　ベクトルと行列の算法

一昔前には，ベクトルや行列といえばむずかしい高等数学の一部と思われていた．しかし，その実，ベクトルや行列はふつうの数や量のごく自然な拡張であって，少しもむずかしいものではない．その着想は，幾何学における座標の発明に匹敵する．

§1　多次元量とベクトル

☞　線型代数の第一歩はベクトルという概念である．ベクトルは，集合と匹敵するくらい単純で本源的な概念なのであるが，19世紀におけるその起こりが代数学・幾何学・電気工学・力学・数理経済学といろいろな分野にあったため，意味も記号も多岐にわたり，不必要に混乱させられている．そこで，ここでは，はじめにもっともわかりやすい≪数ベクトル≫からはいり，次にそれを一挙に抽象化して，現代数学的概念としてのベクトルを導入し，少しあとになってから，幾何学的ベクトルないし力学への応用を扱うことにする．

【1】 **ベクトル**　n **項数ベクトル**，または略して n 項**ベクトル**というのは，単に順序のきまった n 個の数の組

$$\boldsymbol{a} = (a_1, a_2, \cdots\cdots, a_n)$$

のことで，この書物では太字のアルファベットで表わす.*) ベクトルを構成している数 a_i をその**成分**という.**) また，成分を全部書き並べずに，$\boldsymbol{a} = (a_i)$ と略記することもある．

☞　一つの物(体)はいろいろな量的側面をもつが，それらの量を同時に考える(直積をつくる)と，**多次元量** (multi-dimensional quantity) が得られる．

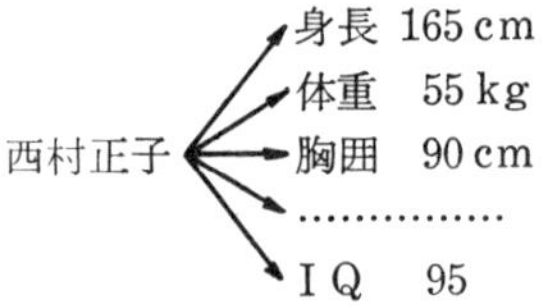

ここで考えているベクトルは当面，このような多次元量としてのベクトルである．ここの矢印 ⟶ は一つの写像：物 ⟶ 多次元量で，これは一般には，多対1の写像であるが，成分の数をふやせばふやすほど，もとの物の性格が忠実に反映されるであろう．イタリアの著名な犯罪研究家ロンブローソは，十分多数の計測を行なえば，あらゆる犯罪者を判別しうると主張しているが，これは成分を十分多くして項数を上げれば，この物 ⟶ 多次元量という写像が1対1になるということを意味しているわけである．

---

*) 他にもいろいろな表わし方がある．$\vec{a}$, a, $\overrightarrow{\mathrm{AB}}$, ……

) ベクトルの成分は任意の体** k (四則算法の可能な集合) の元でよいが，当分実数に限ることにする．その他の場合にはいちいちことわる．

【2】 相等 二つのベクトルは，項数が等しくかつ対応する成分がそれぞれ等しいとき，**等しい**という．すなわち，

$$\boldsymbol{a}=(a_1, a_2, \cdots\cdots, a_n), \qquad \boldsymbol{b}=(b_1, b_2, \cdots\cdots, b_n)$$

のとき，ベクトルの等式 $\boldsymbol{a}=\boldsymbol{b}$ は，n 個の数の等式

$$a_1=b_1, \quad a_2=b_2, \quad \cdots\cdots\cdots\cdots, \quad a_n=b_n$$

と同値である．

☞ 同じ0だけからなるベクトルでも，$(0,0)\neq(0,0,0)$．同じ1,2,3からできたベクトルでも，$(1,2,3)\neq(2,3,1)$．

【3】 和 二つのn項ベクトル $\boldsymbol{a}=(a_1, a_2, \cdots\cdots, a_n)$ と $\boldsymbol{b}=(b_1, b_2, \cdots\cdots, b_n)$ に対し，対応する各成分の和を成分とするベクトル

$$(a_1+b_1, a_2+b_2, \cdots\cdots, a_n+b_n)$$

を $\boldsymbol{a}$ と $\boldsymbol{b}$ の**和**といい，$\boldsymbol{a}+\boldsymbol{b}$ で表わす．

☞ 重さ450 g，体積120 cm³，価格100円のかんづめAと重さ380 g，体積90 cm³，価格80円のかんづめBを合わせると，それぞれの量は和となる．（このような，合併すると和になる量を外延量という．）これをベクトルで表わせば，ベクトルの和を作っていることになる．

$$\begin{array}{r}\boldsymbol{a}=(450\text{ g},\ 120\text{ cm}^3,\ 100\text{円})\\ \boldsymbol{b}=(380\text{ g},\ 90\text{ cm}^3,\ 80\text{円})\\ \hline \boldsymbol{a}+\boldsymbol{b}=(830\text{ g},\ 210\text{ cm}^3,\ 180\text{円})\end{array}$$

成分である数については，可換律：$a_i+b_i=b_i+a_i$，結合律：$(a_i+b_i)+c_i=a_i+(b_i+c_i)$ が成り立つから，ベクトルの和についても，

1° $\boldsymbol{a}+\boldsymbol{b}=\boldsymbol{b}+\boldsymbol{a}$ （可換律）

2° $(\boldsymbol{a}+\boldsymbol{b})+\boldsymbol{c}=\boldsymbol{a}+(\boldsymbol{b}+\boldsymbol{c})$ （結合律）

が成り立つ．さらに，

3° 任意の $\boldsymbol{a}, \boldsymbol{b}$ に対して，$\boldsymbol{a}+\boldsymbol{x}=\boldsymbol{b}$ (1°により，$\boldsymbol{x}+\boldsymbol{a}=\boldsymbol{b}$ としても同じ) をみたすベクトル $\boldsymbol{x}$ がただ一つ存在する．

実際,*) $\boldsymbol{a}=(a_i)$，$\boldsymbol{b}=(b_i)$，$\boldsymbol{x}=(x_i)$ とおくと，$\boldsymbol{a}+\boldsymbol{x}=\boldsymbol{b}$ は $a_i+x_i=b_i$

*) 英語で in fact，仏語で en effct，数学者の好んで使うことばの一つ．「なんとなれば」と同意だが少しなめらか．

$(i=1,2,\cdots\cdots,n)$ と同値だから，$x_i=b_i-a_i\ (i=1,2,\cdots\cdots,n)$，したがって，

$$\boldsymbol{x}=(b_1-a_1,b_2-a_2,\cdots\cdots,b_n-a_n)$$

と定まる．逆にこのベクトルが $\boldsymbol{a}+\boldsymbol{x}=\boldsymbol{b}$ をみたすことは明らかである.*)

この3°を満足させるベクトル $\boldsymbol{x}$ を $\boldsymbol{b}-\boldsymbol{a}$ と書き，$\boldsymbol{b}$ から $\boldsymbol{a}$ をひいた**差**という．とくに，$\boldsymbol{a}-\boldsymbol{a}$ はすべての成分が0のベクトルになる．このようなベクトルを**零ベクトル**といい，$\boldsymbol{0}$ で表わす.**) 零ベクトルが，任意のベクトル $\boldsymbol{a}$ に対して，

3′°　$\boldsymbol{a}+\boldsymbol{0}=\boldsymbol{0}+\boldsymbol{a}=\boldsymbol{a}$

をみたすことは，3°より明らかである．また，$\boldsymbol{0}-\boldsymbol{a}$ は $\boldsymbol{a}$ の各成分の符号だけを変えたベクトルになる．これを $\boldsymbol{a}$ の**反ベクトル**といい，$-\boldsymbol{a}$ と書く．これについて，

3″°　$\boldsymbol{a}+(-\boldsymbol{a})=(-\boldsymbol{a})+\boldsymbol{a}=\boldsymbol{0}$

が成り立つ．

例 1．$\boldsymbol{b}-\boldsymbol{a}=\boldsymbol{b}+(-\boldsymbol{a})$ を示せ．

解　$\boldsymbol{x}=\boldsymbol{b}+(-\boldsymbol{a})$ が $\boldsymbol{x}+\boldsymbol{a}=\boldsymbol{b}$ をみたすことを示せばよい．実際，結合律によって，

$$\boldsymbol{x}+\boldsymbol{a}=(\boldsymbol{b}+(-\boldsymbol{a}))+\boldsymbol{a}=\boldsymbol{b}+((-\boldsymbol{a})+\boldsymbol{a})=\boldsymbol{b}+\boldsymbol{0}=\boldsymbol{b}$$

☞　成分を考えて，$\boldsymbol{a}=(a_i)$，$\boldsymbol{b}=(b_i)$ とおき，

$$\boldsymbol{b}-\boldsymbol{a}=(b_i-a_i)=(b_i+(-a_i))=\boldsymbol{b}+(-\boldsymbol{a})$$

としても，もちろんかまわない．しかし，なるべく，成分に分解しない方が，諸法則の間の論理的関係が明確になるからより better．例1は，1°，2°，3°が成り立てば必ず成り立つことが判明するからである．

【4】 **スカラー倍**　ベクトル $\boldsymbol{a}=(a_1,a_2,\cdots\cdots,a_n)$ と数 λ に対して，各成分にいっせいに λ をかけたベクトル

$$(\lambda a_1,\lambda a_2,\cdots\cdots,\lambda a_n)$$

---

*) これも数学者の常套句．信用しないでマメにたしかめるようにする：

$$a_i+(b_i-a_i)=b_i\quad (i=1,2,\cdots\cdots,n).$$

**) 同じ $\boldsymbol{0}$ と書いても項数が違えば違うことに注意．項数を明示したければ $\boldsymbol{0}_n$ とする．

を，$\boldsymbol{a}$ の（数 λ による）**スカラー倍**といい，$\lambda\boldsymbol{a}$ で表わす．ベクトルの成分である数については，分配律：$\lambda(a_i+b_i)=\lambda a_i+\lambda b_i$，$(\lambda+\mu)a_i=\lambda a_i+\mu a_i$，結合律：$(\lambda\mu)a_i=\lambda(\mu a_i)$ および $1\cdot a_i=a_i$ が成り立つから，

4°　$\lambda(\boldsymbol{a}+\boldsymbol{b})=\lambda\boldsymbol{a}+\lambda\boldsymbol{b}$　（第１分配律）

5°　$(\lambda+\mu)\boldsymbol{a}=\lambda\boldsymbol{a}+\mu\boldsymbol{a}$　（第２分配律）

6°　$(\lambda\mu)\boldsymbol{a}=\lambda(\mu\boldsymbol{a})$

7°　$1\cdot\boldsymbol{a}=\boldsymbol{a}$

が成り立つ．

例 2　差の分配律：$\lambda(\boldsymbol{b}-\boldsymbol{a})=\lambda\boldsymbol{b}-\lambda\boldsymbol{a}$ を導け．*)

解　$\boldsymbol{c}=\boldsymbol{b}-\boldsymbol{a}$ とおくと，$\boldsymbol{a}+\boldsymbol{c}=\boldsymbol{b}$ だから，$\lambda\boldsymbol{a}+\lambda\boldsymbol{c}=\lambda(\boldsymbol{a}+\boldsymbol{c})=\lambda\boldsymbol{b}$

したがって，$\lambda\boldsymbol{c}=\lambda\boldsymbol{b}-\lambda\boldsymbol{a}$，つまり $\lambda(\boldsymbol{b}-\boldsymbol{a})=\lambda\boldsymbol{b}-\lambda\boldsymbol{a}$ が成り立つ．

問 1　次の等式を導け．

(1)　$-(-\boldsymbol{a})=\boldsymbol{a}$　　(2)　$-(\boldsymbol{a}+\boldsymbol{b})=-\boldsymbol{a}-\boldsymbol{b}$　　(3)　$\boldsymbol{a}-\boldsymbol{0}=\boldsymbol{a}$

問 2　次の等式を導け．

(1)　$(\lambda-\mu)\boldsymbol{a}=\lambda\boldsymbol{a}-\mu\boldsymbol{a}$　　(2)　$\lambda\boldsymbol{0}=\boldsymbol{0}$　　(3)　$0\boldsymbol{a}=\boldsymbol{0}$

(4)　$\lambda(-\boldsymbol{a})=-\lambda\boldsymbol{a}$　　(5)　$(-\lambda)\boldsymbol{a}=-\lambda\boldsymbol{a}$　　(6)　$(-1)\boldsymbol{a}=-\boldsymbol{a}$

問 3　ベクトル $\boldsymbol{a}$ と数 λ について，$\lambda\boldsymbol{a}=\boldsymbol{0}$ なら，$\lambda=0$ か $\boldsymbol{a}=\boldsymbol{0}$ であることを示せ．

問 4　$\boldsymbol{a}=(1,-1,4)$，$\boldsymbol{b}=(0,1,2)$，$\boldsymbol{c}=(-2,0,3)$ のとき次のベクトルを求めよ．

(1)　$\boldsymbol{a}-\boldsymbol{b}$　　(2)　$3\boldsymbol{a}-2\boldsymbol{b}$　　(3)　$-\dfrac{2}{3}\boldsymbol{a}+\dfrac{1}{4}\boldsymbol{c}$

(4)　$\boldsymbol{a}-\boldsymbol{b}+\boldsymbol{c}$　　(5)　$2\boldsymbol{a}+3\boldsymbol{b}-5\boldsymbol{c}$

問 5　次の計算をせよ．

(1)　$3\boldsymbol{a}+5\boldsymbol{a}$　　(2)　$\boldsymbol{b}+\boldsymbol{b}$　　(3)　$2.6\boldsymbol{c}-1.3\boldsymbol{c}$

(4)　$2(3\boldsymbol{x})$　　(5)　$\dfrac{3}{4}\left(\dfrac{2}{3}\boldsymbol{y}\right)$　　(6)　$-(-\boldsymbol{z})$

---

*)　和の法則から差の法則を導くこの《やり口》は今後もしばしば出てくる．

問 6　$\boldsymbol{a}=(3,1,2)$, $\boldsymbol{b}=(-2,3,0)$ のとき，次の方程式を解け.*)

(1)　$\boldsymbol{a}+\boldsymbol{x}=\boldsymbol{b}$　　(2)　$3\boldsymbol{x}-2\boldsymbol{a}=4\boldsymbol{b}$

(3)　$3(\boldsymbol{x}-\boldsymbol{a})=2(\boldsymbol{b}-\boldsymbol{x})$　　(4)　$\dfrac{2\boldsymbol{x}-\boldsymbol{a}}{3}=\dfrac{\boldsymbol{x}+4\boldsymbol{b}}{5}$

§2　線型空間

【1】 線型空間の定義　n 項数ベクトルについては，和とスカラー倍が定義され，前節の 1° から 7° までの基本的性質が成り立ち，その他のいろいろな計算規則は，この基本性質から導かれることがわかった．そこで，和とスカラー倍が定義されて 1° から 7° までの性質が成り立つような物の集まり（集合）を，ベクトル空間あるいは線型空間とよぶ．

すなわち，

定義 1. 集合 V の元の間に和 $\boldsymbol{a}+\boldsymbol{b}$ と，V の元 $\boldsymbol{a}$ と数 λ の間にスカラー倍 $\lambda\boldsymbol{a}$ が定義されていて，これらの算法が前節の 1°～7° の諸法則をみたすとき，V を**線型空間**といい，その元を**ベクトル**とよぶ．

前節に示したことは，n 項数ベクトルの全体が一つの線型空間をなすということであった．しかし，線型空間はこのような n 項数ベクトル空間にかぎらず，実にたくさんのものがある．そのいくつかのだいじな例をあげてみよう．

前節で学んだ性質（零ベクトルの存在，反ベクトルの存在，例 1, 例 2, 問 1, 2, 3）は，これらの具体的なすべての線型空間に対しても，妥当することに注意しておこう．

例 3　数列空間　数列 $(a_n)=(a_1, a_2, \cdots\cdots, a_n, \cdots\cdots)$ と (b_n) の和とスカラー倍とを，

$$(a_n)+(b_n)=(a_n+b_n)=(a_1+b_1, a_2+b_2, \cdots\cdots),$$
$$\lambda(a_n)=(\lambda a_n)=(\lambda a_1, \lambda a_2, \cdots\cdots)$$

ときめると，n 項数ベクトルのときとまったく同様に，1° から 7° までの性

*) ベクトルの計算が普通の1次式の計算と同じであることに気がつけば，移項などの等式変形の規則が使え，1次方程式が解けることがわかろう．

質の成り立つことがたしかめられる.*) したがって，数列の全体は，一つの線型空間をつくる.

例 4 複素数の全体 $\boldsymbol{C}$ 　複素数 $\alpha = a+b\sqrt{-1}$ と $\beta = c+d\sqrt{-1}$ の和は，

$$\alpha+\beta = (a+c)+(b+d)\sqrt{-1}$$

で，実数 k 倍は，

$$k\alpha = ka+kb\sqrt{-1}$$

となるから，複素数 $\alpha = a+b\sqrt{-1}$ を2項ベクトル (a, b) と同じように考えることができる．1° から 7° までの性質の成り立つことはまったく明らかである．この意味で，複素数の全体 $\boldsymbol{C}$ は一つの線型空間と考えることができる．

例 5 関数空間 　実数値をとる二つの関数**) $f(x)$，$g(x)$ の和とスカラー倍を，

$$(f+g)(x) = f(x)+g(x),$$

$$(\lambda f)(x) = \lambda f(x)$$

ときめると，やはり 1° から 7° までの基本性質が成り立つことはすぐにわかる．したがって，このような関数の全体は一つの線型空間になる．

例 6 固定有向線分 　始点を与えられた点Oに固定した有向線分の全体を考える（平面上でも空間においてでも，どちらでもよい）．二つの有向線分 $\overrightarrow{\mathrm{OA}}$ と $\overrightarrow{\mathrm{OB}}$ の和とは，OA と OB を二隣辺とする平行四辺形 OACB の対角線 $\overrightarrow{\mathrm{OC}}$ のことであるとする：

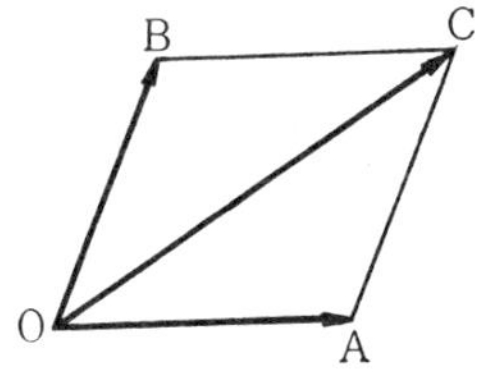

$$\overrightarrow{\mathrm{OA}}+\overrightarrow{\mathrm{OB}} = \overrightarrow{\mathrm{OC}}.$$

次に，OA を O を中心として k 倍 $(k>0)$ に拡大して $\overrightarrow{\mathrm{OD}}$ とするとき，有向線分 $\overrightarrow{\mathrm{OA}}$ の k 倍とは $\overrightarrow{\mathrm{OD}}$ のことであるとする：

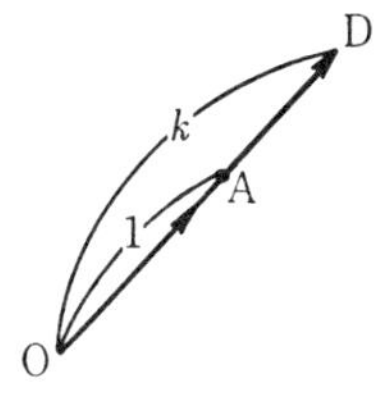

$$k\cdot\overrightarrow{\mathrm{OA}} = \overrightarrow{\mathrm{OD}}.$$

---

*) 例によって，《うのみ》にせず，実際たしかめてみる．

**) 変域は任意の集合でよい．

ただし，$k<0$ のときは，OA を $|k|$ 倍に拡大して，さらにOに関して点対称にうつしたものをODとする．

したがって，始点を定点に固定した有向線分の全体は一つの線型空間となる．この線型空間については，のちほど（第4章）くわしく調べることにする．

【2】 部分線型空間

定義2　線型空間 V の部分集合 W が，[*]

(1)　$\boldsymbol{a}, \boldsymbol{b} \in W \Rightarrow \boldsymbol{a}+\boldsymbol{b} \in W$

(2)　$\boldsymbol{a} \in W,\ \lambda \in \boldsymbol{R} \Rightarrow \lambda\boldsymbol{a} \in W$

をみたしているとき，[**]　V の**部分線型空間**，または略して単に V の**部分空間**という．

有限個のベクトル $\boldsymbol{a}_1, \boldsymbol{a}_2, \cdots\cdots, \boldsymbol{a}_r$ について，

$$\lambda_1\boldsymbol{a}_1+\lambda_2\boldsymbol{a}_2+\cdots\cdots+\lambda_r\boldsymbol{a}_r \quad (\lambda_i \in \boldsymbol{R})$$

の形のベクトルを，$\boldsymbol{a}_1, \boldsymbol{a}_2, \cdots\cdots, \boldsymbol{a}_r$ の**線型結合**という．部分線型空間 W のベクトル $\boldsymbol{a}_1, \boldsymbol{a}_2, \cdots\cdots, \boldsymbol{a}_r$ の線型結合はまた W に含まれる．なぜなら，各 i について (2) により $\lambda_i\boldsymbol{a}_i \in W$ となるから，(1) をくり返して適用することによって，

$$\lambda_1\boldsymbol{a}_1, \qquad \lambda_1\boldsymbol{a}_1+\lambda_2\boldsymbol{a}_2, \qquad \lambda_1\boldsymbol{a}_1+\lambda_2\boldsymbol{a}_2+\lambda_3\boldsymbol{a}_3,$$
$$\cdots\cdots, \lambda_1\boldsymbol{a}_1+\lambda_2\boldsymbol{a}_2+\cdots\cdots+\lambda_r\boldsymbol{a}_r$$

が順に W に属することがわかるからである．

☞　だから，部分線型空間とは，その中の任意のベクトルの任意の線型結合を含むといってもよい．そういう形にすると，それは (1), (2) の一般化になる．また，定義から $\boldsymbol{0}$ のみからなる集合 $\{\boldsymbol{0}\}$ は，V の部分線型空間である $(\boldsymbol{0}+\boldsymbol{0}=\boldsymbol{0},\ \lambda\cdot\boldsymbol{0}=\boldsymbol{0})$．

同じく V 自身も V の部分線型空間である．

例7　ベクトル $\boldsymbol{a}_1, \boldsymbol{a}_2, \cdots\cdots, \boldsymbol{a}_r$ の線型結合の全体 $[\boldsymbol{a}_1, \boldsymbol{a}_2, \cdots\cdots, \boldsymbol{a}_r]$ は，V の部分線型空間である．これを $\boldsymbol{a}_1, \boldsymbol{a}_2, \cdots\cdots, \boldsymbol{a}_r$ で張られる部分線型空間という．

解　$W=[\boldsymbol{a}_1, \boldsymbol{a}_2, \cdots\cdots, \boldsymbol{a}_r]$ の中の任意の二つのベクトル $\boldsymbol{a}=\sum_{i=1}^{r}\lambda_i\boldsymbol{a}_i$,

---

[*] W が V の部分集合であることを，$W \subset V$ と表わす．また，元 x が W に属することを，$x \in W$ と表わす．

[**] 「p ならば q」を $p \Rightarrow q$ で，「p ならば q で，しかも q ならば p」を，$p \Leftrightarrow q$ と表わす．

$\boldsymbol{b}=\sum_{i=1}^{r}\mu_i\boldsymbol{a}_i$ の和とスカラー倍は,

$$\boldsymbol{a}+\boldsymbol{b}=\sum_{i=1}^{r}(\lambda_i+\mu_i)\boldsymbol{a}_i, \qquad \lambda\boldsymbol{a}=\sum_{i=1}^{r}(\lambda\lambda_i)\boldsymbol{a}_i$$

で, また $\boldsymbol{a}_i$ の線型結合になるから, また W に属する.

例8 n 項数ベクトルのなす線型空間 V で, $(a_1, a_2, \cdots\cdots, a_r, 0, \cdots\cdots, 0)$ $(0 \leqq r \leqq n)$ という形のベクトル, すなわち, $r+1$ 番め以後の成分が 0 であるようなベクトルの全体を W とすると, W は V の部分線型空間である.

解 読者にまかせる.

☞ この例は, $r+1$ 番め以後の成分が 0 としないでも, もっと一般に, 集合 $I=\{1, 2, \cdots\cdots, n\}$ の任意の部分集合 J をとって, J に属さない番号の成分が $a_i=0$ となるようなベクトルの全体を考えてもいえることである. とくに, J として, 番号 i だけからなる集合 $\{i\}$ をとると, $(\cdots\cdots, 0, a_i, 0, \cdots\cdots)$ という形のベクトルの全体は V の部分線型空間をなす.

例9 【1】の例 3 で, 有限個の番号を除いて $a_i=0$ となるような数列 (a_i) の全体は, 数列のなす線型空間の部分線型空間をなす.

解 このような数列 $\boldsymbol{a}=(a_i)$ では, 0 でない成分の番号の最大値を N とすると, $(a_1, a_2, \cdots\cdots, a_N, 0, 0, \cdots\cdots)$ という形に書ける. $\boldsymbol{b}=(b_1, b_2, \cdots\cdots, b_M, 0, 0, \cdots\cdots)$ とし, N と M のうち大きい方を L とすると,

$$\boldsymbol{a}+\boldsymbol{b}=(a_1+b_1, a_2+b_2, \cdots\cdots, a_L+b_L, 0, 0, \cdots\cdots),$$
$$\lambda\boldsymbol{a}=(\lambda a_1, \lambda a_2, \cdots\cdots, \lambda a_N, 0, 0, \cdots\cdots).$$

だから, 和 $\boldsymbol{a}+\boldsymbol{b}$ とスカラー倍 $\lambda\boldsymbol{a}$ も同じ形をしている. すなわち, このような数列の全体は部分線型空間をなす.

例10 n 項ベクトルのなす線型空間 V では,

$$\boldsymbol{e}_1=(1, 0, \cdots\cdots, 0), \quad \boldsymbol{e}_2=(0, 1, \cdots\cdots, 0), \cdots\cdots\cdots, \quad \boldsymbol{e}_n=(0, 0, \cdots\cdots, 1)$$

とおくと, 任意の n 項ベクトル $\boldsymbol{x}=(x_1, x_2, \cdots\cdots, x_n)$ は,

$$\begin{aligned}\boldsymbol{x}&=(x_1, 0, \cdots\cdots, 0)+(0, x_2, \cdots\cdots, 0)+\cdots\cdots\cdots\cdots+(0, 0, \cdots\cdots, x_n)\\&=x_1(1, 0, \cdots\cdots, 0)+x_2(0, 1, \cdots\cdots, 0)+\cdots\cdots\cdots\cdots+x_n(0, 0, \cdots\cdots, 1)\\&=x_1\boldsymbol{e}_1+x_2\boldsymbol{e}_2+\cdots\cdots+x_n\boldsymbol{e}_n\end{aligned}$$

と書けるから $\boldsymbol{e}_1, \boldsymbol{e}_2, \cdots\cdots, \boldsymbol{e}_n$ の線型結合となる．いいかえると，V はこれらのベクトル $\boldsymbol{e}_1, \boldsymbol{e}_2, \cdots\cdots, \boldsymbol{e}_n$ で張られる：

$$V = [\boldsymbol{e}_1, \boldsymbol{e}_2, \cdots\cdots, \boldsymbol{e}_n].$$

問 7　部分線型空間の例をあげよ．

問 8　線型空間 V の任意の部分集合 A に対して，A の有限個のベクトルの線型結合全体を $[A]$ と書くと，これは A を含む最小の部分線型空間である．すなわち，

(1)　$A \subset [A]$

(2)　$A \subset W$ をみたす任意の部分線型空間 W に対して，$[A] \subset W$ が成り立つことを証明せよ．

問 9　任意個の部分線型空間 $W_\iota (\iota \in I)$ について，次のことを示せ．

(1)　$\bigcap_{\iota \in I} W_\iota$ はすべての W_ι に含まれる最大の部分線型空間である．*)

(2)　$\left[\bigcup_{\iota \in I} W_\iota\right]$ はすべての W_ι を含む最小の部分線型空間である．これを W_ι の**和**といい，$\sum_{\iota \in I} W_\iota$ と書く．これは有限個の W_ι からベクトルをとってつくった和の全体である．

問10　とくに，部分線型空間 A, B について，$[A \cup B] = A+B$ と書く．このとき，次のことを証明せよ．

(1)　$A+B = B+A, \quad (A+B)+C = A+(B+C),$

$A+(A \cap B) = A \cap (A+B) = A$

(2)　$A+B = A \Leftrightarrow B \subset A$

(3)　$A \supset C \Rightarrow A \cap (B+C) = (A \cap B)+C$

問11　三つの部分線型空間 A, B, C について，

$$A \cap \{(A \cap B)+C\} = (A \cap B)+(A \cap C)$$

$$(A+B) \cap (A+C) = A+\{(A+B) \cap C\}$$

が成り立つことを示せ．

---

*)　$\bigcap_{\iota \in I} W_\iota$ はすべての W_ι に含まれる元の全体を意味する．同じく，$\bigcup_{\iota \in I} W_\iota$ はどれかの W_ι に含まれる元の全体を表わす．

§3 行列とその算法

【1】 **行列** mn 個の数[*]を

$$\begin{pmatrix} a_{11} & a_{12} \cdots\cdots & a_{1n} \\ a_{21} & a_{22} \cdots\cdots & a_{2n} \\ \cdots\cdots & \cdots\cdots & \cdots\cdots \\ a_{m1} & a_{m2} \cdots\cdots & a_{mn} \end{pmatrix}$$

のように，方形にならべたものを（**行列**または**マトリックス**）[**] といい，それを構成する数を行列の**成分**という．行列の横の並びを**行**，縦の並びを**列**という．また，行に並んでいる数を n 項ベクトルと考えたとき**行ベクトル**，列に並んでいる数を m 項ベクトルと考えたとき**列ベクトル**という．行数 m，列数 n の行列を (m, n) 行列といい，とくに $m=n$ のときは n 次の**正方行列**という．行列を略して (a_{ik}) と書いたり，[***] 一つの文字 A で表わしたりする．

注意 行列を縦割りにして，n 個の m 項列ベクトル $\boldsymbol{a}_1, \boldsymbol{a}_2, \cdots\cdots, \boldsymbol{a}_n$ が横に並んだものと考えることもできる．このときは，

$$A = (\boldsymbol{a}_1 \ \boldsymbol{a}_2 \ \cdots\cdots \ \boldsymbol{a}_n), \qquad \boldsymbol{a}_i = \begin{pmatrix} a_{1i} \\ a_{2i} \\ \vdots \\ a_{mi} \end{pmatrix}$$

と表わすことがある．[****] 同様に，行列を横割りにして，m 個の n 項行ベクトル $\boldsymbol{b}_1, \boldsymbol{b}_2, \cdots\cdots, \boldsymbol{b}_m$ が縦に並んだと考えたときは，

$$A = \begin{pmatrix} \boldsymbol{b}_1 \\ \boldsymbol{b}_2 \\ \vdots \\ \boldsymbol{b}_m \end{pmatrix}, \qquad \boldsymbol{b}_k = (a_{k1}, a_{k2}, \cdots\cdots, a_{kn})$$

と表わす．

☞ 行列は mn 個の数の組とも考えられるから，もちろん mn 項のベクトルであるが，これをわざわざ $m \times n$ の方形に並べるのには，それだけの理由があるに違いな

---

[*] 当面ことわりのないかぎり，実数とする．

[**] matrix [méitriks] 複数は matrices. もともとは母体という意味だが，印刷用語として字母の意があり，これはちょうど活字が方形に並んでいる．

[***] a_{ik} の i が行の番号で k が列の番号．横の行が優先，これは横書きの原則からくると思えばよい．

[****] ここでは，行列記法と合わせるため，ベクトルの成分を区切るコンマも省略した．以後適宜コンマを入れたり入れなかったりする．

い．上記注意のように，ベクトルが多次元量とみられるのに対して，行列は≪多ベクトル≫とみられる．ベクトルはたとえば，

$$\text{人}\begin{array}{l}\nearrow \text{身長}: 170\ \mathrm{cm}\\ \rightarrow \text{体重}: 58\ \mathrm{kg}\\ \quad\cdots\cdots\cdots\cdots\\ \searrow \mathrm{IQ}\quad : 95\end{array}\Bigg\}\qquad \boldsymbol{a}=\begin{pmatrix}170\ \mathrm{cm}\\ 58\ \mathrm{kg}\\ \cdots\cdots\\ 95\end{pmatrix}$$

のように一つの物の多くの側面を一度に考えることに相当するとみられよう．すると，行列は多くの物を一度に考察することにあたると考えられる．

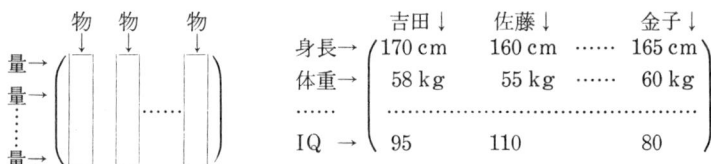

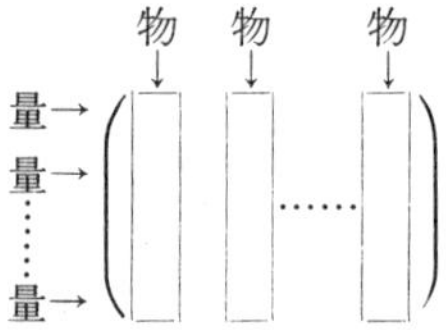

$$\begin{array}{l}\\ \text{身長}\rightarrow\\ \text{体重}\rightarrow\\ \cdots\cdots\\ \mathrm{IQ}\ \rightarrow\end{array}\begin{array}{c}\text{吉田}\downarrow\qquad\quad \text{佐藤}\downarrow\qquad\qquad\quad \text{金子}\downarrow\\ \begin{pmatrix}170\ \mathrm{cm} & 160\ \mathrm{cm} & \cdots\cdots & 165\ \mathrm{cm}\\ 58\ \mathrm{kg} & 55\ \mathrm{kg} & \cdots\cdots & 60\ \mathrm{kg}\\ \cdots\cdots & \cdots\cdots & \cdots\cdots & \cdots\cdots\\ 95 & 110 & & 80\end{pmatrix}\end{array}$$

いいかえると，行列の縦の列は物に関する統一を表現し，横の行は量の種類に関する統一を表現しているものと考えられる．だから列の index（見出し）は物で，行の index は量である．

もちろん，行と列を逆にしても考えられるが，当分はこのように約束しておこう．

【2】 相等　二つの行列 $A=(a_{ik})$ と $B=(b_{ik})$ は，行数と列数とがそれぞれ等しく，対応する各成分が等しいとき，つまり

$$a_{ik}=b_{ik}\qquad (i=1,2,\cdots\cdots,m\,;\,k=1,2,\cdots\cdots,n)$$

のとき，等しいといい，$A=B$ と書く．

【3】 和　二つの (m,n) 行列 $A=(a_{ik})$，$B=(b_{ik})$ に対して，それぞれの対応する成分を加えてできる行列を，A, B の**和**といい，$A+B$ で表わす．すなわち，

$$A+B=(a_{ik}+b_{ik}).$$

行列の加法については，ベクトルの加法と同じ法則が成り立つ．すなわち，

1°　$A+B=B+A$　(可換律)

2°　$(A+B)+C=A+(B+C)$　(結合律)

3°　任意の行列 A, B に対して，$A+X=B$　(1° により $X+A=B$ として

も同じ）を満足させる行列 X がただ一つ存在する．

が成り立つ.*) とくに，成分がすべて0の行列を**零行列**といい，O で，またときには数字の0で表わす．また，行列 $A=(a_{ik})$ の各成分の符号を変えた行列を $-A$ と書く.**) したがって，

$$O=(0), \qquad -A=(-a_{ik})$$

問12 行列に関する，次の等式をたしかめよ．

(1) $-(-A)=A$ (2) $A-A=O$ (3) $A-O=A$

(4) $O-A=-A$

【4】 スカラー倍 一つの行列 $A=(a_{ik})$ と数 c に対して，A の各成分を c 倍した行列を cA と表わす．すなわち，

$$cA=(ca_{ik}).$$

これについても，ベクトルのときと同じように,***)

4° $c(A+B)=cA+cB$ （第1分配律）

5° $(c+d)A=cA+dA$ （第2分配律）

6° $(cd)A=c(dA)$

7° $1\cdot A=A$

いいかえると，(m,n) 行列の全体は，一つの線型空間を作る．

問13 次の関係の成り立つことを示せ．

(1) $c(B-A)=cB-cA$ (2) $(d-c)A=dA-cA$ (3) $c\cdot O=O$

(4) $0\cdot A=O$ (5) $c(-A)=-cA$ (6) $(-c)A=-cA$

(7) $(-1)A=-A$

【5】 積 ここまでは，ベクトルとまったく同じで，少しも新味はないが，他に乗法のできることがベクトルと違うところである．(l,m) 行列 $A=(a_{ij})$ と (m,n) 行列 $B=(b_{jk})$ に対して，A の第 i 行ベクトル $\boldsymbol{a}_i$ と B の第 k 列ベクトル $\boldsymbol{b}_k$ の対応する成分をかけて加えたものを i 行 k 列めの成分とする行列を A

*) ベクトルと同じことだが，念のためたしかめておくこと．

**) ベクトルのときと同じ推論をくり返して，たしかめておくこと．

***) たしかめよ．

と B の**積**といい，AB と書く．すなわち，

$$AB=\left(\sum_{j=1}^{m}a_{ij}b_{jk}\right).$$

たとえば，

$$\begin{pmatrix}1&2&-1\\-2&1&0\\1&0&3\end{pmatrix}\begin{pmatrix}2&3\\1&-1\\2&4\end{pmatrix}=\begin{pmatrix}1\cdot2+2\cdot1+(-1)2 & 1\cdot3+2(-1)+(-1)4\\(-2)2+1\cdot1+0\cdot2 & (-2)3+1(-1)+0\cdot4\\1\cdot2+0\cdot1+3\cdot2 & 1\cdot3+0(-1)+3\cdot4\end{pmatrix}$$
$$=\begin{pmatrix}2&-3\\-3&-7\\8&15\end{pmatrix}$$

☞　どうして，左の行列の行と右の行列の列をかけてたすのだろうか？　行列の積については，まずこのことが疑問になるだろう．そこで，この行列の積について，少し立ち入って考えてみよう．

1個40円のモモのかんづめを2個買えば，値段は

40円/個 × 2個 = 80円

となる．もっと一般に，1個40円のモモのかんづめ2個，1個50円のナシのかんづめ3個，1個60円のパイナップルのかんづめ4個では，値段の総計は

40円/個× 2個+50円/個× 3個+60円/個× 4個

となるだろう．さらに一般化して，ある店で，モモ・ナシ・ミカン・パイナップルのかんづめを売っていて，その1個あたりの単価(円/個)と重さ(kg/個)が，行列

$$A=\begin{pmatrix}\overset{\text{モモ}}{40}&\overset{\text{ナシ}}{50}&\overset{\text{ミカン}}{30}&\overset{\text{パイナップル}}{60}\\0.3&0.4&0.25&0.5\end{pmatrix}\begin{matrix}(\text{単価})\\(\text{重さ})\end{matrix}$$

で表わされているとし，さらにこの店で，Ⅰ，Ⅱ，Ⅲ の3種類のかんづめの詰合せを売っていて，その構成が，行列

$$B=\begin{pmatrix}\overset{\text{I}}{2}&\overset{\text{II}}{1}&\overset{\text{III}}{0}\\3&2&1\\0&3&4\\4&2&3\end{pmatrix}\begin{matrix}(\text{モ　モ})\\(\text{ナ　シ})\\(\text{ミカン})\\(\text{パイナップル})\end{matrix}$$

となるものとする．このどちらの行列においても，縦の列はものの統一を表わし，横の行は量の種類を表わしている．モモ・ナシ・ミカン・パイナップルは最初の行列 A ではものの指標であるが，行列 B においては，詰合せというものの側面になっている．この3種の詰合せの各値段と重さを求めようとすれば，ちょうど行列の積

$$AB=\begin{pmatrix} 40 & 50 & 30 & 60 \\ 0.3 & 0.4 & 0.25 & 0.5 \end{pmatrix}\begin{pmatrix} 2 & 1 & 0 \\ 3 & 2 & 1 \\ 0 & 3 & 4 \\ 4 & 2 & 3 \end{pmatrix}$$

を計算すればよいことになる.

こうして，行列の積は，量の意味まで考えてみると，数の乗法の自然な拡張になっていることがわかる.

ここまでくると，先程，縦割りは物，横割りは量と約束した理由がはっきりしてくる．これは，乗法を

被乗数×乗数

とするわが国伝来の記法に由来するのである．もしヨーロッパ式に，乗法を

乗数×被乗数

と記すと，2個×40円/個 となるから，行列にいくと，逆に縦を量，横を物としなければならなくなる.

注意 行列の積 AB は，A の列数と B の行数が一致するときにのみ定義され，その結果は (l, n) 行列になる．また積 AB が定義されても，積 BA は $l=n$ でなければ定義されない．$l=n$ であっても，AB は n 次の正方行列，BA は m 次の正方行列だから，$m=n$，すなわち A も B も同じ次数 n 次の正方行列でなければ，この両者は一致しえない．さらに，A も B も次数の等しい正方行列でも，$AB=BA$ が成り立つとはかぎらない．たとえば，

$$\begin{pmatrix} 1 & 0 \\ 1 & 0 \end{pmatrix}\begin{pmatrix} 1 & 2 \\ 1 & 0 \end{pmatrix}=\begin{pmatrix} 1 & 2 \\ 1 & 2 \end{pmatrix}, \quad \begin{pmatrix} 1 & 2 \\ 1 & 0 \end{pmatrix}\begin{pmatrix} 1 & 0 \\ 1 & 0 \end{pmatrix}=\begin{pmatrix} 3 & 0 \\ 1 & 0 \end{pmatrix}.$$

積が定義さえすれば，

8° $(AB)C=A(BC)$ （結合律）

が成り立つ．実際，左辺が定義できるためには，A が (l, m) 行列，B が (m, n) 行列，C が (n, p) 行列のようになっていなければならないが，このときは右辺も定義され，積はともに (l, p) 行列になる．右辺が定義できるとしても同様である．そこで，$A=(a_{ij})$, $B=(b_{ij})$, $C=(c_{ij})$ とすると，$(AB)C$ の i 行 k 列めの成分は

$$\sum_{l=1}^{n}\left(\sum_{j=1}^{m} a_{ij}b_{jl}\right)c_{lk}=\sum_{j=1}^{m} a_{ij}\left(\sum_{l=1}^{n} b_{jl}c_{lk}\right)$$

で，これは $A(BC)$ の i 行 k 列めの成分に一致する.*) したがって，$(AB)C=$

*) この変形は，数の分配律と結合律による．$m=3$，$n=2$ の場合に，$\sum$ を使わないで書きくだし，それを感覚的にたしかめておくとよい.

$A(BC)$.

9° $A(B+C) = AB+AC$ (左分配律)

$(B+C)A = BA+CA$ (右分配律)

が成り立つ.

問14 上の両分配律をたしかめよ.

問15 $A = \begin{pmatrix} 1 & 3 \\ 2 & -1 \end{pmatrix}$, $B = \begin{pmatrix} 3 & 0 \\ 1 & 2 \end{pmatrix}$ のとき, 次のおのおのを求めよ.

(1) $2A-3B$ (2) A^2+B^2 (3) $AB-BA$ (4) $ABAB$

問16 次の等式を導け.

(1) $A(C-B) = AC-AB$ (2) $A \cdot O = O \cdot A = O$

(3) $A(-B) = (-A)B = -AB$

問17 2次の行列 A, B で, $A \neq O$, $B \neq O$, $AB = O$ であるような例を作れ.*)

☞ 前述のかんづめの詰合わせの例で, 山田・木村の2人が, この3種の詰合せ, Ⅰ, Ⅱ, Ⅲ を次の行列で表示される数量だけ買ったとしよう.

(山田)(木村)

$$C = \begin{pmatrix} 2 & 4 \\ 1 & 2 \\ 3 & 0 \end{pmatrix} \begin{matrix} (\text{I}) \\ (\text{II}) \\ (\text{III}) \end{matrix}$$

そこで, この2人の買った詰合せの値段の総計と重さの総和を求めるには, 三つの行列 A, B, C の積を作ればよい. そのためには, まず Ⅰ, Ⅱ, Ⅲ の各詰合せの値段と重さを求め, しかるのちに, 山田・木村2人について総計すれば, それは $(AB)C$ を計算したことになり, まず, 山田・木村の買うかんづめの中の モモ・ナシ・ミカン・パイナップル の数をそれぞれ求めて, しかるのちに, 単価と1個あたりの重さをかけて合計すれば, それは $A(BC)$ を計算していることになる. いずれにしても結果は同じになるはずだから, 結合律が成り立つ道理である.

【6】 単位行列 正方行列において, 左上から右下への対角線上にある成分を**対角成分**という. 対角成分以外の成分がすべて0であるような行列を, **対角行列**という. 対角成分がすべて1であるような対角行列を, とくに**単位行列**といい, I で表わす. すなわち,

*) 数の場合は, 積 $ab=0$ なら, $a=0$ か $b=0$ かが成り立つ. 行列ではこれは成り立たないのである.

$$I=\begin{pmatrix}1 & 0 \cdots\cdots 0\\ 0 & 1 \cdots\cdots 0\\ \multicolumn{2}{c}{\cdots\cdots\cdots\cdots\cdots}\\ 0 & 0 \cdots\cdots 1\end{pmatrix}.$$

単位行列の (i,k) 成分を δ_{ik} と書くと，$I=(\delta_{ik})$ で，

$$\delta_{ik}=\begin{cases}1 & (i=k)\\ 0 & (i\neq k)\end{cases}$$

をみたす．この記号 δ_{ik} を**クロネッカーの記号**という.*)

10° $AI=A,\quad IA=A.$

【7】 逆行列 正方行列 A に対して，

$$AX=YA=I$$

をみたす行列 X,Y が存在するとすれば， X,Y は一意的に定まり， しかも一致する．なぜなら，

$$(YA)X=IX=X,\qquad Y(AX)=YI=Y$$

で，左辺は結合律により等しいから， $X=Y$ でなければならない．どんな解 X もどんな解 Y も相互に一致するのだから，$X=Y$ は一意的に定まる．

☞ ていねいにやると，二つの解 X_1,X_2 について，$AX_1=AX_2=I$ なら，上の結果から， $X_1=Y$, $X_2=Y$ となるから， $X_1=X_2$ となる．つまり $AX=I$ の解 X はただ一つしかない．次に， 二つの解 Y_1,Y_2 について $Y_1A=Y_2A=I$ とすると，$X=Y_1$, $X=Y_2$ となるから， $Y_1=Y_2$ となる．つまり $YA=I$ の解 Y はただ一つしかない．

したがって，このときは，

$$AX=XA=I$$

をみたす行列 X は，一意的に定まる．この X を A の**逆行列**といい，A^{-1} で表わす．また，逆行列をもつ行列を**正則行列**という．

11° A が正則なら，$AA^{-1}=A^{-1}A=I.$

☞ 数でいえば，逆行列は逆数にあたる．a の逆数を a^{-1} と書くと

$$aa^{-1}=a^{-1}a=1$$

*) 単位行列は，数の1にあたる．1はすべての数 a に対して $a\cdot 1=1\cdot a=a$ をみたす．

である．逆数をもつためには，$a \neq 0$ なる条件が必要だが，それが，行列では正則にあたる．のちに (86 ページ)，正則性が $a \neq 0$ にもっと類似していることが示される．

☞　行列 A が与えられたとき，$AX=B$ をみたす行列 X を求める問題はそう簡単ではない．たとえば，$\begin{pmatrix} 1 & 2 \\ 0 & 0 \end{pmatrix}\begin{pmatrix} x_{11} & x_{12} \\ x_{21} & x_{22} \end{pmatrix} = \begin{pmatrix} 1 & 2 \\ 2 & 4 \end{pmatrix}$では，

$$\text{左辺} = \begin{pmatrix} x_{11}+2x_{21} & x_{12}+2x_{22} \\ 0 & 0 \end{pmatrix}$$

だから，x_{ij} にどんな数を代入しても，この等式を成り立たせることができない．一方，$\begin{pmatrix} x_{11} & x_{12} \\ x_{21} & x_{22} \end{pmatrix}\begin{pmatrix} 1 & 2 \\ 0 & 0 \end{pmatrix} = \begin{pmatrix} 1 & 2 \\ 2 & 4 \end{pmatrix}$ では，

$$\text{左辺} = \begin{pmatrix} x_{11} & 2x_{11} \\ x_{21} & 2x_{21} \end{pmatrix}$$

だから，$x_{11}=1$，$x_{21}=2$，x_{12}, x_{22}：任意　でみたされる．したがって，$AX=B$ の解は存在しないのに，$XA=B$ の解は無数にある．

問18　次の行列の逆行列を求めよ．

(1) $\begin{pmatrix} 1 & 2 \\ 3 & 5 \end{pmatrix}$　　(2) $\begin{pmatrix} 2 & 0 \\ 0 & -4 \end{pmatrix}$　　(3) $\begin{pmatrix} 1 & 2 \\ 0 & 1 \end{pmatrix}$　　(4) $\begin{pmatrix} 0 & 1 \\ 1 & 0 \end{pmatrix}$

問19　A, B が正則なら，AB も正則で，$(AB)^{-1} = B^{-1}A^{-1}$ となることを示せ．

問20　A が正則なら，A^{-1} も正則で，$(A^{-1})^{-1} = A$ となることを示せ．

問21　A が正則行列のとき，A と同じ行数をもつ B と，A と同じ列数をもつ C に対して，それぞれ

$$AX = B, \qquad YA = C$$

をみたす行列 X, Y がただ一つ存在することを示せ.*)

【8】 転置　(m, n) 行列 A の行と列を入れ替えて得られる (n, m) 行列を，A の**転置行列**といい，${}^tA$ で表わす．これについては，

12°　${}^t(A+B) = {}^tA + {}^tB$,　　${}^t(cA) = c\,{}^tA$,　　${}^t(AB) = {}^tB\,{}^tA$

が成り立つ．

とくに，${}^tA = A$ のとき，A を**対称行列**，${}^tA = -A$ のとき，A を**交代行列**（または**歪対称行列**）という．

---

*) 1元1次方程式　$ax=b$，$ya=c$　の解法を思い出せ．

問22 A が正則なら，${}^tA$ も正則で，$({}^tA)^{-1} = {}^t(A^{-1})$ となることを示せ.
（この行列を ${}^tA^{-1}$ と書く）

§4 線型写像と行列

☞ 正比例というものは，小学校から学んでいるはずである．変量 x が 2 倍，3 倍，……となるにつれて変量 y が 2 倍，3 倍，……になったとすれば，変量 y は x に正比例するという．しかし，この定義はより一般に，変量 x が和になれば，変量 y も和になる，スカラー倍がスカラー倍になるといいかえてもよい．いいかえるなら，$y=f(x)$ とおくとき，

$$f(x_1+x_2) = f(x_1)+f(x_2), \quad f(kx_1) = kf(x_1)$$

が成り立つということである．

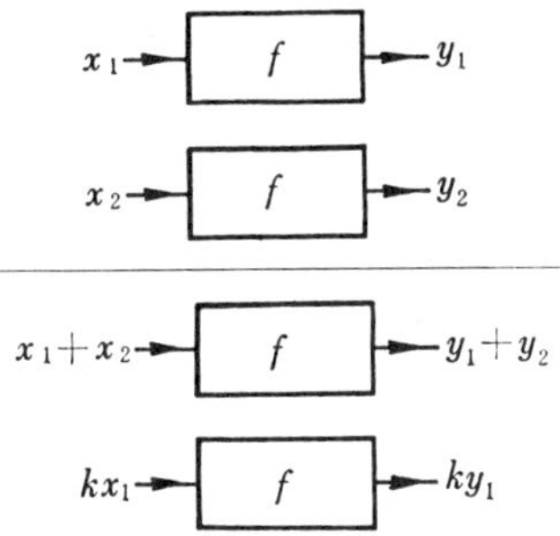

この条件を，工学の分野では，重畳原理ということがある．これは，結果の原因に対する加法性，あるいは二つの結果の相互独立性を表わしているものとみられる．

しかも，このときは，y は x の斉次 1 次関数になる：

$$y = ax \quad (a \text{は定数}).$$

そして，a のことを比例定数というのであった．この考えを一般化したのが，線型写像というものである．

【1】 ベクトルの線型関数　ベクトル $\boldsymbol{x}$ に数を対応させる関数 $f(\boldsymbol{x})$ が

1°　$f(\boldsymbol{x}+\boldsymbol{y}) = f(\boldsymbol{x})+f(\boldsymbol{y})$

2°　$f(\lambda\boldsymbol{x}) = \lambda f(\boldsymbol{x}) \qquad (\lambda \in \boldsymbol{R})$

をみたすとき，**線型**であるという*)．線型関数については，1°, 2° を繰り返し

*) **線型形式**ということもある．

て適用することによって，

$$f\left(\sum_{i=1}^{r}\lambda_i \boldsymbol{x}_i\right)=\sum_{i=1}^{r}\lambda_i f(\boldsymbol{x}_i)$$

が成り立つ.

n 項ベクトル $\boldsymbol{x}=(x_1, x_2, \cdots\cdots, x_n)$ は p. 29 例10によって，$\boldsymbol{x}=x_1\boldsymbol{e}_1+x_2\boldsymbol{e}_2+\cdots\cdots+x_n\boldsymbol{e}_n$ と表わされるから，

$$\begin{aligned}f(\boldsymbol{x})&=x_1 f(\boldsymbol{e}_1)+x_2 f(\boldsymbol{e}_2)+\cdots\cdots+x_n f(\boldsymbol{e}_n)\\&=a_1x_1+a_2x_2+\cdots\cdots\cdots+a_nx_n \qquad (a_i=f(\boldsymbol{e}_i))\end{aligned}$$

が成り立つ．すなわち，

線型関数 $f(\boldsymbol{x})$ は，$\boldsymbol{x}$ の成分の斉次1次関数である.

例 11 ベクトル $\boldsymbol{x}$ にその第 i 成分 x_i を対応させる関数は，線型関数である.

☞ 1項線型空間では，一つのベクトル $\boldsymbol{e}$ が存在して，すべてのベクトルは $\boldsymbol{x}=x\boldsymbol{e}$ と表わされる．したがって，このときは1°は2°から出る．$\boldsymbol{x}=x\boldsymbol{e}$，$\boldsymbol{y}=y\boldsymbol{e}$ とすると，$\boldsymbol{x}+\boldsymbol{y}=(x+y)\boldsymbol{e}$ だから，

$$\begin{aligned}f(\boldsymbol{x}+\boldsymbol{y})&=(x+y)f(\boldsymbol{e})\\&=xf(\boldsymbol{e})+yf(\boldsymbol{e})\\&=f(\boldsymbol{x})+f(\boldsymbol{y})\end{aligned}$$

となるためである.

【2】 線型写像

定義 3 一般に線型空間 V のおのおののベクトルに線型空間 W のベクトルを対応させる写像*) f が，

1° $f(\boldsymbol{x}+\boldsymbol{y})=f(\boldsymbol{x})+f(\boldsymbol{y})$

2° $f(\lambda\boldsymbol{x})=\lambda f(\boldsymbol{x}) \qquad (\lambda\in\boldsymbol{R})$

を満足させるとき，f を V から W への**線型写像**という.

1°, 2° を繰り返して適用すると，一般に，

$$f\left(\sum_{i=1}^{r}\lambda_i \boldsymbol{x}_i\right)=\sum_{i=1}^{r}\lambda_i f(\boldsymbol{x}_i)$$

*) 集合 E の各元 x に集合 F の元 y を一意的に対応させる対応 f を，E から F への**写像**または**関数**とよび，$f: E\longrightarrow F$ と書く．また，f によって元 x に y が対応することを $f: x\longmapsto y$ と書く.

の成り立つことがわかる．とくに，

$$f(\boldsymbol{y}-\boldsymbol{x})=f(\boldsymbol{y})-f(\boldsymbol{x}),\qquad f(\mathbf{0})=\mathbf{0},\qquad f(-\boldsymbol{x})=-f(\boldsymbol{x})$$

問23 この最後の三つの関係を，1° のみからこの順に導け．

例 12 線型空間 V の恒等写像 ($f(\boldsymbol{x})=\boldsymbol{x}$ など写像) は，V から V への線型写像である．

例 13 線型空間 V のすべてのベクトルに $\mathbf{0}$ を対応させる写像（零写像という）は，線型写像である．

例 14 n 項数ベクトル $(x_1,\cdots\cdots,\ x_r,\cdots\cdots,x_n)$ に r 項数ベクトル $(x_1,\cdots\cdots,x_r)$ を対応させる写像は，n 項数ベクトルの線型空間から r 項数ベクトルの線型空間への線型写像である．

例 15 区間 $[a,b]$ で定義された無限回微分可能な関数の全体を $\mathscr{D}$ とするとき，$f\in\mathscr{D}$ にその導関数 f' を対応させる写像 $D{:}f\longmapsto f'$ は $\mathscr{D}$ から $\mathscr{D}$ への線型写像である．

例 16 区間 $[a,b]$ で定義された積分可能な関数の全体を $\mathscr{L}$ とするとき，写像 $f:\mathscr{L}\longmapsto\int_a^b f(x)dx$ は $\mathscr{L}$ から $\boldsymbol{R}$ への線型写像である．

線型空間 V から W への線型写像 f があるとき，$f(\boldsymbol{x})(\boldsymbol{x}\in V)$ の形のベクトル全体 $f(V)$ は W の部分線型空間で，$f(\boldsymbol{x})=\mathbf{0}$ となる V のベクトル $\boldsymbol{x}$ の全体 $N=\overset{-1}{f}(\mathbf{0})$ は V の部分線型空間である．前者を f の**像**，後者を f の**核**という．

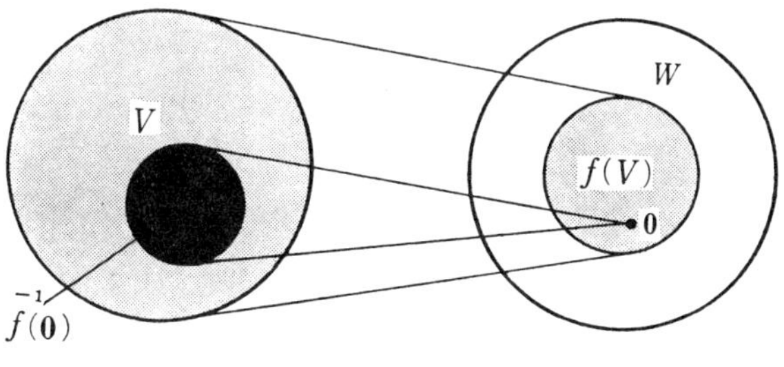

問24 このことを証明せよ．

問25　V の部分線型空間を V_1, W の部分線型空間を W_1 とするとき，V_1 の像 $f(V_1)$ は W の部分線型空間で，W_1 の逆像 $\overset{-1}{f}(W_1)$ は V の部分線型空間であることを示せ.*)

さて，V から W への線型写像 f が「上への写像」つまり全射**) になるということは，$f(V)=W$，つまり，f の像が W いっぱいになることである.

また，f が1対1，つまり単射になるときは，明らかに，$\overset{-1}{f}(\mathbf{0})=\mathbf{0}$ であるが，逆にこれがみたされていると，

$$f(\boldsymbol{x})=f(\boldsymbol{y}) \Longleftrightarrow f(\boldsymbol{x})-f(\boldsymbol{y})=\mathbf{0} \Longleftrightarrow f(\boldsymbol{x}-\boldsymbol{y})=\mathbf{0} \Longleftrightarrow \boldsymbol{x}-\boldsymbol{y}\in \overset{-1}{f}(\mathbf{0})=\mathbf{0}$$

だから，f は1対1となる.

【3】 数ベクトルの線型空間の線型写像　V を n 項ベクトルのなす線型空間，W を m 項ベクトルのなす線型空間とする.

n 項ベクトル $\boldsymbol{x}=(x_1, x_2, \cdots\cdots\cdots, x_n)$ に対する線型写像 f の値を $\boldsymbol{y}=f(\boldsymbol{x})=(y_1, y_2, \cdots\cdots, y_m)$ とおくとき，$\boldsymbol{y}$ の第 j 成分 y_j は明らかに，$\boldsymbol{x}$ の線型関数である：

$$\boldsymbol{x} \overset{f}{\longmapsto} \boldsymbol{y} \longmapsto y_j.$$

$\boldsymbol{x}$ が和 $\boldsymbol{x}+\boldsymbol{x}'$（スカラー倍 $\lambda\boldsymbol{x}$）になると，$\boldsymbol{y}$ が和 $\boldsymbol{y}+\boldsymbol{y}'$（スカラー倍 $\lambda\boldsymbol{y}$）となり，したがって，その第 j 成分も和 y_j+y_j'（スカラー倍 λy_j）になるからである.

したがって，

$$y_j=a_{j1}x_1+a_{j2}x_2+\cdots\cdots+a_{jn}x_n \qquad (a_{ji}=f(\boldsymbol{e}_i)\text{ の第 } j \text{ 成分})$$

と表わされる. そこで，ここに現われてきた係数 a_{ji} を成分とする行列を $A=(a_{ji})$ と書くと，

$$\begin{pmatrix} y_1 \\ y_2 \\ \vdots \\ y_m \end{pmatrix} = \begin{pmatrix} a_{11} & a_{12} \cdots\cdots\cdots\cdots a_{1n} \\ a_{21} & a_{22} \cdots\cdots\cdots\cdots a_{2n} \\ \cdots\cdots & \cdots\cdots\cdots\cdots\cdots\cdots \\ a_{m1} & a_{m2} \cdots\cdots\cdots a_{mn} \end{pmatrix} \begin{pmatrix} x_1 \\ x_2 \\ \vdots \\ x_n \end{pmatrix}$$

---

*) E から F への写像 f があるとき，E の部分集合 X の元の像全体を X の f による**像**といい，$f(X)$ と書く. また F の部分集合 Y に像をもつ E の元全体を Y の**逆像**といい $\overset{-1}{f}(Y)$ と書く.

) 集合 E から F への写像 f について，$f(E)=F$ のとき，f を全射**といい，f が1対1のとき**単射**という. 全射かつ単射であるものを**双射**という.

まとめて,

$$\boldsymbol{y} = A\boldsymbol{x}$$

の形に表わすことができる．すなわち,

定理１ 数ベクトルの線型空間の間の線型写像は，行列をかけることで表わされる．

注意１ ここで，A の列は，$\boldsymbol{e}_i$ の値 $f(\boldsymbol{e}_i)$ の成分を並べたものであるから，A の列ベクトルは $f(\boldsymbol{e}_i)$ そのもので，したがって,

$$A = (f(\boldsymbol{e}_1)\ f(\boldsymbol{e}_2)\ \cdots\cdots\ f(\boldsymbol{e}_n))$$

となっていることに注意しておく．

注意２ ベクトルの線型関数は，１項ベクトルのなす線型空間への線型写像のことである．そのときは，行列 A は $A = (a_1\ a_2\ \cdots\cdots\ a_n)$ という１行 n 列の行列になっている．

問26 次の線型写像を行列で表わせ．

(1) $(x_1, x_2) \longmapsto (x_1 + x_2,\ x_1 - x_2)$

(2) $(x_1, x_2) \longmapsto (x_2, x_1)$

(3) $(x_1, x_2, x_3) \longmapsto (x_1, x_2)$

(4) $(x_1, x_2) \longmapsto (x_1, x_2,\ x_1 + x_2)$

S.

第 2 章　行列の基本変形

線型代数に関するたいていのことがらは，けっきょくのところ，行列についての勘定になる．そのうちでも，最近ますます重要性が認められているのが，基本変形というものである．

§1　線型独立性と次元

【1】 ベクトルの線型独立・線型従属

☞　部分線型空間の大きさを測る尺度が必要になる．それが次元である．ところで，その次元はどうやって決めたらよいだろうか？　空間の中の平面とその上の直線，その直線の上の点を考えてみる．直線上には，**1** という一つの有向線分 ＝ ベクトルが乗るだけだが，平面上には，横 **1** と縦 **2** という二つのベクトルが乗る．さらに空間には，横・縦・高さという三つのベクトルがはいりうる．

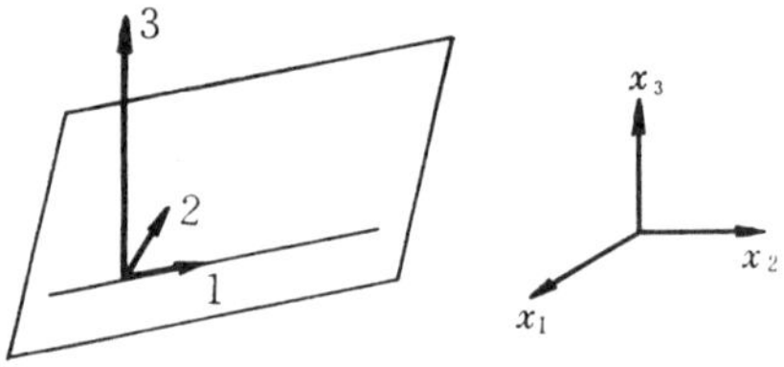

部分線型空間の大きさを測るには，このような，いわば≪独立な≫ベクトルがいくつはいりうるかを数えればよい．そして，それには，ベクトルの系を座標軸上の標準的なベクトルと比較して，どのくらい≪つぶれている≫かを測ればよい．

線型空間 V のベクトル $\boldsymbol{a}_1, \boldsymbol{a}_2, \cdots\cdots, \boldsymbol{a}_r$ があるとき，r 項数ベクトル $(\lambda_1, \lambda_2, \cdots\cdots, \lambda_r)$ に $\boldsymbol{a}_i$ の線型結合 $\lambda_1\boldsymbol{a}_1+\lambda_2\boldsymbol{a}_2+\cdots\cdots+\lambda_r\boldsymbol{a}_r$ を対応させる写像

$$f : (\lambda_1, \lambda_2, \cdots\cdots, \lambda_r) \longmapsto \lambda_1\boldsymbol{a}_1+\lambda_2\boldsymbol{a}_2+\cdots\cdots+\lambda_r\boldsymbol{a}_r$$

を考える．この f が r 項数ベクトルの線型空間から V への一つの線型写像であることはすぐにわかる．

問 1　そのことをたしかめよ．

f の像が，$\boldsymbol{a}_1, \boldsymbol{a}_2, \cdots\cdots, \boldsymbol{a}_r$ によって張られる部分線型空間 $[\boldsymbol{a}_1, \boldsymbol{a}_2, \cdots\cdots, \boldsymbol{a}_r]$ であった．f の核は，$\lambda_1\boldsymbol{a}_1+\lambda_2\boldsymbol{a}_2+\cdots\cdots+\lambda_r\boldsymbol{a}_r=\boldsymbol{0}$ となるような数ベクトル $(\lambda_1, \lambda_2, \cdots\cdots, \lambda_r)$ の全体である．

定義 4　f が単射のとき，$\boldsymbol{a}_1, \boldsymbol{a}_2, \cdots\cdots, \boldsymbol{a}_r$ は**線型独立**であるという．

f が全射のとき，$\boldsymbol{a}_1, \boldsymbol{a}_2, \cdots\cdots, \boldsymbol{a}_r$ を V の**生成系**という．

f が双射のとき，$\boldsymbol{a}_1, \boldsymbol{a}_2, \cdots\cdots, \boldsymbol{a}_r$ を V の**基底**という．

fが単射というのは，前章の§4 (42ページ) から核が$\mathbf{0}$のみのとき，つまり，

$$\lambda_1\boldsymbol{a}_1+\lambda_2\boldsymbol{a}_2+\cdots\cdots+\lambda_r\boldsymbol{a}_r=\mathbf{0}\Rightarrow\lambda_1=\lambda_2=\cdots\cdots=\lambda_r=0 \quad\cdots\cdots\cdots(1)$$

のときであるから，これを線型独立性の定義としてもよい．線型独立でないとき，**線型従属**という．

問 2 $\boldsymbol{e}_1=(1,0,\cdots\cdots,0),\boldsymbol{e}_2=(0,1,\cdots\cdots,0),\cdots\cdots,\boldsymbol{e}_n=(0,0,\cdots\cdots,1)$ は n 項数ベクトルの線型空間の基底であることを示せ*⁾.

☞ (1)は，いわゆる≪全称条件命題≫「すべての $\lambda_1,\cdots\cdots,\lambda_r$ について，A ならば B」であることに注意する.**⁾ この否定は，「ある $\lambda_1,\cdots\cdots,\lambda_r$ について，A でしかも B でない」となる.***⁾ したがって，線型従属性は，

すべてが 0 ではない $\lambda_1,\cdots\cdots,\lambda_r$ があって，$\lambda_1\boldsymbol{a}_1+\lambda_2\boldsymbol{a}_2+\cdots\cdots+\lambda_r\boldsymbol{a}_r=\mathbf{0}$

となる．

問 3 1個のベクトル $\boldsymbol{a}$ が線型独立であるためには，$\boldsymbol{a}\neq\mathbf{0}$ が必要十分であることを示せ．

問 4 $\boldsymbol{a}_1,\boldsymbol{a}_2\cdots\cdots,\boldsymbol{a}_r$ が線型独立であるとすると，その一部 $\boldsymbol{a}_{i_1},\boldsymbol{a}_{i_2},\cdots\cdots,\boldsymbol{a}_{i_s}$ も線型独立であることを示せ．

【2】 三つの定理 この線型独立性については，次の三つの重要な定理が成り立つ．

定理 1 $\boldsymbol{a}_1,\boldsymbol{a}_2,\cdots\cdots,\boldsymbol{a}_r$ が線型独立で，$\boldsymbol{a}_1,\boldsymbol{a}_2,\cdots\cdots,\boldsymbol{a}_r,\boldsymbol{a}_{r+1}$ が線型従属のときは，$\boldsymbol{a}_{r+1}$ は $\boldsymbol{a}_1,\boldsymbol{a}_2,\cdots\cdots,\boldsymbol{a}_r$ の線型結合として一意的に表わされる．

証明はむずかしくない．$\boldsymbol{a}_1,\boldsymbol{a}_2,\cdots\cdots,\boldsymbol{a}_r,\boldsymbol{a}_{r+1}$ が線型従属だというのだから，すべてが 0 ではない $\lambda_1,\lambda_2,\cdots\cdots,\lambda_r,\lambda_{r+1}$ があって，

$$\lambda_1\boldsymbol{a}_1+\lambda_2\boldsymbol{a}_2+\cdots\cdots+\lambda_r\boldsymbol{a}_r+\lambda_{r+1}\boldsymbol{a}_{r+1}=\mathbf{0}$$

が成り立っていなければならない．どの λ_i が 0 でないか？ $\lambda_{r+1}=0$ とすると，$\boldsymbol{a}_1,\boldsymbol{a}_2,\cdots\cdots,\boldsymbol{a}_r$ が線型独立ということに反するから，$\lambda_{r+1}\neq 0$ でなければならない．そこで，$\boldsymbol{a}_{r+1}$ で解くと，

---

*⁾ とくにこれを標準基底ということがある．

**⁾ 全称命題とは「すべての……」という命題のことで，条件命題とは「……ならば，—」という命題のことである．

***⁾ 記号で書くと，条件命題 $A\rightarrow B$ の否定は $A\wedge\neg B$. 全称条件命題 $\forall x(A(x)\rightarrow B(x))$ の否定は $\exists x\neg(A(x)\rightarrow B(x))$ つまり $\exists x(A(x)\wedge\neg B(x))$ となる．

$$\boldsymbol{a}_{r+1}=-\frac{\lambda_1}{\lambda_{r+1}}\boldsymbol{a}_1-\frac{\lambda_2}{\lambda_{r+1}}\boldsymbol{a}_2-\cdots\cdots\cdots-\frac{\lambda_r}{\lambda_{r+1}}\boldsymbol{a}_r$$

となり，実際に $\boldsymbol{a}_{r+1}$ は，$\boldsymbol{a}_1, \boldsymbol{a}_2, \cdots\cdots, \boldsymbol{a}_r$ の線型結合になる．

一意性の方は，$\lambda_1\boldsymbol{a}_1+\lambda_2\boldsymbol{a}_2+\cdots\cdots+\lambda_r\boldsymbol{a}_r=\lambda_1'\boldsymbol{a}_1+\lambda_2'\boldsymbol{a}_2+\cdots\cdots+\lambda_r'\boldsymbol{a}_r$ より，辺々をひいて，

$$(\lambda_1-\lambda_1')\boldsymbol{a}_1+(\lambda_2-\lambda_2')\boldsymbol{a}_2+\cdots\cdots+(\lambda_r-\lambda_r')\boldsymbol{a}_r=\boldsymbol{0},$$

$\boldsymbol{a}_1, \boldsymbol{a}_2, \cdots\cdots, \boldsymbol{a}_r$ の線型独立性より，$\lambda_1-\lambda_1'=\lambda_2-\lambda_2'=\cdots\cdots=\lambda_r-\lambda_r'=0$, すなわち，$\lambda_1=\lambda_1', \lambda_2=\lambda_2', \cdots\cdots, \lambda_r=\lambda_r'$ が導かれるからである．

問 5　$\boldsymbol{a}_1=(1,1,0)$，$\boldsymbol{a}_2=(1,0,1)$，$\boldsymbol{a}_3=(0,1,1)$ は線型独立であることを示し，$\boldsymbol{a}_4=(3,4,5)$ をこれらのベクトルの線型結合として表わせ．

問 6　$\boldsymbol{a}_1, \boldsymbol{a}_2, \boldsymbol{a}_3$ が線型独立なら，$\boldsymbol{a}_2+\boldsymbol{a}_3$，$\boldsymbol{a}_3+\boldsymbol{a}_1$，$\boldsymbol{a}_1+\boldsymbol{a}_2$ も線型独立であることを示せ．

この定理1は比較的あたりまえであるが，次の定理2が重大なのである．*)

定理 2　r 個のベクトル $\boldsymbol{a}_1, \boldsymbol{a}_2, \cdots\cdots, \boldsymbol{a}_r$ の線型結合よりなる $r+1$ 個のベクトル $\boldsymbol{b}_0, \boldsymbol{b}_1, \cdots\cdots, \boldsymbol{b}_r$ は線型従属である．

証明は r についての数学的帰納法で行なう．$r=1$ のときは，$\boldsymbol{b}_0=\lambda_0\boldsymbol{a}_1$, $\boldsymbol{b}_1=\lambda_1\boldsymbol{a}_1$ だから，

$$\lambda_1\boldsymbol{b}_0-\lambda_0\boldsymbol{b}_1=\boldsymbol{0}$$

が成り立ち，$\boldsymbol{b}_0, \boldsymbol{b}_1$ は実際に線型従属である（$\lambda_0=\lambda_1=0$ なら，$\boldsymbol{b}_0=\boldsymbol{b}_1=\boldsymbol{0}$ で線型従属なことは明らかである）．そこで，ベクトル $\boldsymbol{a}_i$ の個数が $r-1$ のときは定理は成り立つものとする．仮定により

$$\boldsymbol{b}_i=\lambda_{i1}\boldsymbol{a}_1+\lambda_{i2}\boldsymbol{a}_2+\cdots\cdots+\lambda_{ir}\boldsymbol{a}_r \qquad (i=0,1,2,\cdots\cdots,r)$$

とする．$\boldsymbol{a}_1$ の係数 $\lambda_{01}, \lambda_{11}.\cdots\cdots, \lambda_{r1}$ がすべて 0 なら，$\boldsymbol{b}_0, \boldsymbol{b}_1, \cdots\cdots, \boldsymbol{b}_r$ は $\boldsymbol{a}_2, \cdots\cdots, \boldsymbol{a}_r$ の線型結合だから，帰納法の仮定から線型従属である．そこで，これらのうち少なくとも一つ，たとえば $\lambda_{01}\neq 0$ とする．

$$\boldsymbol{b}_i'=\boldsymbol{b}_i-\frac{\lambda_{i1}}{\lambda_{01}}\boldsymbol{b}_0=\lambda_{i2}'\boldsymbol{a}_2+\cdots\cdots+\lambda_{ir}'\boldsymbol{a}_r \qquad (i=1,2,\cdots\cdots,r)$$

---

*) これは，いわゆる《入れ換え定理 (Austauschsatz)》と同等であるが，そのような同等な定理の中ではもっともあたりまえの（自明な）表現をしている．

は帰納法の仮定によって線型従属だから，すべてが 0 ではない $c_1, c_2, \cdots\cdots, c_r$ によって，

$$c_1\boldsymbol{b}_1' + c_2\boldsymbol{b}_2' + \cdots\cdots + c_r\boldsymbol{b}_r' = c_0\boldsymbol{b}_0 + c_1\boldsymbol{b}_1 + \cdots\cdots + c_r\boldsymbol{b}_r = \boldsymbol{0}$$

が成り立つ $\left(c_0 = -\sum_{j=1}^{r} c_j\lambda_{j1}/\lambda_{01}\right)$.*) したがって，$\boldsymbol{b}_0, \boldsymbol{b}_1, \cdots\cdots, \boldsymbol{b}_r$ は線型従属である．

定理 3 線型空間 V の部分線型空間 W が，r 個の線型独立なベクトル $\boldsymbol{a}_1, \boldsymbol{a}_2, \cdots\cdots, \boldsymbol{a}_r$ で張られ，さらに s 個のベクトル $\boldsymbol{b}_1, \boldsymbol{b}_2, \cdots\cdots, \boldsymbol{b}_s$ で張られているとする：

$$W = [\boldsymbol{a}_1, \boldsymbol{a}_2, \cdots\cdots, \boldsymbol{a}_r] = [\boldsymbol{b}_1, \boldsymbol{b}_2, \cdots\cdots, \boldsymbol{b}_s].$$

このとき，$r \leqslant s$ である．

なぜなら，$r > s$ とすると，$r \geqslant s+1$ で，$\boldsymbol{a}_i$ は $\boldsymbol{b}_1, \boldsymbol{b}_2, \cdots\cdots, \boldsymbol{b}_s$ の線型結合である $(i = 1, 2, \cdots\cdots, r)$．したがって，上の定理 2 より $\boldsymbol{a}_1, \boldsymbol{a}_2, \cdots\cdots, \boldsymbol{a}_r$ は線型従属でなければならない．しかし，これは仮定に反する．したがって $r \leqslant s$ でなければならない．

【3】 次元 前項の定理 3 によって線型空間 V を張る線型独立なベクトルの個数，つまり基底のベクトルの個数は一定である．この一定な基底ベクトルの数を，V の**次元**といい，$\dim V$ で表わす．

n 項ベクトルのなす線型空間 V は，ベクトル $\boldsymbol{e}_1 = (1, 0, \cdots\cdots, 0)$, $\boldsymbol{e}_2 = (0, 1, \cdots\cdots, 0)$, $\cdots\cdots$, $\boldsymbol{e}_n = (0, 0, \cdots\cdots, 1)$ で張られているが，さらにこれらのベクトルは線型独立だから (p. 47, 問 2)，これらが V の基底で次元の定義により，$\dim V = n$ である.**)

ところで，一般の線型空間 V に対して基底が存在するであろうか？ まず，$V = \{\boldsymbol{0}\}$ が 0 ベクトルのみから成るときは，基底は空集合で $\dim V = 0$ と考えることにする．$V \neq \{\boldsymbol{0}\}$ のときは，$V \ni \boldsymbol{a}_1 \neq \boldsymbol{0}$ をかってにとる．$V = [\boldsymbol{a}_1]$ なら，$\boldsymbol{a}_1$ が V の基底で $\dim V = 1$ である．そうでないときは，$V \ni \boldsymbol{a}_2$ で，$[\boldsymbol{a}_1] \not\ni \boldsymbol{a}_2$

---

*) 実際に代入してたしかめておく．

**) 以後 n 項ベクトルのなす線型空間のことをしばしば n 次元線型空間とよぶ．

なるベクトル $\boldsymbol{a}_2$ をとる．$V=[\boldsymbol{a}_1, \boldsymbol{a}_2]$ ならよい．そうでないときは，$V \ni \boldsymbol{a}_3$ で，$[\boldsymbol{a}_1, \boldsymbol{a}_2] \not\ni \boldsymbol{a}_3$ なるベクトル $\boldsymbol{a}_3$ をとる．これを繰り返してベクトルの組 $\boldsymbol{a}_1, \boldsymbol{a}_2, \cdots\cdots, \boldsymbol{a}_r$ を得たとすれば，それらはかならず線型独立である．なぜなら $\boldsymbol{a}_1 \neq \boldsymbol{0}$ だから $\boldsymbol{a}_1$ は線型独立である．そこで，$\boldsymbol{a}_1, \boldsymbol{a}_2, \cdots\cdots, \boldsymbol{a}_{r-1}$ が線型独立だとし，$\boldsymbol{a}_1, \boldsymbol{a}_2, \cdots\cdots, \boldsymbol{a}_r$ が線型従属であったとすると，定理1から，$\boldsymbol{a}_r \in [\boldsymbol{a}_1, \boldsymbol{a}_2, \cdots\cdots, \boldsymbol{a}_{r-1}]$ となって，$\boldsymbol{a}_r$ のとり方に反する．だから，$\boldsymbol{a}_1, \boldsymbol{a}_2, \cdots\cdots, \boldsymbol{a}_r$ は線型独立でなければならない．

ここで，二つの場合がありうる．

(1)　この手続きが際限なく続けられる．

(2)　この手続きが有限 n 回で終わりとなる．

(1)の場合には，線型空間 V は**無限次元**であるという．(2)の場合には，V は**有限次元**であるという．この場合には，

$$V=[\boldsymbol{a}_1, \boldsymbol{a}_2, \cdots\cdots, \boldsymbol{a}_n]$$

で，$\boldsymbol{a}_1, \boldsymbol{a}_2, \cdots\cdots, \boldsymbol{a}_n$ は線型独立だから，これが V の基底で，V の次元は n である．

定理4　有限次元線型空間は基底をもち，その基底ベクトルの数は一定である．

なお，上の手続きをみると，さらに次のことがわかる．すなわち，n 次元線型空間 V の部分線型空間 W があるとき，W の基底 $\boldsymbol{a}_1, \boldsymbol{a}_2, \cdots\cdots, \boldsymbol{a}_r$ $(r \leqq n)$ に対して，$W=[\boldsymbol{a}_1, \cdots\cdots, \boldsymbol{a}_r]$ に属さぬ V のベクトル $\boldsymbol{a}_{r+1}$, $[\boldsymbol{a}_1, \cdots\cdots, \boldsymbol{a}_{r+1}]$ に属さぬ V のベクトル $\boldsymbol{a}_{r+2}, \cdots\cdots$ をとっていくことによって，$n-r$ 個のベクトル $\boldsymbol{a}_{r+1}, \boldsymbol{a}_{r+2}, \cdots\cdots, \boldsymbol{a}_n$ を適当にとって，

$$\boldsymbol{a}_1, \cdots\cdots, \boldsymbol{a}_r, \boldsymbol{a}_{r+1}, \cdots\cdots, \boldsymbol{a}_n$$

が V を基底をなすようにできる．

問7　1)　$\dim W = r$ は W の中の線型独立なベクトルの最大数であることを示せ．

2)　$\dim W = r$ は W を張るベクトルの個数の最小値であることを示せ．

問 8 部分線型空間の次元について，次のことがらを証明せよ．

1° $W \subset W' \Rightarrow \dim W \leqq \dim W'$.

2° $W \subset W'$, $\dim W = \dim W' \Rightarrow W = W'$.

問 9 m 行 n 列の行列全体は，mn 次元の線型空間をなすことを示せ．

【4】 座標変換 線型空間 V の基底ベクトルを一定の順序に並べたものを，V の**座標系**という．したがって，ベクトルの順序を変えれば，ベクトルの集合つまり基底としては同じであっても，座標系としては異なったものと考えるのである．

V の座標系を $\{\boldsymbol{e}_1, \boldsymbol{e}_2, \cdots\cdots, \boldsymbol{e}_n\}$ とする．

V の任意のベクトル $\boldsymbol{x}$ は，この基底によって，その線型結合として，一意的に

$$\boldsymbol{x} = \boldsymbol{e}_1x_1 + \boldsymbol{e}_2x_2 + \cdots\cdots + \boldsymbol{e}_nx_n = (\boldsymbol{e}_1, \boldsymbol{e}_2, \cdots\cdots, \boldsymbol{e}_n)\begin{pmatrix} x_1 \\ x_2 \\ \vdots \\ x_n \end{pmatrix}$$

と表わされる．この $x_1, x_2, \cdots\cdots, x_n$ を，座標系 $(\boldsymbol{e}_1, \boldsymbol{e}_2, \cdots\cdots, \boldsymbol{e}_n)$ に関するベクトル $\boldsymbol{x}$ の**座標**という．いちばん右辺のものは，行列の乗法の記法（つまり前の行とあとの列をかけてたす）を流用したものである．$\begin{pmatrix} x_1 \\ x_2 \\ \vdots \\ x_n \end{pmatrix}$ は，n 項数ベクトルであるが，これを座標系 $(\boldsymbol{e}_1, \boldsymbol{e}_2, \cdots\cdots, \boldsymbol{e}_n)$ に関する $\boldsymbol{x}$ の**座標ベクトル**とよぶ．最初の数ベクトルとしての成分表示は，$\boldsymbol{e}_1 = (1, 0, \cdots\cdots, 0)$, $\boldsymbol{e}_2 = (0, 1, \cdots\cdots, 0)$, $\cdots\cdots$, $\boldsymbol{e}_n = (0, 0, \cdots\cdots, 1)$ という標準座標系に関する座標にほかならない．この座標の列ベクトルを，最初の成分表示と区別するために，当分 $\tilde{\boldsymbol{x}}$ と書くことにする．すると，

$$\boldsymbol{x} = (\boldsymbol{e}_1\boldsymbol{e}_2\cdots\cdots\boldsymbol{e}_n)\tilde{\boldsymbol{x}} \quad \cdots\cdots\cdots\cdots\cdots\cdots\cdots\cdots\cdots\cdots\cdots \quad (2)$$

が成り立っている．*)

*) こうして，次第に数ベクトルという《お乳》から離れつつあることに注意．

V の別の基底 $\boldsymbol{e}_1', \boldsymbol{e}_2', \cdots\cdots, \boldsymbol{e}_n'$ をとれば，それに関する座標ベクトル $\tilde{\boldsymbol{x}}'$ の姿はもちろん変わってしまう．新基底のベクトル $\boldsymbol{e}_j'$ は，旧基底によって，

$$\boldsymbol{e}_j' = \sum_{i=1}^{n} \boldsymbol{e}_i p_{ij} \qquad (j = 1, 2, \cdots\cdots, n)$$

のように表わされるであろう．これも，行列の記法を流用して，

$$(\boldsymbol{e}_1'\boldsymbol{e}_2'\cdots\cdots\boldsymbol{e}_n') = (\boldsymbol{e}_1\boldsymbol{e}_2\cdots\cdots\boldsymbol{e}_n)P, \quad P = (p_{ij}) \quad \cdots\cdots\cdots\cdots\cdots\cdots (3)$$

と表わすことにしよう.*) この行列 P は，実は正則行列でなければならない．なぜなら，逆に旧基底のベクトル $\boldsymbol{e}_i$ も，新基底によって，

$$(\boldsymbol{e}_1\boldsymbol{e}_2\cdots\cdots\boldsymbol{e}_n) = (\boldsymbol{e}_1'\boldsymbol{e}_2'\cdots\cdots\boldsymbol{e}_n')P'$$

のように表わされなければならない．この二つの関係から，$(\boldsymbol{e}_1\boldsymbol{e}_2\cdots\cdots\boldsymbol{e}_n) = (\boldsymbol{e}_1\boldsymbol{e}_2\cdots\cdots\boldsymbol{e}_n)PP'$, $(\boldsymbol{e}_1'\boldsymbol{e}_2'\cdots\cdots\boldsymbol{e}_n') = (\boldsymbol{e}_1'\boldsymbol{e}_2'\cdots\cdots\boldsymbol{e}_n')PP'$，すなわち，$PP' = P'P = I$（単位行列）が成り立つからである．

問10 $\boldsymbol{e}_1, \boldsymbol{e}_2, \cdots\cdots, \boldsymbol{e}_n$ が基底のとき，$(\boldsymbol{e}_1\boldsymbol{e}_2\cdots\cdots\boldsymbol{e}_n)A = (\boldsymbol{e}_1\boldsymbol{e}_2\cdots\cdots\boldsymbol{e}_n)B$ から，$A = B$ がでるのはなぜか．(A, B は，n 行 m 列の行列)

問11 逆に，(3) で，$\boldsymbol{e}_1, \boldsymbol{e}_2, \cdots\cdots, \boldsymbol{e}_n$ が基底で P が正則行列なら，$\boldsymbol{e}_1', \boldsymbol{e}_2', \cdots\cdots, \boldsymbol{e}_n'$ も基底となることを証明せよ．

さて，新座標系 $(\boldsymbol{e}_1', \boldsymbol{e}_2', \cdots\cdots, \boldsymbol{e}_n')$ によって，$\boldsymbol{x} = (\boldsymbol{e}_1'\boldsymbol{e}_2'\cdots\cdots\boldsymbol{e}_n')\tilde{\boldsymbol{x}}'$ と表わされたとすると，これに (3) を代入して (2) とくらべると，$\boldsymbol{x} = (\boldsymbol{e}_1\boldsymbol{e}_2\cdots\cdots\boldsymbol{e}_n)P\tilde{\boldsymbol{x}}'$ となるから

$$\tilde{\boldsymbol{x}} = P\tilde{\boldsymbol{x}}' \quad \cdots\cdots\cdots\cdots\cdots\cdots\cdots\cdots\cdots\cdots\cdots\cdots (4)$$

すなわち，

$$\begin{pmatrix} x_1 \\ x_2 \\ \vdots \\ x_n \end{pmatrix} = \begin{pmatrix} p_{11} & p_{12} & \cdots\cdots & p_{1n} \\ p_{21} & p_{22} & \cdots\cdots & p_{2n} \\ & \cdots\cdots\cdots\cdots & & \\ p_{n1} & p_{n2} & \cdots\cdots & p_{nn} \end{pmatrix} \begin{pmatrix} x_1' \\ x_2' \\ \vdots \\ x_n' \end{pmatrix}$$

が成り立つ．これが，ベクトルの**座標変換**の公式である.**)

---

*) この関係 (3) は，$\boldsymbol{e}_i$ や $\boldsymbol{e}_j'$ が数ベクトルで表わされていて $(\boldsymbol{e}_1\boldsymbol{e}_2\cdots\boldsymbol{e}_n)$ が行列になっていると考えても，成り立つことに注意する．

**) 基底の変換 (3) と座標の変換 (4) の違いに注目する．前者は新基底で解いてあるのに，後者は旧座標で解いてあり，行列 P をかける位置が逆である．

【5】 **写像の表現行列**　次に n 次元線型空間 V から，m 次元線型空間 W への線型写像 f が与えられたとする．V の基底を $\boldsymbol{e}_1, \boldsymbol{e}_2, \cdots\cdots, \boldsymbol{e}_n$, W の基底を $\boldsymbol{f}_1, \boldsymbol{f}_2, \cdots\cdots, \boldsymbol{f}_m$ とすると，$\boldsymbol{e}_j$ の像 $f(\boldsymbol{e}_j)$ は W のベクトルだから，当然 $\boldsymbol{f}_1, \boldsymbol{f}_2, \cdots\cdots, \boldsymbol{f}_m$ の線型結合で表わされる：

$$f(\boldsymbol{e}_j) = \sum_{i=1}^{m} \boldsymbol{f}_i a_{ij} \qquad (j = 1, 2, \cdots\cdots, n).$$

これも行列記法を使って，

$$(f(\boldsymbol{e}_1) f(\boldsymbol{e}_2) \cdots\cdots f(\boldsymbol{e}_n)) = (\boldsymbol{f}_1 \boldsymbol{f}_2 \cdots\cdots \boldsymbol{f}_m) A, \quad A = (a_{ij}) \quad \cdots\cdots\cdots\cdots (5)$$

と表わすことができる*)．

今，V のベクトル $\boldsymbol{x}$ の座標ベクトルを $\tilde{\boldsymbol{x}}$, W のベクトル $\boldsymbol{y} = f(\boldsymbol{x})$ の座標ベクトルを $\tilde{\boldsymbol{y}}$ とすると，

$$\boldsymbol{x} = (\boldsymbol{e}_1 \boldsymbol{e}_2 \cdots\cdots \boldsymbol{e}_n) \tilde{\boldsymbol{x}}, \qquad \boldsymbol{y} = (\boldsymbol{f}_1 \boldsymbol{f}_2 \cdots\cdots \boldsymbol{f}_m) \tilde{\boldsymbol{y}}$$

だが，この前者，すなわち $\boldsymbol{x} = \boldsymbol{e}_1 x_1 + \boldsymbol{e}_2 x_2 + \cdots\cdots \boldsymbol{e}_n x_n$ に f をほどこすと，f の線型性と (5) によって，

$$\begin{aligned} f(\boldsymbol{x}) &= f(\boldsymbol{e}_1) x_1 + f(\boldsymbol{e}_2) x_2 + \cdots\cdots + f(\boldsymbol{e}_n) x_n \\ &= (f(\boldsymbol{e}_1) f(\boldsymbol{e}_2) \cdots\cdots f(\boldsymbol{e}_n)) \tilde{\boldsymbol{x}} = (\boldsymbol{f}_1 \boldsymbol{f}_2 \cdots\cdots \boldsymbol{f}_m) A \tilde{\boldsymbol{x}} \end{aligned}$$

$\boldsymbol{y} = f(\boldsymbol{x}) = (\boldsymbol{f}_1 \boldsymbol{f}_2 \cdots\cdots \boldsymbol{f}_m) \tilde{\boldsymbol{y}}$ であったから，

$$\tilde{\boldsymbol{y}} = A \tilde{\boldsymbol{x}} \quad \cdots\cdots\cdots\cdots\cdots\cdots\cdots\cdots\cdots\cdots (6)$$

すなわち，

$$\begin{pmatrix} y_1 \\ y_2 \\ \vdots \\ y_m \end{pmatrix} = \begin{pmatrix} a_{11} & a_{12} & \cdots\cdots & a_{1n} \\ a_{21} & a_{22} & \cdots\cdots & a_{2n} \\ & \cdots\cdots\cdots\cdots & & \\ a_{m1} & a_{m2} & \cdots\cdots & a_{nn} \end{pmatrix} \begin{pmatrix} x_1 \\ x_2 \\ \vdots \\ x_n \end{pmatrix}$$

が成り立つ．これが，線型写像 f にともなう行列表現である**)．すなわち，V と W の基底を一つ定めると，V から W への線型写像 $\boldsymbol{y} = f(\boldsymbol{x})$ は，座標ベクトルの間の関係 (6) で表わされるのである．行列 A のことを，f の**表現行列**と

---

*) 前頁の公式 (3) の場合と同様の注意が成り立つ．

**) (5) と (6) について前頁の注と同様の注意が成り立つ．

よぶこともある*⁾.

(5)によって，表現行列 A は V の基底ベクトルの像 $f(\boldsymbol{e}_j)$ の($\boldsymbol{f}_1, \boldsymbol{f}_2, \cdots\cdots, \boldsymbol{f}_m$ に関する)座標ベクトル $\widetilde{f(\boldsymbol{e}_j)} = \boldsymbol{a}_j$ を列ベクトルを考えて，横に並べたものにほかならない：

$$A = (\boldsymbol{a}_1\boldsymbol{a}_2\cdots\cdots\boldsymbol{a}_n),\ \ \boldsymbol{a}_j = \widetilde{f(\boldsymbol{e}_j)} \cdots\cdots\cdots\cdots\cdots\cdots\cdots\cdots \quad (7)$$

基底を変えれば，もちろん表現行列 A の姿も変わる．V の新基底 $\boldsymbol{e}_1', \boldsymbol{e}_2', \cdots\cdots, \boldsymbol{e}_n'$，$W$ の新基底 $\boldsymbol{f}_1', \boldsymbol{f}_2', \cdots\cdots, \boldsymbol{f}_m'$ をとると，$(\boldsymbol{e}_1'\boldsymbol{e}_2'\cdots\cdots\boldsymbol{e}_n') = (\boldsymbol{e}_1\boldsymbol{e}_2\cdots\cdots\boldsymbol{e}_n)P$，$(\boldsymbol{f}_1'\boldsymbol{f}_2'\cdots\cdots\boldsymbol{f}_m') = (\boldsymbol{f}_1\boldsymbol{f}_2\cdots\cdots\boldsymbol{f}_m)Q$ (P, Q は正則行列)が成り立っているから，f の線型性により，

$$\begin{aligned}(f(\boldsymbol{e}_1')f(\boldsymbol{e}_2'))\cdots\cdots f(\boldsymbol{e}_n')) &= (f(\boldsymbol{e}_1)f(\boldsymbol{e}_2)\cdots\cdots f(\boldsymbol{e}_n))P \\ &= (\boldsymbol{f}_1\boldsymbol{f}_2\cdots\cdots\boldsymbol{f}_m)AP = (\boldsymbol{f}_1'\boldsymbol{f}_2'\cdots\cdots\boldsymbol{f}_m')Q^{-1}AP.\end{aligned}$$

したがって，新基底に関する新表現行列 A' は，

$$A' = Q^{-1}AP \cdots\cdots\cdots\cdots\cdots\cdots\cdots\cdots\cdots\cdots \quad (8)$$

の形になる．ここで，P, Q^{-1} は正則行列である．

§2　行列の階数

【1】 階数　線型写像 f の大きさを測る物さしとして，f の像 $f(V)$ の大きさ，すなわち，$f(V)$ (これは，W の部分線型空間であった)**⁾　の次元 r を用いる．

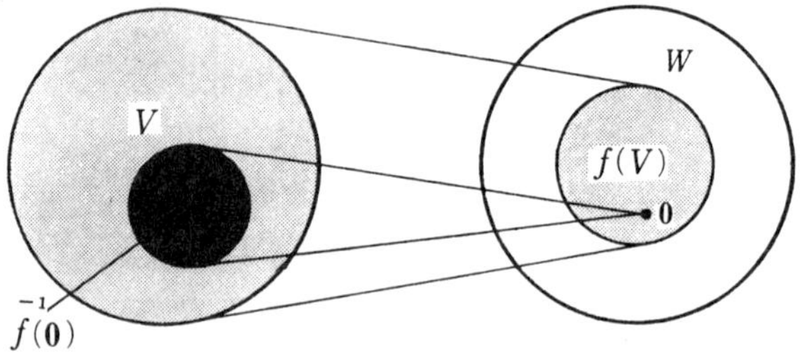

*⁾　座標変換と線型写像は，似て非なことに注意．座標変換では，ものは変わらず表現だけが変わるが，線型写像ではものが変わる．

**⁾　念のため，もう一度たしかめる．

これはまた，基底 $\boldsymbol{e}_i$ の像 $\boldsymbol{a}_1, \boldsymbol{a}_2, \cdots\cdots, \boldsymbol{a}_n$ のうち，線型独立なものの数といってもよい．いいかえれば，r は表現行列 A の列ベクトルの張る部分線型空間の次元で，これを行列 A の**階数**とか**位** (rank) とかいい，$\operatorname{rank} A$ で表わす．ここでは，r を写像 f の階数ともいい，$\operatorname{rank} f$ なる記号も利用することとしよう：

$$r = \operatorname{rank} f = \dim f(V) = \dim[\boldsymbol{a}_1, \boldsymbol{a}_2, \cdots\cdots, \boldsymbol{a}_n] = \operatorname{rank} A.$$

さて，線型写像 f の核，つまり f によって W の $\mathbf{0}$ に写される V のベクトルは，V の部分線型空間 $\overset{-1}{f}(\mathbf{0})$ を作る．その大きさ，つまり $s = \dim \overset{-1}{f}(\mathbf{0})$ と f の階数 $r = \dim f(V)$ の間にどんな関係があるかを調べるのが，当面の課題である．ところで，前頁の (8) によって V の基底を変えると，f の表現行列 A には右から正則行列 P がかかり，W の基底を変えると，A には左から正則行列 Q' $(=Q^{-1})$ がかかり，新基底に関する新しい表現行列は $Q'AP$ になるが，もちろん，こうしても階数は像空間の次元 $\dim f(V)$ で変わりようがないから*)，

$$\operatorname{rank} Q'AP = \operatorname{rank} A \quad \cdots\cdots\cdots\cdots\cdots\cdots\cdots\cdots \quad (1)$$

が成り立つ．

【2】 **基本変形**　さて (1) によって，行列 A の右 (および左) から正則行列をかけても，階数は変わらない．正則行列 P (や Q') が特別な形のとき，それをかけることは，行列 A に関するごく単純な操作になる．

① 一つの列に 0 でない数をかける．(第 i 列に $\lambda \neq 0$ をかける)

② 一つの列を他の列に加える．(第 i 列を第 j 列に加える)

たとえば，この ①, ② は右からそれぞれ，

$$U_i(\lambda) = \begin{pmatrix} 1 & & \overset{j}{\vdots} & & \\ & \ddots & \vdots & & \\ & & \lambda & & \\ & & & \ddots & \\ & & & & 1 \end{pmatrix} (\lambda \neq 0), \quad U_{ij}(\lambda) = \begin{pmatrix} 1 & & \overset{j}{\vdots} & & \overset{i}{\vdots} & \\ & \ddots & \vdots & & \vdots & \\ & & 1 & & \vdots & \\ & & \vdots & \ddots & \vdots & \\ & & \lambda & \cdots & 1 & \\ & & & & & \ddots \\ & & & & & & 1 \end{pmatrix} \begin{matrix} (i \neq j) \\ (\lambda = 1) \end{matrix}$$

をかけることに相当する**),***)．

---

*) 変わるのは A，変わらぬものは f．両方うまく使い分けるのがコツ．動と静の弁証法か？

**) 実際に行列を書きくだして，たしかめること．

***) U_i の方は対角行列で (i, i) 成分のみ λ，U_{ij} の方は対角成分は1，(i, j) 成分は λ，その他は0.

問12　$U_i(\lambda)U_i(\mu)=U_i(\lambda\mu)$，$U_{ij}(\lambda)U_{ij}(\mu)=U_{ij}(\lambda+\mu)$ を示せ．

問13　$U_i(\lambda)$ $(\lambda \neq 0)$，$U_{ij}(\lambda)$ は正則で，$U_i(\lambda)^{-1}=U_i(\lambda^{-1})$，$U_{ij}(\lambda)^{-1}=U_{ij}(-\lambda)$ となることを示せ．

問14　①は V の新基底として，$(\boldsymbol{e}_1,\cdots,\lambda\boldsymbol{e}_i,\cdots,\boldsymbol{e}_n)$ をとることにあたる．また，②は新基底として，$(\cdots,\overset{j}{\boldsymbol{e}_j+\boldsymbol{e}_i},\cdots,\overset{i}{\boldsymbol{e}_i},\cdots)$ をとることにあたる．これをたしかめよ．

①と②をいっしょに行なうと，

③　一つの列に定数（0でもよい）をかけて，他の列に加える．

をほどこしても，階数は変わらないことがわかる．これは，右から上記の正則行列 $U_{ij}(\lambda)$ をかけることに相当する．さらに，①と③をくり返すと，

④　二つの列を交換する．

をほどこしてもよい．実際，第 i 列と第 j 列を交換するには，次のようにすればよい：

$$
\begin{aligned}
A=(\cdots\ \boldsymbol{a}_i\ \cdots\ \boldsymbol{a}_j\ \cdots) &\to (\cdots\ \boldsymbol{a}_i-\boldsymbol{a}_j\ \cdots\ \boldsymbol{a}_j\ \cdots)\\
&\to (\cdots\ \boldsymbol{a}_i-\boldsymbol{a}_j\ \cdots\ \boldsymbol{a}_j+(\boldsymbol{a}_i-\boldsymbol{a}_j)\ \cdots)\\
&\to (\cdots\ \boldsymbol{a}_i-\boldsymbol{a}_j-\boldsymbol{a}_i\ \cdots\ \boldsymbol{a}_i\ \cdots)\\
&\to (\cdots\ \boldsymbol{a}_j\ \cdots\ \boldsymbol{a}_i\ \cdots).
\end{aligned}
$$

問15　④の操作は，行列 A に右から，

$$
T_{ij}=\begin{pmatrix}
1 & & & & & \\
 & \ddots & \vdots & & \vdots & \\
 & & 0 & \cdots & 1 & \\
 & & \vdots & \ddots & \vdots & \\
 & & 1 & \cdots & 0 & \\
 & & & & & \ddots \\
 & & & & & & 1
\end{pmatrix}
\quad (i \neq j)
$$

（第 i 列，第 j 列）

をかけることに相当することを示せ．さらに，この行列 T_{ij} を，上の $U_i(\lambda)$ と $U_{ij}(\lambda)$ の積で表わせ．

次に，行についても同様の操作が許される．

㊀　一つの行に0でない数をかける．（第 i 行に $\lambda \neq 0$ をかける）

㊁　一つの行を他の行に加える．（第 i 行を第 j 行に加える）

㊂　一つの行に定数をかけて，他の行に加える．

㊃　二つの行を交換する

問16　㊀は左から正則行列 $U_i(\lambda)$ をかけること，㊂は左から正則行列 $U_{ji}(1)$ をかけること，㊃は左から T_{ij} をかけることに相当することをたしかめよ．

問17　㊀は W の新基底として，$(\boldsymbol{f}_1,\cdots,\lambda^{-1}\boldsymbol{f}_i,\cdots,\boldsymbol{f}_m)$ をとることにあたる．また，㊂は新基底として，$(\cdots,\overset{j}{\boldsymbol{f}_j},\cdots,\boldsymbol{f}_i\overset{i}{-}\boldsymbol{f}_j,\cdots)$ をとることにあたる．これをたしかめよ．

列に関する①—④の操作（本質的なのは①と②）を列に関する基本変形，㊀—㊃を行に関する基本変形，あわせてただ**基本変形**とよぶことにする．列に関する基本変形は，ただ V の基底の若干の変更にすぎないし，行に関するそれは，W の基底の変更にすぎないから，このような操作を線型写像 f の表現行列 A にほどこしても，階数はもちろん変わらない．

【3】 行列の標準形

定理 5　$\operatorname{rank} A=r$ とすると，行列 A は行・列に関する基本変形によって，**標準形**：

$$A_0=\left(\begin{array}{ccc|c} 1 & & 0 & \\ & \ddots & & 0 \\ 0 & & 1 & \\ \hline & 0 & & 0 \end{array}\right)\Big\}r$$

に変形される*)．

証明　$r=0$ なら，行列のすべての成分が 0 だから，そのまま標準形になっている．そこで $r\geqq 1$ とする．

1)　0 でない成分があるから，基本変形④㊃によって，行・列を適当に入れ換えて，これを 1 行 1 列めにもっていくことができる．だから，最初から $a_{11}\neq 0$ とする．

*)　正方行列 P,Q を求めて $Q^{-1}AP=A_0$ の形に直せることを意味する．いいかえると p. 54 の同値関係 (8) による同値類の不変量が階数である．

$$\begin{pmatrix} a_{11} & a_{12} & \cdots & a_{1n} \\ a_{21} & a_{22} & \cdots & a_{2n} \\ \cdots & \cdots & \cdots & \cdots \\ a_{m1} & a_{m2} & \cdots & a_{mn} \end{pmatrix} \qquad (a_{11} \neq 0)$$

2)　次に，第1行の $-a_{21}/a_{11}$ 倍，…，$-a_{m1}/a_{11}$ 倍を第2行，…，第 m 行にそれぞれ加えると，第1列の第2成分以下を0とすることができる．

$$\begin{pmatrix} a_{11} & a_{12} & \cdots & a_{1n} \\ 0 & a_{22}' & \cdots & a_{2n}' \\ \cdots & \cdots & \cdots & \cdots \\ 0 & a_{m2}' & \cdots & a_{mn}' \end{pmatrix}$$

3)　第2行第2列以下の小さい行列について，同様の操作を行なうと，第2列の第3成分以下を0とすることができる．これを続けると，0でない対角成分 a_{ii}' の左下の成分をすべて0にすることができる．

$$\begin{pmatrix} a_{11} & a_{12} & \cdots\cdots & a_{1n} \\ 0 & a_{22}' & \cdots\cdots & a_{2n}' \\ & \cdots\cdots & \cdots\cdots & \\ 0 & 0\cdots\cdots & a_{rr}' & \cdots \\ 0 & 0 & \cdots & \end{pmatrix}$$

4)　さて，0でない対角成分 a_{ii}' の右上の成分も，今度は下から第 r 行に $-a_{r-1,r}'/a_{rr}'$ をかけて，第 $(r-1)$ 行に加える，…のような操作をくり返すとすべて0にすることができる．

$$A_1 = \left(\begin{array}{cccc|c} a_{11} & 0 & \cdots & 0 & \\ 0 & a_{22}' & \cdots & 0 & \\ \cdots & \cdots & \cdots & \cdots & * \\ 0 & 0 & \cdots & a_{rr}' & \\ \hline & & 0 & & 0 \end{array}\right) \qquad (a_{ii}' \neq 0)$$

5)　こうすると，上の行列 A_1 のように右上の一角に0でない部分が残るかもしれないが，今度は第1列，…，第 r 列に適当な数をかけて，第 $(r+1)$ 列以下に加えてやると，それもすべて0にすることができる $(a_{ii}' \neq 0$ だから$)$.

$$
A_2 = \left(\begin{array}{cccc|c}
a_{11} & 0 & \cdots & 0 & \\
0 & a_{22}' & \cdots & 0 & 0 \\
\cdots & \cdots & \cdots & \cdots & \\
0 & 0 & \cdots & a_{rr}' & \\
\hline
 & 0 & & & 0
\end{array}\right)
$$

6)　こうして，上の行列 A_2 の形になるが，最後に各行に，$a_{11}^{-1}, a_{22}'^{-1}, \cdots, a_{rr}'^{-1}$ かけてやると，標準形 A_0 の形になおる．

$$
A_0 = \left(\begin{array}{ccc|c}
1 & & 0 & \\
 & \ddots & & 0 \\
0 & & 1 & \\
\hline
 & 0 & & 0
\end{array}\right) \cdots\cdots\cdots\cdots\cdots\cdots \quad (2)
$$

§1 の (8) (p. 54) により，以上の操作は，V の基底と W の基底をそれぞれ $(\boldsymbol{e}_1', \cdots, \boldsymbol{e}_n')$，$(\boldsymbol{f}_1', \cdots, \boldsymbol{f}_m')$ に変えて，

$$
(f(\boldsymbol{e}_1') f(\boldsymbol{e}_2') \cdots\cdots f(\boldsymbol{e}_n')) = (\boldsymbol{f}_1' \boldsymbol{f}_2' \cdots\cdots \boldsymbol{f}_m') A_0
$$

が成り立つことを保証している．いいかえると，

$$
f(\boldsymbol{e}_1') = \boldsymbol{f}_1', \cdots, f(\boldsymbol{e}_r') = \boldsymbol{f}_r',\ \ f(\boldsymbol{e}_{r+1}') = \boldsymbol{0}, \cdots, f(\boldsymbol{e}_n') = \boldsymbol{0} \cdots\cdots\cdots \quad (3)
$$

が成り立つようにできる．したがって，

$$
f(V) = [\boldsymbol{f}_1', \boldsymbol{f}_2', \cdots, \boldsymbol{f}_r']
$$

となり，明らかに，

$$
\dim f(V) = r = \operatorname{rank} A.
$$

注意 1　ここで，1) から 4) までは，主として行に関する基本変形（それも ㊀ は用いないで ㊁ と ㊃ のみ）と列に関する基本変形 ④ だけを使っていることに注意する．列に関する基本変形 ①－③ を使うのは，4) と 6) の段階だけである．だから，もし基本変形 ㊀－㊃，④ のみを用いれば，4) で A_1 のように右上の一角に $*$ が残ることとなる．

注意 2　行列 A の階数だけ求めたい場合には，3) まで進めば十分である．

例 1　次の行列を標準形になおして，階数を求めよ．

$$
\begin{pmatrix}
2 & -1 & 3 & -2 & 4 \\
4 & -2 & 5 & 1 & 7 \\
2 & -1 & 1 & 8 & 2
\end{pmatrix}
\longrightarrow
\begin{pmatrix}
1 & -2 & -3 & 2 & -4 \\
-2 & 4 & 5 & 1 & 7 \\
-1 & 2 & 1 & 8 & 2
\end{pmatrix}
\longrightarrow
\begin{pmatrix}
1 & -2 & -3 & 2 & -4 \\
0 & 0 & -1 & 5 & -1 \\
0 & 0 & -2 & 10 & -2
\end{pmatrix}
$$

解　$a_{11} = 1$ とすると計算が楽なので，第 2 列と第 1 列を交換して，第 1 行

の符号を変える．次に，第1行の2倍と1倍を第2行，第3行に加える．

$$\begin{pmatrix} 1 & -3 & 2 & -4 & -2 \\ 0 & 1 & -5 & 1 & 0 \\ 0 & -2 & 10 & -2 & 0 \end{pmatrix}$$

次に，第2列を最後にまわし，第2行の符号を変える．第2行の2倍を，第3行に加える．

$$\begin{pmatrix} 1 & -3 & 2 & -4 & -2 \\ 0 & 1 & -5 & 1 & 0 \\ 0 & 0 & 0 & 0 & 0 \end{pmatrix}$$

次に，第2行に3をかけて，第1行に加える．

$$\begin{pmatrix} 1 & 0 & -13 & -1 & -2 \\ 0 & 1 & -5 & 1 & 0 \\ 0 & 0 & 0 & 0 & 0 \end{pmatrix}$$

次に，第1列にそれぞれ13, 1, 2をかけて，第3列以下に加え，第2列に5, −1, 0をかけて，第3列以下に加える．

$$\begin{pmatrix} 1 & 0 & 0 & 0 & 0 \\ 0 & 1 & 0 & 0 & 0 \\ 0 & 0 & 0 & 0 & 0 \end{pmatrix}$$

こうして標準形が得られ，

$$r = 2$$

問18　次の行列を標準形になおし，階数を求めよ．

(1) $\begin{pmatrix} 3 & -1 & 3 & 2 & 5 \\ 5 & -3 & 2 & 3 & 4 \\ 1 & -3 & -5 & 0 & -7 \\ 7 & -5 & 1 & 4 & 1 \end{pmatrix}$　　(2) $\begin{pmatrix} 4 & 3 & -5 & 2 & 3 \\ 8 & 6 & -7 & 4 & 2 \\ 4 & 3 & -8 & 2 & 7 \\ 4 & 3 & 1 & 2 & -5 \\ 8 & 6 & -1 & 4 & -6 \end{pmatrix}$

【4】 次元と基底の求め方

例2　ベクトル $\boldsymbol{a}_1 = (5, 2, -3, 1)$,　$\boldsymbol{a}_2 = (4, 1, -2, 3)$,　$\boldsymbol{a}_3 = (1, 1, -1, -2)$, $\boldsymbol{a}_4 = (3, 4, -1, 2)$ の張る部分線型空間の次元を求めよ．また，この部分線型空間の基底を求めよ．

解 $\boldsymbol{a}_3, \boldsymbol{a}_4, \boldsymbol{a}_1, \boldsymbol{a}_2$ を列ベクトルとする行列 $A=(\boldsymbol{a}_3\ \boldsymbol{a}_4\ \boldsymbol{a}_1\ \boldsymbol{a}_2)$ の階数を求めればよい．列に関する基本変形により*)，

$$A=\begin{pmatrix}1&3&5&4\\1&4&2&1\\-1&-1&-3&-2\\-2&2&1&3\end{pmatrix}\longrightarrow\begin{pmatrix}1&0&0&0\\1&1&-3&-3\\-1&2&2&2\\-2&8&11&11\end{pmatrix}\longrightarrow$$

$$\begin{pmatrix}1&0&0&0\\1&1&0&0\\-1&2&8&0\\-2&8&35&0\end{pmatrix}\longrightarrow\begin{pmatrix}1&0&0&0\\0&1&0&0\\0&0&8&0\\0&0&0&0\end{pmatrix}$$

となるから，$\operatorname{rank} A=3$，すなわち，$\dim[\boldsymbol{a}_3, \boldsymbol{a}_4, \boldsymbol{a}_1, \boldsymbol{a}_2]=3$.

しかも，$\boldsymbol{a}_3, \boldsymbol{a}_4, \boldsymbol{a}_1$ のみで 3 次元部分線型空間を張るのだから，これは線型独立で，基底をなす．上記変形で，第 2 の行列の列ベクトルは $\boldsymbol{a}_3$, $\boldsymbol{a}_4-3\boldsymbol{a}_3$, $\boldsymbol{a}_1-5\boldsymbol{a}_3$, $\boldsymbol{a}_2-4\boldsymbol{a}_3$ で，第 3 の行列のそれは，$\boldsymbol{a}_3$, $\boldsymbol{a}_4-3\boldsymbol{a}_3$, $(\boldsymbol{a}_1-5\boldsymbol{a}_3)+3(\boldsymbol{a}_4-3\boldsymbol{a}_3)$, $(\boldsymbol{a}_2-4\boldsymbol{a}_3)-(\boldsymbol{a}_1-5\boldsymbol{a}_3)$ だが，この最後のベクトルが $\boldsymbol{0}$ だから，

$$(\boldsymbol{a}_2-4\boldsymbol{a}_3)-(\boldsymbol{a}_1-5\boldsymbol{a}_3)=\boldsymbol{0},\quad \boldsymbol{a}_2=\boldsymbol{a}_1-\boldsymbol{a}_3$$

問19 次のベクトルは，何次元の部分線型空間を張るか．

(1) $\boldsymbol{a}_1=(2,-1,3,5)$, $\boldsymbol{a}_2=(4,-3,1,3)$, $\boldsymbol{a}_3=(3,-2,3,4)$,
$\boldsymbol{a}_4=(4,-1,15,17)$, $\boldsymbol{a}_5=(7,-6,-7,0)$

(2) $\boldsymbol{a}_1=(5,4,3)$, $\boldsymbol{a}_2=(3,3,2)$, $\boldsymbol{a}_3=(8,1,3)$

問20 次の行列で表現される線型写像の像空間の次元を決定せよ．

(1) $\begin{pmatrix}1&3&5&-1\\2&-1&-3&4\\5&1&-1&7\\7&7&9&5\end{pmatrix}$　　(2) $\begin{pmatrix}1&0&0&2&5\\0&1&0&3&4\\0&0&1&4&7\\2&-3&4&11&12\end{pmatrix}$

問21 例 1 (p. 59) で，(3) をみたす基底 $\boldsymbol{e}_i'$, $\boldsymbol{f}_j'$ を求めよ**)．

問22 例 1 で，$Q^{-1}AP=A_0$ をみたす正則行列 P, Q を求めよ．

---

*) 列ベクトルに注目することから，列について変形することにした．
**) 例 1 の基本変形を 1 歩 1 歩たどって，基底がどう変わるかを調べてもよい．

§3　1次方程式

【1】 線型写像の核　前節でも述べたように，n 次元線型空間 V から m 次元線型空間への線型写像 f があるとき，f の像 $f(V)$ は W の部分線型空間でその次元は f の階数であった．さらに，f の核，すなわち f による $\mathbf{0} \in W$ の逆像 $\overset{-1}{f}(\mathbf{0})$ は V の部分線型空間になるが，まずその次元がいくらになるかを調べよう．

前節で述べたように V の基底を $\boldsymbol{e}_1, \boldsymbol{e}_2, \cdots\cdots, \boldsymbol{e}_n$, W の基底を $\boldsymbol{f}_1, \boldsymbol{f}_2, \cdots\cdots, \boldsymbol{f}_m$ とすると，

$$(f(\boldsymbol{e}_1)f(\boldsymbol{e}_2)\cdots f(\boldsymbol{e}_n)) = (\boldsymbol{f}_1\boldsymbol{f}_2\cdots\boldsymbol{f}_m)A \cdots\cdots\cdots\cdots\cdots\cdots\cdots\cdots\cdots (1)$$

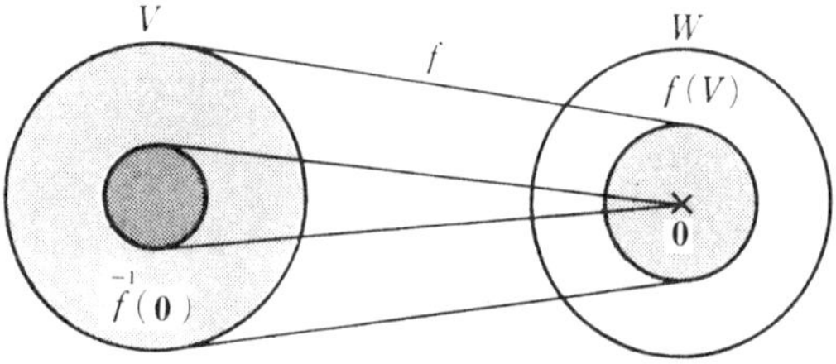

によって，f の表現行列 A が定まるのであった．そして，これらの基底を，

$$(\boldsymbol{e}_1'\boldsymbol{e}_2'\cdots\cdots\boldsymbol{e}_n') = (\boldsymbol{e}_1\boldsymbol{e}_2\cdots\cdots\boldsymbol{e}_n)P$$

$$(\boldsymbol{f}_1'\boldsymbol{f}_2'\cdots\cdots\boldsymbol{f}_m') = (\boldsymbol{f}_1\boldsymbol{f}_2\cdots\cdots\boldsymbol{f}_m)Q$$

によって新しい基底に変えると，f の表現行列 A は，

$$\begin{aligned}(f(\boldsymbol{e}_1')f(\boldsymbol{e}_2')\cdots\cdots f(\boldsymbol{e}_n')) &= (f(\boldsymbol{e}_1)f(\boldsymbol{e}_2)\cdots\cdots f(\boldsymbol{e}_n))P \\ &= (\boldsymbol{f}_1\boldsymbol{f}_2\cdots\cdots\boldsymbol{f}_m)AP \\ &= (\boldsymbol{f}_1'\boldsymbol{f}_2'\cdots\cdots\boldsymbol{f}_m')Q^{-1}AP \cdots\cdots\cdots\cdots\cdots (2)\end{aligned}$$

より，行列 $Q^{-1}AP$ に変わる．

さらに，前節の基本変形を使うと，適当な基底の変換によって，$Q^{-1}AP$ を，

$$Q^{-1}AP = A_0 = \left(\begin{array}{c|c} \overbrace{\begin{matrix}1 & & 0\\ & \ddots & \\ 0 & & 1\end{matrix}}^{r} & 0 \\ \hline 0 & 0 \end{array}\right) \cdots\cdots\cdots\cdots\cdots\cdots\cdots\cdots\cdots\cdots (3)$$

の形にしうる．ここで，

$$r = \operatorname{rank} A_0 = \operatorname{rank} A = \operatorname{rank} f = \dim f(V)$$

である*)．このとき，(2) を書き直すと，

$$f(\boldsymbol{e}_1') = \boldsymbol{f}_1',\ \boldsymbol{f}(\boldsymbol{e}_2') = \boldsymbol{f}_2',\ \cdots\cdots,\ f(\boldsymbol{e}_r') = \boldsymbol{f}_r',$$
$$f(\boldsymbol{e}_{r+1}') = \boldsymbol{0},\ \cdots\cdots,\ f(\boldsymbol{e}_n') = \boldsymbol{0} \quad \cdots\cdots\cdots\cdots \quad (4)$$

となるが，これは，$\overset{-1}{f}(\boldsymbol{0})$ が $n-r$ 個の線型独立なベクトル $\boldsymbol{e}_{r+1}', \cdots\cdots, \boldsymbol{e}_n'$ で張られ，したがって，

定理 6
$$\dim \overset{-1}{f}(\boldsymbol{0}) = n-r \quad \cdots\cdots\cdots\cdots \quad (5)$$

であることを示している**)．

実際，$\boldsymbol{e}_{r+1}', \cdots\cdots, \boldsymbol{e}_n'$ は V の基底の一部だから線型独立なことは明らかである．$\overset{-1}{f}(\boldsymbol{0})$ の任意のベクトル $\boldsymbol{x}$ をとり，$\boldsymbol{x} = \sum_{i=1}^{n} \boldsymbol{e}_i' x_i'$ とおくと，

$$\boldsymbol{0} = f(\boldsymbol{x}) = \sum_{i=1}^{n} f(\boldsymbol{e}_i')x_i' = \sum_{i=1}^{r} \boldsymbol{f}_i' x_i'$$

より，$x_1' = x_2' = \cdots\cdots = x_r' = 0$，したがって，$\boldsymbol{x}$ は $\boldsymbol{e}_{r+1}', \cdots\cdots, \boldsymbol{e}_n'$ の線型結合でなければならない．つまり $\overset{-1}{f}(\boldsymbol{0})$ は $\boldsymbol{e}_{r+1}', \cdots\cdots, \boldsymbol{e}_n'$ で張られる．いいかえるなら，$\boldsymbol{e}_{r+1}', \cdots\cdots, \boldsymbol{e}_n'$ は $\overset{-1}{f}(\boldsymbol{0})$ の基底である．

例 3　W のベクトル $\boldsymbol{b}$ の f による逆像 $\overset{-1}{f}(\boldsymbol{b})$ は，

$$\overset{-1}{f}(\boldsymbol{b}) = \begin{cases} \phi, & \boldsymbol{b} \notin f(V) \text{ のとき} \\ \boldsymbol{x}_0 + \overset{-1}{f}(\boldsymbol{0}), & \boldsymbol{b} = f(\boldsymbol{x}_0)\ (\boldsymbol{x}_0 \in V) \text{ のとき} \end{cases}$$

の形となる***)．

解　前者は明白，後者は，$\boldsymbol{b} = f(\boldsymbol{x}_0)$ をみたす一つのベクトル $\boldsymbol{x}_0$ を固定すると，$\boldsymbol{z} \in \overset{-1}{f}(\boldsymbol{0})$ に対して，$f(\boldsymbol{x}_0 + \boldsymbol{z}) = f(\boldsymbol{x}_0) + f(\boldsymbol{z}) = \boldsymbol{b} + \boldsymbol{0} = \boldsymbol{b}$ より，$\boldsymbol{x}_0 + \boldsymbol{z} \in \overset{-1}{f}(\boldsymbol{b})$ である．逆に任意の $\boldsymbol{x} \in \overset{-1}{f}(\boldsymbol{b})$ をとると，$f(\boldsymbol{x} - \boldsymbol{x}_0) = f(\boldsymbol{x}) - f(\boldsymbol{x}_0) = \boldsymbol{b} - \boldsymbol{b} = \boldsymbol{0}$ だから，$\boldsymbol{z} = \boldsymbol{x} - \boldsymbol{x}_0 \in \overset{-1}{f}(\boldsymbol{0})$ で，$\boldsymbol{x} = \boldsymbol{x}_0 + \boldsymbol{z} \in \boldsymbol{x}_0 + \overset{-1}{f}(\boldsymbol{0})$ となる．

---

*) 定義から明らかに $0 \leqq r \leqq n, m$ であることに注意する．

**) $\dim f(V) + \dim \overset{-1}{f}(\boldsymbol{0}) = \dim V$ とおぼえてもよい．

***) ϕ は空集合，$\boldsymbol{x}_0 + \overset{-1}{f}(\boldsymbol{0})$ は，$\boldsymbol{x}_0 + \boldsymbol{z}\ (\boldsymbol{z} \in \overset{-1}{f}(\boldsymbol{0}))$ の形のベクトルの全体を表わす．

【2】 **1次方程式**　もっとも一般の1次方程式は，未知数 n 個，方程式 m 個という，

$$\begin{cases} a_{11}x_1+a_{12}x_2+\cdots\cdots+a_{1n}x_n=b_1 \\ a_{21}x_1+a_{22}x_2+\cdots\cdots+a_{2n}x_n=b_2 \\ \cdots\cdots\cdots\cdots\cdots\cdots\cdots\cdots\cdots\cdots \\ a_{m1}x_1+a_{m2}x_2+\cdots\cdots+a_{mn}x_n=b_m \end{cases} \quad\cdots\cdots\cdots\cdots\cdots\cdots\cdots\cdots (6)$$

の形のものである．これは，行列記法を用いて，

$$\begin{pmatrix} a_{11} & a_{12} & \cdots\cdots & a_{1n} \\ a_{21} & a_{22} & \cdots\cdots & a_{2n} \\ \cdots & \cdots & \cdots & \cdots \\ a_{m1} & a_{m2} & \cdots\cdots & a_{mn} \end{pmatrix} \begin{pmatrix} x_1 \\ x_2 \\ \vdots \\ x_n \end{pmatrix} = \begin{pmatrix} b_1 \\ b_2 \\ \vdots \\ b_m \end{pmatrix}$$

あるいは，

$$A\boldsymbol{x}=\boldsymbol{b} \quad\cdots\cdots\cdots\cdots\cdots\cdots\cdots\cdots\cdots\cdots\cdots\cdots (7)$$

の形に書ける*)．n 次元線型空間 V に標準基底　$\boldsymbol{e}_1=(1,0,\cdots\cdots,0)$，$\boldsymbol{e}_2=(0,1,\cdots\cdots,0),\cdots\cdots$，$\boldsymbol{e}_n=(0,0,\cdots\cdots,1)$ をとり，m 次元線型空間 W に標準基底 $\boldsymbol{f}_1=(1,0,\cdots\cdots,0)$，$\boldsymbol{f}_2=(0,1,\cdots\cdots,0),\cdots\cdots$，$\boldsymbol{f}_m=(0,0,\cdots\cdots,1)$ をとると，行列 A によって，A を表現行列とする V から W への線型写像 f が定まる**)：

$$f(\boldsymbol{x})=A\boldsymbol{x}=\boldsymbol{b}.$$

だから，方程式(7)を解くことは，ベクトル $\boldsymbol{b}$ の f による逆像 $\overset{-1}{f}(\boldsymbol{b})$ を求めることにほかならない．したがって，前項の例3から，$\mathrm{rank}\,A=r$ とおくと，

定理7　1次方程式(7)は，まったく解をもたないか，もつとすれば，一つの解 $\boldsymbol{x}_0$ (**特殊解**) と，(7)に伴う斉次方程式

$$A\boldsymbol{x}=\boldsymbol{0} \quad\cdots\cdots\cdots\cdots\cdots\cdots\cdots\cdots\cdots\cdots\cdots\cdots (8)$$

の $n-r$ 個の線型独立な解 $\boldsymbol{x}_1,\cdots\cdots,\boldsymbol{x}_{n-r}$ によって，

$$\boldsymbol{x}=\boldsymbol{x}_0+\sum_{i=1}^{n-r}\lambda_i\boldsymbol{x}_i$$

と表わされる．

そこで，次は(7)の特殊解 $\boldsymbol{x}_0$ や，(8)の線型独立な解 $\boldsymbol{x}_1,\cdots\cdots,\boldsymbol{x}_{n-r}$ を具体的

*)　これは1元1次方程式 $ax=b$ と同じ形で，こうなるところに行列のうまみがある．

**)　$A=(\boldsymbol{a}_1\boldsymbol{a}_2\cdots\cdots\boldsymbol{a}_n)$ と A の列ベクトルを $\boldsymbol{a}_i$ とすると，$f(\boldsymbol{e}_i)=\boldsymbol{a}_i$ となっていることに注意する．

にどのように求めたらよいかということが問題になる．

【3】 方程式と基本変形　前節で述べた行列の基本変形を思いおこそう．行については，

(1)　一つの行を k 倍 ($k \neq 0$) する．

(2)　一つの行を他の行に加える．

(3)　(したがって) 一つの行を何倍かして他の行に加える ((1), (2) の複合).

(4)　二つの行を交換する ((1) と (3) の複合).

であったが，これらを1次方程式 (6) に適用して考えてみると，右辺の定数項まで含めて，これらの操作によって，方程式は同値な方程式に変わるだけであることがわかる．(それは，これらの操作が，A に左から正則行列 Q^{-1} をかけることに相当し，それは像空間 W 内での変化にすぎないことからもわかる.)*)

しかし，さらに列に関して，

(4′)　二つの列を交換する．

をほどこしても，方程式については，未知数の順序のつけかえにすぎないから，同値のままである．

前節での基本変形の手続きをくわしく検討してみると，この (1)—(4), (4′) の操作だけで，

$$\tilde{A} = (A\,\boldsymbol{b}) \longrightarrow \left(\begin{array}{ccc|c|c} \multicolumn{3}{c|}{\overbrace{\begin{matrix}1 & & 0\\ & \ddots & \\ 0 & & 1\end{matrix}}^{r}} & * & \boldsymbol{c}' \\ \hline \multicolumn{3}{c|}{0} & 0 & \boldsymbol{c}'' \end{array}\right) = (A_0\,\boldsymbol{c})$$

の形に変形できることがわかる**)．(ただし，(4′) の列の交換は拡大された行列 $\tilde{A}$ の A の部分にのみほどこすのである.) (1), (2), (3) にあたる列の操作がないために，＊印の部分は0にすることができない***)．

---

*)　行に関する基本変形は，A に左から正則行列をかけることに相当するが，それは，未知数は変えずに方程式 (6) を同値変形しているにすぎない．

**)　$\tilde{A}$ は A に第 $n+1$ 列として，$\boldsymbol{b}$ を追加した，拡大した係数行列．

***)　列に関する基本変形 (1), (2), (3) をやってもよいが，そうすると変換された未知数をあとでもとへ戻さなければならなくなる．

未知数については，番号をつけかえただけだから，それを行なえば，1次方程式(7)は，

$$A_0\boldsymbol{x} = \boldsymbol{c},$$

すなわち，適当に未知数の番号をつけ変えれば，

$$\begin{cases} x_1 = c_1 - b_{1,\ r+1}x_{r+1} - \cdots\cdots - b_{1n}x_n \\ x_2 = c_2 - b_{2,\ r+1}x_{r+1} - \cdots\cdots - b_{2n}x_n \\ \cdots\cdots\cdots\cdots\cdots\cdots\cdots\cdots\cdots\cdots \\ x_r = c_r - b_{r,\ r+1}x_{r+1} - \cdots\cdots - b_{rn}x_n \\ 0 = c_{r+1} \\ \cdots\cdots\cdots\cdots \\ 0 = c_m \end{cases}$$

に同値だということになる．したがって，

定理8　$\boldsymbol{c}'' \neq \boldsymbol{0}$ なら，(7)は解をもたない．$\boldsymbol{c}'' = \boldsymbol{0}$ で，$r < n$ なら，解は無数(∞^{n-r} だけ)にある．$\boldsymbol{c}'' = \boldsymbol{0}$ で $r = n$ なら，解はただ一つである

ことがわかる．

$\boldsymbol{c}'' = \boldsymbol{0}$ の場合，つまり解のあるときは，$(x_{r+1}, \cdots\cdots, x_n) = \boldsymbol{0}$ にとると，(7)の特殊解 $\boldsymbol{x}_0 = (c_1, c_2, \cdots\cdots, c_r, 0, \cdots\cdots, 0)$ が得られる．さらに，$(x_{r+1}, \cdots\cdots, x_n)$ として，それぞれ $(1, 0, \cdots\cdots, 0)$, $(0, 1, \cdots\cdots, 0)$, $\cdots\cdots$, $(0, 0, \cdots\cdots, 1)$ を代入すると，$\boldsymbol{c} = \boldsymbol{0}$ に対して(これは $\boldsymbol{b} = \boldsymbol{0}$ に対応する)，(7)に伴う斉次方程式(8)の線型独立な解 $\boldsymbol{x}_1, \cdots\cdots, \boldsymbol{x}_{n-r}$ が得られる．したがって，

$$\boldsymbol{x} = \begin{pmatrix} c_1 \\ \vdots \\ c_r \\ 0 \\ \vdots \\ \vdots \\ 0 \end{pmatrix} + \begin{pmatrix} -b_{1,\ r+1} \\ \vdots \\ -b_{r,\ r+1} \\ 1 \\ 0 \\ \vdots \\ 0 \end{pmatrix} x_{r+1} + \begin{pmatrix} -b_{1,\ r+2} \\ \vdots \\ -b_{r,\ r+2} \\ 0 \\ 1 \\ \vdots \\ 0 \end{pmatrix} x_{r+2} + \cdots\cdots + \begin{pmatrix} -b_{1n} \\ \vdots \\ -b_{rn} \\ 0 \\ 0 \\ \vdots \\ 1 \end{pmatrix} x_n$$

によって，1次方程式(7)のすべての解が得られる．

問23　1次方程式(7)が解をもつための必要十分条件は，

$$\operatorname{rank} \tilde{A} = \operatorname{rank} A, \qquad (\tilde{A} = (A\ \boldsymbol{b}))$$

であることを示せ．

問24　斉次1次方程式(8)はつねに解をもつ．(8)が $\boldsymbol{x} \neq \boldsymbol{0}$ なる解をもつための条件は，

$$\operatorname{rank} A < n$$

であることを示せ．

問25　A を (m, n) 行列，B を (m, p) 行列とするとき，行列方程式

$$AX = B$$

が解をもつための条件は，

$$\operatorname{rank} \tilde{A} = \operatorname{rank} A \qquad (\tilde{A} = (A\ B))$$

であることを示せ．ただし，$\tilde{A}$ は A の右に B を並べて作った $(m, n+p)$ 行列である．

【4】 1次方程式の数値解法

例 4　次の1次方程式を解け．

$$\begin{cases} 2x_1 + 7x_2 + 3x_3 + x_4 = 6 \\ 3x_1 + 5x_2 + 2x_3 + 2x_4 = 4 \\ 9x_1 + 4x_2 + x_3 + 7x_4 = 2 \end{cases}$$

解

$$\tilde{A} = \left(\begin{array}{cccc|c} 2 & 7 & 3 & 1 & 6 \\ 3 & 5 & 2 & 2 & 4 \\ 9 & 4 & 1 & 7 & 2 \end{array}\right) \longrightarrow \left(\begin{array}{cccc|c} \overset{4}{1} & \overset{1}{2} & \overset{2}{7} & \overset{3}{3} & 6 \\ 2 & 3 & 5 & 2 & 4 \\ 7 & 9 & 4 & 1 & 2 \end{array}\right) \longrightarrow \left(\begin{array}{cccc|c} 1 & 2 & 7 & 3 & 6 \\ 0 & -1 & -9 & -4 & -8 \\ 0 & -5 & -45 & -20 & -40 \end{array}\right)$$

$$\longrightarrow \left(\begin{array}{cccc|c} 1 & 2 & 7 & 3 & 6 \\ 0 & 1 & 9 & 4 & 8 \\ 0 & 0 & 0 & 0 & 0 \end{array}\right) \longrightarrow \left(\begin{array}{cccc|c} \overset{4}{1} & \overset{1}{0} & -\overset{2}{11} & -\overset{3}{5} & -10 \\ 0 & 1 & 9 & 4 & 8 \\ 0 & 0 & 0 & 0 & 0 \end{array}\right)$$

したがって，求める解は*)，

$$\begin{cases} x_4 = -10 + 11x_2 + 5x_3 \\ x_1 = 8 - 9x_2 - 4x_3 \end{cases}$$

*)　列の交換は，あとでもとへ戻す必要があるから，覚えておかなければならない．

問26　次の1次方程式を解け．

(1) $\begin{cases} 2x_1-3x_2+5x_3+7x_4=1 \\ 4x_1-6x_2+2x_3+3x_4=2 \\ 2x_1-3x_2-11x_3-15x_4=1 \end{cases}$　　(2) $\begin{cases} 3x_2-5x_2+2x_3+4x_4=2 \\ 7x_1-4x_2+x_3+3x_4=5 \\ 5x_2+7x_2-4x_3-6x_4=3 \end{cases}$

問27　次の斉次1次方程式の線型独立な解を求めよ．

(1) $\begin{cases} x_1+2x_2+4x_3-3x_4=0 \\ 3x_1+5x_2+6x_3-4x_4=0 \\ 4x_1+5x_2-2x_3+3x_4=0 \\ 3x_1+8x_2+24x_3-19x_4=0 \end{cases}$　　(2) $\begin{cases} x_1-x_3+x_5=0 \\ x_2-x_4+x_6=0 \\ x_1-x_2+x_5-x_6=0 \\ x_2-x_3+x_6=0 \\ x_1-x_4+x_5=0 \end{cases}$

§4　逆行列の求め方

【1】 線型写像の合成　n 次元線型空間 V から m 次元線型空間 W への線型写像を f, W から p 次元線型空間 U への線型写像を g とすると，　$(g\circ f)(\boldsymbol{x})=g(f(\boldsymbol{x}))$ で定義される合成写像 $g\circ f$ は V から U への線型写像である*)．

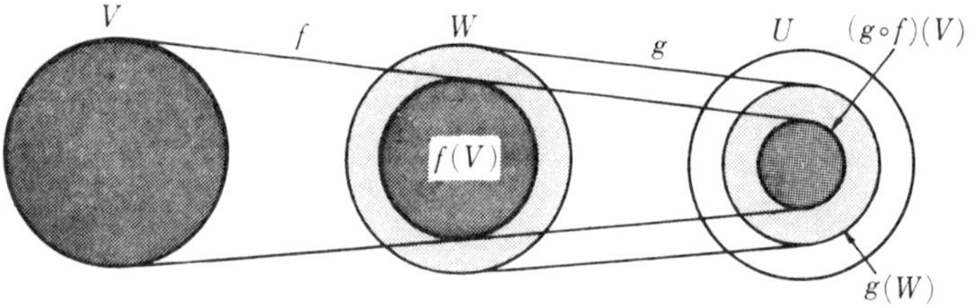

V, W, U の基底をそれぞれ $\boldsymbol{e}_i$, $\boldsymbol{f}_j$, $\boldsymbol{g}_k$ とし，それらに関する f, g の表現行列をそれぞれ A, B とすると，

$$(f(\boldsymbol{e}_1)\cdots\cdots f(\boldsymbol{e}_n))=(\boldsymbol{f}_1\cdots\cdots\boldsymbol{f}_m)A, \quad (g(\boldsymbol{f}_1)\cdots\cdots g(\boldsymbol{f}_m))=(\boldsymbol{g}_1\cdots\cdots\boldsymbol{g}_p)B$$

より，前の式に g をほどこして後の式を用いると，

$$((g\circ f)(\boldsymbol{e}_1)\cdots\cdots(g\circ f)(\boldsymbol{e}_n))=(g(\boldsymbol{f}_1)\cdots\cdots g(\boldsymbol{f}_m))A=(\boldsymbol{g}_1\cdots\cdots\boldsymbol{g}_p)BA$$

となるから，合成写像 $g\circ f$ の表現行列は積行列 BA になることがわかる．

【2】 正則性の条件定理　とくに，$U=V$ で，$g\circ f=1$ (V の恒等写像) とな

*) たしかめること．

る場合を考えよう．このときは $BA=I$（単位行列）が成り立っている．[1] 項でみたように，V と W の基底を適当にとると，f の表現行列は，前節 (3) (p. 62) の形になるが，もしそこで $r<n$ とすると，

$$f(\boldsymbol{e}_{r+1}')=\boldsymbol{0},\cdots\cdots,f(\boldsymbol{e}_n')=\boldsymbol{0} \text{ より } (g\circ f)(\boldsymbol{e}_{r+1}')=\boldsymbol{0},\cdots\cdots,(g\circ f)(\boldsymbol{e}_n')=\boldsymbol{0}$$

となって，$g\circ f$ が恒等写像であることに反するから，$r\geqq n$ でなければならない．

さらに，$V=W$ とすると，$r=\dim f(V)\leqq \dim W=m=n$ だから，

$$r=\operatorname{rank} A=n$$

でなければならない．したがって，基本変形によって，A は単位行列 $A_0=I$ に変わる．つまり，適当な正則行列 P,Q によって，

$$Q^{-1}AP=A_0=I \text{ となり，} A=QP^{-1}$$

は正則行列になる．A が正則なら，$BA=I$ から $B=A^{-1}$ も正則行列となる．

逆に，A が正則なら，$BA=I$ は $B=A^{-1}$ によって成り立つし，B が正則でも $BA=I$ は $A=B^{-1}$ によって成り立つから，

定理 9 正方行列 A が正則なためには，次の各条件が必要十分である．

(1) A は左（右）可逆，つまり $BA=I$ $(AB=I)$ をみたす行列 B が存在する*)．

(2) $\operatorname{rank} A=n$

(3) $f(V)=V$（f は全射）

(4) $\overset{-1}{f}(\boldsymbol{0})=\{\boldsymbol{0}\}$（$f$ は単射）**)

ここで f は，A を表現行列とする V から V への線型写像である．

(3) は (2) の言い換えで，(4) は $n-r=0$ の言い換えであることに注意する．

問28 $\operatorname{rank} BA\leqq \operatorname{rank} A, \operatorname{rank} B$ を導け．

問29 一般に行列 A が，$AX=I$，$YA=I$ をみたす行列 X,Y をもてば，A は正方行列でしかも正則であることを証明せよ．

【3】 逆行列の数値計算 行列 A の逆行列を求めるには，行列方程式 $AX=I$

*) 正則行列の定義のうち，片一方の条件だけでよいという意味である．

**) この (3) と (4) の性質は，有限集合の間の写像に似ていることを表わしている．

を解けば十分である．

例5 次の行列に逆行列があれば，それを求めよ．

$$A=\begin{pmatrix}2&7&3\\3&9&4\\1&5&3\end{pmatrix}$$

解 問25よりわかるように，$\tilde{A}=(A\ I)$ に基本変形をほどこせばよい．

$$\left(\begin{array}{ccc:ccc}2&7&3&1&0&0\\3&9&4&0&1&0\\1&5&3&0&0&1\end{array}\right)\longrightarrow\left(\begin{array}{ccc:ccc}1&5&3&0&0&1\\2&7&3&1&0&0\\3&9&4&0&1&0\end{array}\right)\longrightarrow\left(\begin{array}{ccc:ccc}1&5&3&0&0&1\\0&-3&-3&1&0&-2\\0&-6&-5&0&1&-3\end{array}\right)$$

$$\longrightarrow\left(\begin{array}{ccc:ccc}1&5&3&0&0&1\\0&1&1&-\frac{1}{3}&0&\frac{2}{3}\\0&0&1&-2&1&1\end{array}\right)\longrightarrow\left(\begin{array}{ccc:ccc}1&0&0&-\frac{7}{3}&2&-\frac{1}{3}\\0&1&0&\frac{5}{3}&-1&-\frac{1}{3}\\0&0&1&-2&1&1\end{array}\right)$$

よって，A は正則で，

$$A^{-1}=\begin{pmatrix}-\frac{7}{3}&2&-\frac{1}{3}\\\frac{5}{3}&-1&-\frac{1}{3}\\-2&1&1\end{pmatrix}$$

注意 行列 A の部分で，列を交換した場合には，最後にそれをもとへ戻しておかなければならない．

問30 次の行列の逆行列を求めよ．

(1) $\begin{pmatrix}2&5&7\\6&3&4\\2&-2&-3\end{pmatrix}$ (2) $\begin{pmatrix}1&1&1&1\\1&1&-1&-1\\1&-1&1&-1\\1&-1&-1&1\end{pmatrix}$ (3) $\begin{pmatrix}1&1&\cdots\cdots&1\\0&1&\cdots\cdots&1\\\cdots&\cdots&\cdots&\cdots\\0&0&\cdots\cdots&1\end{pmatrix}$

第3章　行　列　式

歴史的には,行列式が早くて（ライプニッツ，1646-1716），行列の方があと（ケイリー，1821-1895）だが，論理的には，行列のあとで行列式がくる．行列と行列式は，歴史と論理が喰い違う数少ない例の一つである．

§1　交代複線型関数

☞　平面上で，二つのベクトル $\boldsymbol{x}_1, \boldsymbol{x}_2$ の≪張り具合≫を表わすにはどうしたらよいだろうか？　二つのベクトルが最もよく張っているのは，直交するときであろうが，そのようなとき最大となる量があるだろうか？　それは，$\boldsymbol{x}_1, \boldsymbol{x}_2$ を2隣辺とする平行四辺形の面積であろう．これは，$\boldsymbol{x}_1$ にも正比例し，$\boldsymbol{x}_2$ にも正比例し，しかも，符号も考えると，$\boldsymbol{x}_1$ と $\boldsymbol{x}_2$ を交換して考えると符号を変えるような量である．

同じように，空間の三つのベクトル $\boldsymbol{x}_1, \boldsymbol{x}_2, \boldsymbol{x}_3$ の≪張り具合≫は，この3ベクトルを3隣辺とする平行六面体の体積（に適当に符号をつけたもの）で測られる．これを $f(\boldsymbol{x}_1, \boldsymbol{x}_2, \boldsymbol{x}_3)$ で表わすと，これは各変数 $\boldsymbol{x}_i$ に比例し，二つの変数の交換に対して符号を変える．

これを n 次元に一般化して考えよう．

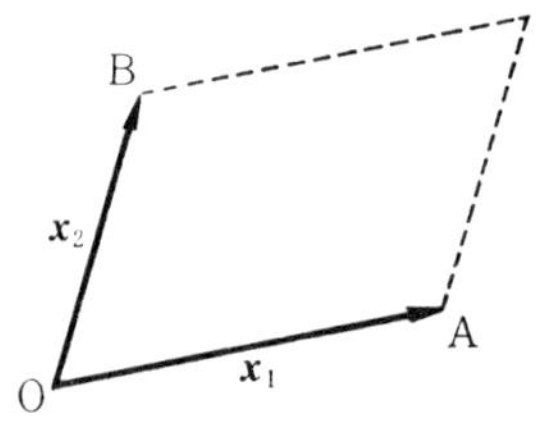

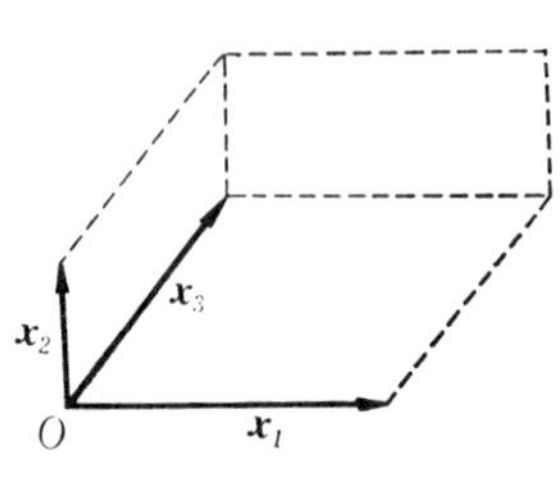

【1】 複線型で交代な関数

定義5　n 個の n 項行ベクトル　$\boldsymbol{x}_i = (x_{i1}, x_{i2}, \cdots\cdots, x_{in})\ (i = 1, 2, \cdots\cdots, n)$ の関数（つまり，n 項ベクトルの線型空間を V として，$V^n = V\times\cdots\cdots\times V$ か

ら $\boldsymbol{R}$ への写像) f が,

1° 各変数 $\boldsymbol{x}_i$ について線型 (複線型)*)

$$f(\cdots\cdots, \boldsymbol{x}_i+\boldsymbol{x}_i', \cdots\cdots) = f(\cdots\cdots, \boldsymbol{x}_i, \cdots\cdots)+f(\cdots\cdots, \boldsymbol{x}_i', \cdots\cdots),$$
$$f(\cdots\cdots, \lambda\boldsymbol{x}_i, \cdots\cdots) = \lambda f(\cdots\cdots, \boldsymbol{x}_i, \cdots\cdots)$$

2° 交代 (二つの変数を交換すると符号が変わる)**):

$$f(\cdots\cdots, \boldsymbol{x}_i, \cdots\cdots, \boldsymbol{x}_j, \cdots\cdots) = -f(\cdots\cdots, \boldsymbol{x}_j, \cdots\cdots, \boldsymbol{x}_i, \cdots\cdots)$$

のとき, f は**交代複線型**であるという.

2° から, とくに $\boldsymbol{x}_i=\boldsymbol{x}_j$ とおくと,

2′° $$f(\cdots\cdots, \boldsymbol{x}_i, \cdots\cdots, \boldsymbol{x}_i, \cdots\cdots) = 0$$

つまり, 二つの変数の値が (ベクトルとしての) 一致すれば, 値は 0 となる.

問 1 逆に, 複線型関数 f が 2′° をみたせば, 2° もみたすことを示せ.

さて, このような関数 f の具体的形を求めよう. 行ベクトルで $\boldsymbol{e}_i=(0, 0, \cdots\cdots, 1, \cdots\cdots, 0)$ とおくと, $\boldsymbol{x}_i=(x_{i1}, x_{i2}, \cdots\cdots, x_{in})=x_{i1}\boldsymbol{e}_1+x_{i2}\boldsymbol{e}_2+\cdots\cdots+x_{in}\boldsymbol{e}_n = \sum_{k=1}^{n} x_{ik}\boldsymbol{e}_k$ $(i=1, 2, \cdots\cdots, n)$ だから, 1° を繰り返して使うことによって,

$$\begin{aligned} f(\boldsymbol{x}_1, \boldsymbol{x}_2, \cdots\cdots, \boldsymbol{x}_n) &= f\left(\sum_{k=1}^{n} x_{1k}\boldsymbol{e}_k, \sum_{k=1}^{n} x_{2k}\boldsymbol{e}_k, \cdots\cdots, \sum_{k=1}^{n} x_{nk}\boldsymbol{e}_k\right) \\ &= \sum_{(k)} x_{1k_1}x_{2k_2}\cdots\cdots x_{nk_n} f(\boldsymbol{e}_{k_1}, \boldsymbol{e}_{k_2}, \cdots\cdots, \boldsymbol{e}_{k_n}) \end{aligned}$$

が得られる. ここで, $\sum_{(k)}$ は n^n 個の重複順列 $(k_1k_2\cdots\cdots k_n)$ すべてについて加えることを意味する. ところが, この k_s の中に同じ番号があれば, 2′° によって $f(\boldsymbol{e}_{k_1}, \boldsymbol{e}_{k_2}, \cdots\cdots, \boldsymbol{e}_{k_n})=0$ となるから, これに対応する項は 0 に等しくなる. したがって, $(k_1k_2\cdots\cdots k_n)$ は $(1\,2\cdots\cdots n)$ の $n!$ 個の順列 (重複を許さない順列) にかぎってよい. さらに, 2′° によって二つの k_s を交換すると, $f(\boldsymbol{e}_{k_1}, \boldsymbol{e}_{k_2}, \cdots\cdots, \boldsymbol{e}_{k_n})$ は符号だけが変わるから, もし順列 $(k_1k_2\cdots\cdots k_n)$ から偶数回の番号の入れ換えで, 正規の順列 $(1\,2\cdots\cdots n)$ が得られれば, $f(\boldsymbol{e}_{k_1}, \boldsymbol{e}_{k_2}, \cdots\cdots, \boldsymbol{e}_{k_n})=f(\boldsymbol{e}_1, \boldsymbol{e}_2, \cdots\cdots, \boldsymbol{e}_n)$ となり, もし奇数回の番号の入れ換えで $(k_1k_2\cdots\cdots k_n)$ が $(1\,2\cdots\cdots n)$ になれば,

*) 複-線型であって, 後期中等教育の複線-型とは違う. 英語は multilinear.
**) 交代は歪対称ともいう. 英語 alternate または, antisymmetric.

$f(\boldsymbol{e}_{k_1}, \boldsymbol{e}_{k_2}, \cdots\cdots, \boldsymbol{e}_{k_n}) = -f(\boldsymbol{e}_1, \boldsymbol{e}_2, \cdots\cdots, \boldsymbol{e}_n)$ となる．それぞれの場合に応じて，

$$\mathrm{sgn}(k) = \mathrm{sgn}(k_1 k_2 \cdots\cdots k_n) = \begin{cases} 1 \\ -1 \end{cases}$$

と書くことにすると *)，

$$f(\boldsymbol{x}_1, \boldsymbol{x}_2, \cdots\cdots, \boldsymbol{x}_n) = c \sum_{(k)} \mathrm{sgn}(k) x_{1k_1} x_{2k_2} \cdots\cdots x_{nk_n}$$

の形になる．ただし，$c = f(\boldsymbol{e}_1, \boldsymbol{e}_2, \cdots\cdots, \boldsymbol{e}_n)$ で，(k) は順列 $(k_1 k_2 \cdots\cdots k_n)$ を略記したものである．

【2】 行列式の定義 ここで，とくに，

3° $c = f(\boldsymbol{e}_1, \boldsymbol{e}_2, \cdots\cdots, \boldsymbol{e}_n) = 1$

という条件を追加すると，f は

$$D(\boldsymbol{x}_1, \boldsymbol{x}_2, \cdots\cdots, \boldsymbol{x}_n) = \begin{vmatrix} x_{11} & x_{12} & \cdots\cdots & x_{1n} \\ x_{21} & x_{22} & \cdots\cdots & x_{2n} \\ \cdots & \cdots & \cdots\cdots & \cdots \\ x_{n1} & x_{n2} & \cdots\cdots & x_{nn} \end{vmatrix} = \sum_{(k)} \mathrm{sgn}(k) x_{1k_1} x_{2k_2} \cdots\cdots x_{nk_n}$$

の形の式になるが，この形の式を n 次**行列式** **) という．以上をまとめると，

定理 1 n 個の n 項行ベクトルの交代複線型の関数 $f(\boldsymbol{x}_1, \boldsymbol{x}_2, \cdots\cdots, \boldsymbol{x}_n)$ は，行列式 $D(\boldsymbol{x}_1, \boldsymbol{x}_2, \cdots\cdots, \boldsymbol{x}_n)$ の定数倍となる：

$$f(\boldsymbol{x}_1, \boldsymbol{x}_2, \cdots\cdots, \boldsymbol{x}_n) = c \begin{vmatrix} x_{11} & x_{12} & \cdots\cdots & x_{1n} \\ x_{21} & x_{22} & \cdots\cdots & x_{2n} \\ \cdots & \cdots & \cdots\cdots & \cdots \\ x_{n1} & x_{n2} & \cdots\cdots & x_{nn} \end{vmatrix}$$

ただし，$c = f(\boldsymbol{e}_1, \boldsymbol{e}_2, \cdots\cdots, \boldsymbol{e}_n)$ である．

問 2 m 個の n 項行ベクトル $\boldsymbol{x}_1, \boldsymbol{x}_2, \cdots\cdots, \boldsymbol{x}_m$ の交代複線型関数 $f(\boldsymbol{x}_1, \boldsymbol{x}_2, \cdots\cdots, \boldsymbol{x}_m)$ について，

$m > n$ なら，$f(\boldsymbol{x}_1, \boldsymbol{x}_2, \cdots\cdots, \boldsymbol{x}_m) = 0$

*) sgn は signature (符号) の略．ここでの $\sum_{(k)}$ は順列 (k) について加えること．

**) 行列式は determinant，行列は matrix で全然語源が違う．しかし，日本に輸入された頃は，論理的順序は明らかになっていたので，うまい訳 (行列—行列式) が生まれた．

$$m \leqq n \text{ なら}，\ f(\boldsymbol{x}_1, \boldsymbol{x}_2, \cdots\cdots, \boldsymbol{x}_m) = \sum_{(k)} c_{k_1k_2\cdots\cdots k_m} \begin{vmatrix} x_{1k_1} & x_{1k_2} & \cdots\cdots & x_{1k_m} \\ x_{2k_1} & x_{2k_2} & \cdots\cdots & x_{2k_m} \\ \cdots & \cdots & \cdots & \cdots \\ x_{mk_1} & x_{mk_2} & \cdots\cdots & x_{mk_m} \end{vmatrix}$$

の形になることを示せ．ただし，(k)は$1, 2, \cdots\cdots, n$からとったm個の数字の組合せ$k_1 < k_2 < \cdots\cdots < k_m$すべてにわたるものとし，$c_{k_1k_2\cdots\cdots k_m} = f(\boldsymbol{e}_{k_1}, \boldsymbol{e}_{k_2}, \cdots\cdots, \boldsymbol{e}_{k_m})$とする．

【3】 順列の性質 前項では，n個の数字$(1\,2\cdots\cdots n)$の順列$\sigma = (k_1k_2\cdots\cdots k_n)$が問題となった*)．この順列から正規の順列$\varepsilon = (1\,2\cdots\cdots n)$へは二つずつの数字の交換（これをとくに**互換**という）を何回か行なうことによって移れる．たとえば，k_i中の1を次々と前の数字と交換して，最初の位置にもっていく．次に，k_iの中の2を次々と前の数字と交換して1の次に移す．以下同様に進めていけばよい．σをεに移すのに要する互換の数をνとする．νの値はやり方によって，いろいろ異なりうるが，

定理2 νの偶奇は，数字の交換の仕方にはよらず，最初の順列$\sigma = (k_1k_2\cdots\cdots k_n)$だけによって決まる．

証明 n文字$X_1, X_2, \cdots\cdots, X_n$の多項式

$$\begin{aligned} \Delta(X_1, X_2, \cdots\cdots, X_n) = \prod_{i<j}(X_i - X_j) = (X_1 - X_2)(X_1 - X_3)\cdots\cdots(X_1 - X_n) \\ \times(X_2 - X_3)\cdots\cdots(X_2 - X_n) \\ \cdots\cdots\cdots\cdots \\ \times(X_{n-1} - X_n) \end{aligned}$$

を考える**)．n文字の順列$\sigma = (k_1k_2\cdots\cdots k_n)$に対してこの式の変数$X_i$を$X_{k_i}$に変えると，式$\Delta(X_{k_1}, X_{k_2}, \cdots\cdots, X_{k_n})$が得られるが，これは初めの式と明らかに符号でしか違わない：

$$\Delta(X_{k_1}, X_{k_2}, \cdots\cdots, X_{k_n}) = \pm\Delta(X_1, X_2, \cdots\cdots, X_n) \quad \cdots\cdots\cdots\cdots (1)$$

---

*) ここでは，順列そのものをσと表わしたが，$1, 2, \cdots\cdots, n$を$k_1, k_2, \cdots\cdots, k_n$に変える**置換**を$\sigma$と書くこともある．順列は置換された結果である．

n文字の置換の全体は，各数字を動かさない恒等置換εを単位元とする群になる．群の算法は$(\sigma\tau)(i) = \sigma(\tau(i))$で決める．

) この形の式を，数$X_1, X_2, \cdots, X_n$に関する差積**という．

ところで，$(k_1k_2\cdots\cdots k_n)$ が ν 回の数字の互換で正規の順列 $(1\,2\cdots\cdots n)$ に移ったとすると，1回の数字の互換のたびに式 Δ の符号が変わるから，

$$\Delta(X_{k_1}, X_{k_2}, \cdots\cdots, X_{k_n}) = (-1)^{\nu}\Delta(X_1, X_2, \cdots\cdots, X_n) \quad \cdots\cdots\cdots\cdots\cdots (2)$$

となる．したがって，(1) と (2) をくらべて $(-1)^{\nu} = \pm 1$ であるが，この右辺の ± は数字の交換の仕方にはよらず，順列 σ だけによって定まる．しかも，ν が偶数なら $+1$ だし，奇数なら -1 だから，ν の偶奇は σ のみによって定まる．

例 1　(4 1 3 2) を次のように 1 を先頭に出し，次に 2 を 2 番目に移し，……とすると，4 回の互換を要するから，$\nu = 4$：

$$(4\,1\,3\,2) \longrightarrow (1\,4\,3\,2) \longrightarrow (1\,4\,2\,3) \longrightarrow (1\,2\,4\,3) \longrightarrow (1\,2\,3\,4).$$

ところが，4 と 2 を交換してから，1 と 2 を交換すれば，2 回ですむから，$\nu = 2$：

$$(4\,1\,3\,2) \longrightarrow (2\,1\,3\,4) \longrightarrow (1\,2\,3\,4).$$

いずれにしても，ν は偶数である．

順列 $\sigma = (k_1k_2\cdots\cdots k_n)$ が偶数回の互換で正規の順列 $(1\,2\cdots\cdots n)$ に移るとき，σ を**偶順列**，奇数回の互換で移るとき**奇順列**という．それぞれの場合に応じて，$\operatorname{sgn}\sigma = +1, -1$ である．

問 3　$\sigma = (k_1k_2, \cdots\cdots, k_n)$ のとき，$\operatorname{sgn}\sigma = \dfrac{\Delta(X_{k_1}, X_{k_2}, \cdots\cdots, X_{k_n})}{\Delta(X_1, X_2, \cdots\cdots, X_n)}$ となることを示せ．ただし，$\Delta(X_1, X_2, \cdots\cdots, X_n)$ は定理 2 の証明中に出てきた差積である．

問 4　次の順列は，偶順列か奇順列か？

$$(2\,3\,1), \quad (2\,1), \quad (3\,2\,4\,1), \quad (5\,4\,3\,2\,1)$$

定理 3　$n \geqq 2$ なら偶順列は，順列全部の半数 $n!/2$ だけある．

証明　偶順列の数を n_1，奇順列の数を n_2 とすると，$n_1 + n_2 = n!$．いま一つの偶順列 σ をとり，その中の数字 1 と 2 を入れ換えると，奇順列になる．この操作は 1 対 1 の対応を保証するから，奇順列の数は偶順列の数をくだらない：$n_1 \leqq n_2$．同じように，任意の奇順列の中の数字 1, 2 を交換すると偶順

列になるから，$n_2 \leqq n_1$．したがって，$n_1 = n_2 = n!/2$．

例 2 $n=3$ のときは，$3!=6$ 個の順列があり

偶順列：(1 2 3)，(2 3 1)，(3 1 2)，　奇順列：(1 3 2)，(2 1 3)，(3 2 1)．

問 5 $n=4$ のとき，偶順列と奇順列を列挙せよ．

【4】 2次と3次の行列式 $n=2$ のときは，1, 2 の順列は (12) と (21) で，前者が偶順列，後者は奇順列だから，2 次の行列式は，

$$\begin{vmatrix} x_{11} & x_{12} \\ x_{21} & x_{22} \end{vmatrix} = \sum_{(k)} \operatorname{sgn}(k) x_{1k_1} x_{2k_2} = x_{11}x_{22} - x_{12}x_{21}$$

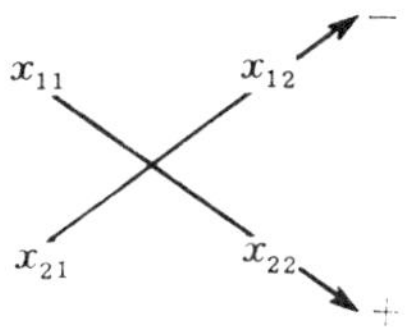

となる．

$n=3$ のときは，三つの数字 1, 2, 3 の順列は前項の例 2 にあげてある通りだから，

$$\begin{vmatrix} x_{11} & x_{12} & x_{13} \\ x_{21} & x_{22} & x_{23} \\ x_{31} & x_{32} & x_{33} \end{vmatrix} = \sum_{(k)} \operatorname{sgn}(k) x_{1k_1} x_{2k_2} x_{3k_3} = x_{11}x_{22}x_{33} + x_{12}x_{23}x_{31} + x_{13}x_{21}x_{32} - x_{11}x_{23}x_{32} - x_{12}x_{21}x_{33} - x_{13}x_{22}x_{31}$$

とくに，3 次の行列式については，下の図のように，左上から右下へ斜めにかけた積に $+$，左下から右上へ斜めにかけた積に $-$ をつけるというサリュス (Sarrus) の規則が便利である．

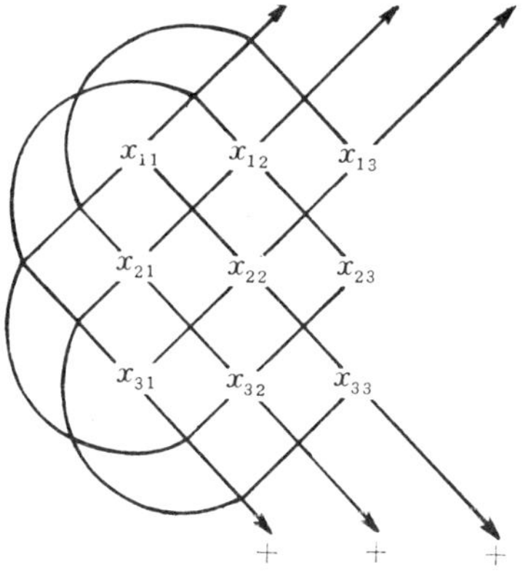

注意　4次以上の行列式においては，このような規則は成り立たない．4次の行列式は本当は $4!=24$ 個の項の和であるのに，この方法では8個の項しかえられず，しかも $x_{12}x_{23}x_{34}x_{41}$ は本当は $-$ の項なのに，この方法では $+$ の項となってしまう[*]．

問6　次の行列式の値を求めよ．

(1) $\begin{vmatrix} 2 & 1 & 3 \\ 5 & 3 & 2 \\ 1 & 4 & 3 \end{vmatrix}$　　(2) $\begin{vmatrix} 2 & 3 & 1 \\ 5 & -5 & 7 \\ 4 & 1 & -3 \end{vmatrix}$

(3) $\begin{vmatrix} 0 & 1 & 1 \\ 1 & 0 & 1 \\ 1 & 1 & 0 \end{vmatrix}$　　(4) $\begin{vmatrix} a & x & x \\ x & b & x \\ x & x & c \end{vmatrix}$

§2　行列式の性質 (1)

【1】 行列式の線型性　定理1によって，n 個の n 項行ベクトルの交代複線型の関数は行列式の定数倍となることがわかったが，逆に，行列式は行ベクトルの交代複線型の関数となるであろうか？[**]

$A=(a_{ik})$ を n 次の正方行列，その行ベクトルを $\boldsymbol{a}_1, \boldsymbol{a}_2, \cdots\cdots, \boldsymbol{a}_n$ とするとき，$\boldsymbol{a}_1, \boldsymbol{a}_2, \cdots\cdots, \boldsymbol{a}_n$ を行とする行列式を

$$\begin{vmatrix} a_{11} & a_{12} & \cdots\cdots & a_{1n} \\ a_{21} & a_{22} & \cdots\cdots & a_{2n} \\ \cdots & \cdots & \cdots & \cdots \\ a_{n1} & a_{n2} & \cdots\cdots & a_{nn} \end{vmatrix} = \begin{vmatrix} \boldsymbol{a}_1 \\ \boldsymbol{a}_2 \\ \cdots \\ \boldsymbol{a}_n \end{vmatrix} = |A|$$

あるいは，$|a_{ik}|$，$\det A$ などと表わし，行列 A の**行列式**とよぶ[***]．行列に関する用語（行，列，対角線，等）は，すべてそのまま行列式にも流用する．定義の式

$$D=|a_{ik}|=\sum_{(k)} \mathrm{sgn}(k) a_{1k_1}a_{2k_2}\cdots\cdots a_{nk_n}$$

から，行列式の各項は，一つの行，たとえば，

---

[*] 実際に，Sarrus の方法でやってみること．Sarrus の方法が，3次の場合にしか適用しない便法であることは肝に銘じておくこと．実際の行列式の計算法は，p. 81 以降で述べる．

[**] 「逆はかならずしも真ではない」ことに注意.

[***] 行列はただ数を並べたものだが，行列式は一つの数を表わすことに留意すべし.

$$\boldsymbol{a}_i=(a_{i1}, a_{i2}, \cdots\cdots, a_{in})$$

の各成分を一つずつ含んでいるから，a_{ij} を含む項をまとめて $A_{ij}a_{ij}$ と書くと，

$$D=A_{i1}a_{i1}+A_{i2}a_{i2}+\cdots\cdots+A_{in}a_{in}=\sum_{j=1}^{n}A_{ij}a_{ij} \quad \cdots\cdots\cdots\cdots\cdots\cdots (1)$$

となる．これは，$\boldsymbol{a}_i$ の成分の斉次１次式であるから，行列式 D が $\boldsymbol{a}_i$ について線型であることを示している．つまり，D は行ベクトルの複線型関数である．

また，行列式 D で二つの行，たとえば，第１行 $\boldsymbol{a}_1$ と第２行 $\boldsymbol{a}_2$ を交換すると，

$$\begin{aligned} D(\boldsymbol{a}_2, \boldsymbol{a}_1, \cdots\cdots) &= \sum_{(k)} \mathrm{sgn}(k_2k_1\cdots\cdots k_n)a_{2k_2}a_{1k_1}\cdots\cdots a_{nk_n} \\ &= \sum_{(k)} \{-\mathrm{sgn}(k_1k_2\cdots\cdots k_n)\}a_{1k_1}a_{2k_2}\cdots\cdots a_{nk_n} \\ &= -D(\boldsymbol{a}_1, \boldsymbol{a}_2, \cdots\cdots, \boldsymbol{a}_n) \end{aligned}$$

となり，符号だけが変わる*)．他の二つの行についても同様だから，D は行について交代であることがわかる．

定理 4 行列式は，行ベクトルの関数として交代複線型である．

系 1 行列式の二つの行が一致すれば，値は０となる．

これは，交代複線型関数の性質 2′° による．

系 2 行列式の一つの行を何倍かして他の行に加えても，行列式の値は変わらない．

証明

$$\begin{aligned} & D(\cdots\cdots, \boldsymbol{a}_i+\lambda\boldsymbol{a}_j, \cdots\cdots, \boldsymbol{a}_j, \cdots\cdots) \\ &= D(\cdots\cdots, \boldsymbol{a}_i, \cdots\cdots, \boldsymbol{a}_j, \cdots\cdots)+\lambda D(\cdots\cdots, \boldsymbol{a}_j, \cdots\cdots, \boldsymbol{a}_j, \cdots\cdots) \\ &= D(\cdots\cdots, \boldsymbol{a}_i, \cdots\cdots, \boldsymbol{a}_j, \cdots\cdots). \end{aligned}$$

最後に，単位行列の行列式は１に等しい**)：

$$|I|=1.$$

【２】 行列式の対称性

ところで，行列式の形をよくみると，行列式の各項は一つの列，たとえば

---

*) 順列 $(k_1k_2\cdots k_n)$ の最初の二つの数字を交換すると偶奇が逆になる！

**) $I=(\delta_{ik})$ だから，$|I|$ はただ一つの項 $\delta_{11}\delta_{22}\cdots\delta_{nn}=1$ から成る．

$\boldsymbol{b}_j=\begin{pmatrix}a_{1j}\\a_{2j}\\\vdots\\a_{nj}\end{pmatrix}$ の各成分をも一つずつ含んでいるから*)，上と同様に，

$$D=B_{1j}a_{1j}+B_{2j}a_{2j}+\cdots\cdots+B_{nj}a_{nj}=\sum_{i=1}^{n}B_{ij}a_{ij}\ \cdots\cdots\cdots\cdots\cdots\ (2)$$

とも書ける．したがって，行列式 D は列ベクトル $\boldsymbol{b}_1,\boldsymbol{b}_2,\cdots\cdots,\boldsymbol{b}_n$ の関数と考えても複線型である．さらに，列ベクトルの関数として交代であることも示せる．たとえば，行列式 D の第1列 $\boldsymbol{b}_1$ と第2列 $\boldsymbol{b}_2$ を交換することは，行列式の定義で，$(k)=(k_1k_2\cdots\cdots k_n)$ の中の数字1と2を交換することにあたるから，偶奇が逆となり**)，符号だけが変わる：

$$D'=\sum_{(k)'}\mathrm{sgn}(k')a_{1k'_1}a_{2k'_2}\cdots\cdots a_{nk'_n}=\sum_{(k)}\{-\mathrm{sgn}(k)\}a_{1k_1}a_{2k_2}\cdots\cdots a_{nk_n}=-D.$$

ただし，D' は D の第1列と第2列を交換したもので，(k') は (k) の中の数字1と2を交換したものである．したがって，$\boldsymbol{b}_j$ を n 項行ベクトル ${}^t\boldsymbol{b}_j$ $(j=1,2,\cdots\cdots,n)$ と考えると，定理1によって，

$$D=cD({}^t\boldsymbol{b}_1,{}^t\boldsymbol{b}_2,\cdots\cdots,{}^t\boldsymbol{b}_n)$$

が成り立つ．ここで，c は $\boldsymbol{b}_1,\boldsymbol{b}_2,\cdots\cdots,\boldsymbol{b}_n$ が単位ベクトル $\boldsymbol{e}_1,\boldsymbol{e}_2,\cdots\cdots,\boldsymbol{e}_n$ となったときの値，すなわち，$|I|=1$ に等しい．したがって，

定理5　行列式の行と列を入れ換えても，その値は変わらない．いいかえると，n 次の正方行列 A について，

$$|{}^tA|=|A|.$$

したがって，定理4，系1，系2にあることは列ベクトルについてもいえる．行列式は，行と列についてまったく対等なのである．

例3

$$\varDelta=\begin{vmatrix}1&a&b+c\\1&b&c+a\\1&c&a+b\end{vmatrix}=\begin{vmatrix}1&a&a+b+c\\1&b&a+b+c\\1&c&a+b+c\end{vmatrix}=(a+b+c)\begin{vmatrix}1&a&1\\1&b&1\\1&c&1\end{vmatrix}=0$$

---

*)　$(k)=(k_1k_2\cdots\cdots k_n)$ は $(1\,2\cdots n)$ の順列だから．

**)　$(k_1k_2\cdots k_n)$ の中の数1と2を交換すれば，偶奇が逆になる．定理3の証明を思い起こせ．

どのような手続きを適用したかを，読者みずから考えよ．

問7　次の行列式の値を求めよ．

(1) $\begin{vmatrix} 1 & 1 & 1 \\ a & b & c \\ a^2 & b^2 & c^2 \end{vmatrix}$　(2) $\begin{vmatrix} a & b & c \\ b & c & a \\ c & a & b \end{vmatrix}$　(3) $\begin{vmatrix} 1 & 2 & 3 & 4 \\ 5 & 6 & 7 & 8 \\ 9 & 10 & 11 & 12 \\ 13 & 14 & 15 & 16 \end{vmatrix}$

【3】 行列式の計算法　一般に，与えられた行列式 $D=|a_{ik}|$ の値の求め方を考えよう．行列式の性質から，

(1)　一つの行 (列) を k 倍して，他の行 (列) に加えても値は変わらない．

(2)　二つの行 (列) を交換すると，符号だけが変わる．

第2章，§2で述べた行列の基本変形と同様の操作で*)，与えられた行列式を次のように簡単な形に変形することができる．

1)　まず，すべての成分が0なら，明らかに行列式の値 $D=0$ である．0でない成分があれば，(2)を用いて適当に行と列を入れ換えて，その成分を1行1列目にもっていく．こうしてもせいぜい符号が変わるだけである．だから，最初から $a_{11}\neq 0$ とする．

$$\pm\begin{vmatrix} a_{11} & a_{12} & \cdots\cdots & a_{1n} \\ a_{21} & a_{22} & \cdots\cdots & a_{2n} \\ \cdots & \cdots & \cdots & \cdots \\ a_{n1} & a_{n2} & \cdots\cdots & a_{nn} \end{vmatrix} \qquad (a_{11}\neq 0)$$

2)　次に，第1行の $-a_{21}/a_{11}$倍，……，$-a_{n1}/a_{11}$ 倍を第2行，……，第 n 行に加えると，第1列の第2成分以下を0にすることができる．

$$\pm\begin{vmatrix} a_{11} & a_{12} & \cdots\cdots & a_{1n} \\ 0 & a_{22}' & \cdots\cdots & a_{2n}' \\ \cdots & \cdots & \cdots & \cdots \\ 0 & a_{n2}' & \cdots\cdots & a_{nn}' \end{vmatrix}$$

3)　第2行第2列以下の小さい行列部分について同様の操作を行なうと，第2列の第3成分以下を0とすることができる．こうしても，せいぜいもとの行

---

*)　基本変形と違うのは，(2)と行 (列) を k 倍 $(k\neq 0)$ すると値も k 倍される点である．

列式と符号が変わるだけである．これを続けていくと，対角成分 a_{ii} の左下の部分をすべて 0 とすることができる[*]．

$$\pm\begin{vmatrix} a_{11} & a_{12} & \cdots\cdots & a_{1n} \\ 0 & a_{22}' & \cdots\cdots & a_{2n}' \\ \cdots & \cdots & \cdots & \cdots \\ 0 & 0 & \cdots\cdots & a_{nn}'' \end{vmatrix}$$

こうなると，最後の行列式の値は，定義から $a_{11}a_{22}'\cdots a_{nn}''$ の項だけになるから[**]，

$$D = \pm a_{11}a_{22}'\cdots\cdots a_{nn}''.$$

実際，列についての操作 (1) をくり返して行なうと，すぐに下のような対角型に変形できるからである．

$$\pm\begin{vmatrix} a_{11} & 0 & \cdots\cdots & 0 \\ 0 & a_{22}' & \cdots\cdots & 0 \\ \cdots & \cdots & \cdots & \cdots \\ 0 & 0 & \cdots\cdots & a_{nn}'' \end{vmatrix}$$

例 4[***]

$$\begin{vmatrix} 7 & 6 & 3 & 7 \\ 3 & 5 & 7 & 2 \\ 5 & 4 & 3 & 5 \\ 5 & 6 & 5 & 4 \end{vmatrix} = \begin{vmatrix} 1 & 6 & 3 & 7 \\ -2 & 5 & 7 & 2 \\ 1 & 4 & 3 & 5 \\ -1 & 6 & 5 & 4 \end{vmatrix} = \begin{vmatrix} 1 & 6 & 3 & 7 \\ 0 & 17 & 13 & 16 \\ 0 & -2 & 0 & -2 \\ 0 & 12 & 8 & 11 \end{vmatrix} = \begin{vmatrix} 1 & -1 & 3 & 7 \\ 0 & 1 & 13 & 16 \\ 0 & 0 & 0 & -2 \\ 0 & 1 & 8 & 11 \end{vmatrix}$$

$$= \begin{vmatrix} 1 & -1 & 3 & 7 \\ 0 & 1 & 13 & 16 \\ 0 & 0 & 0 & -2 \\ 0 & 0 & -5 & -5 \end{vmatrix} = -(-5)(-2)\begin{vmatrix} 1 & -1 & 3 & 7 \\ 0 & 1 & 13 & 16 \\ 0 & 0 & 1 & 1 \\ 0 & 0 & 0 & 1 \end{vmatrix} = -10$$

問 8 次の行列式の値を求めよ．

(1) $\begin{vmatrix} 1 & 1 & 1 & 1 \\ 1 & -1 & 1 & 1 \\ 1 & 1 & -1 & 1 \\ 1 & 1 & 1 & -1 \end{vmatrix}$ (2) $\begin{vmatrix} 6 & -5 & 8 & 4 \\ 9 & 7 & 5 & 2 \\ 7 & 5 & 3 & 7 \\ -4 & 8 & -8 & -3 \end{vmatrix}$ (3) $\begin{vmatrix} 3 & 6 & 5 & 6 & 4 \\ 5 & 9 & 7 & 8 & 6 \\ 6 & 12 & 13 & 9 & 7 \\ 4 & 6 & 6 & 5 & 4 \\ 2 & 5 & 4 & 5 & 3 \end{vmatrix}$

---

[*] 実際には，次の例に示すように，(1) を適当に使って対角成分を 1 にしていくと，分数計算が避けられて少し楽にできる．

[**] 行，列を入れ換えたときの符号の変化は，勘定に入れておかねばならない．

[***] どのような操作を行なったかは，みずから考えよ．

§3 行列式の性質(2)

【1】 余因子 行列式 $D=|a_{ik}|$ とは，前節で述べたように，その行ベクトル $\boldsymbol{a}_1, \boldsymbol{a}_2, \cdots, \boldsymbol{a}_n$ の交代複線型の関数 $f=(\boldsymbol{a}_1, \boldsymbol{a}_2, \cdots, \boldsymbol{a}_n)$ のことである：

$$D=f(\boldsymbol{a}_1, \boldsymbol{a}_2, \cdots, \boldsymbol{a}_n)=\begin{vmatrix} a_{11} & a_{12} & \cdots\cdots & a_{1n} \\ a_{21} & a_{22} & \cdots\cdots & a_{2n} \\ \cdots & \cdots & \cdots & \cdots \\ a_{n1} & a_{n2} & \cdots\cdots & a_{nn} \end{vmatrix} \qquad (1)$$

とくに D は一つの行ベクトル，たとえば $\boldsymbol{a}_i=(a_{i1}, a_{i2}, \cdots, a_{in})$ の線型関数であることはいうまでもない．したがって，第1章，§4, [1] で述べたように，$\boldsymbol{a}_i$ の成分 a_{ik} $(k=1, 2, \cdots, n)$ の斉次1次関数でなければならない．すなわち，

$$D=A_{i1}a_{i1}+A_{i2}a_{i2}+\cdots\cdots+A_{in}a_{in} \qquad (2)$$

の形に書くことができる．

このときの係数 A_{ik} を求めることが，まず第1の課題である．k 番目の成分 a_{ik} の係数 A_{ik} は，$a_{i1}=0, \cdots\cdots$, $a_{ik}=1, \cdots\cdots$, $a_{in}=0$ とおいたときの f の値，いいかえると，$\boldsymbol{a}_i=\boldsymbol{e}_k=(0, \cdots, \overset{k}{\breve{1}}, \cdots, 0)$ (標準単位ベクトル) とおいたときの f の値であるはず (p. 40)*⁾：

$$A_{ik}=f(\boldsymbol{a}_1, \cdots, \overset{i}{\breve{\boldsymbol{e}_k}}, \cdots, \boldsymbol{a}_n)=\begin{vmatrix} a_{11} \cdots & \overset{k}{\breve{a_{1k}}} & \cdots a_{1n} \\ \vdots & \vdots & \vdots \\ 0 \cdots & 1 & \cdots 0 \\ \vdots & \vdots & \vdots \\ a_{n1} \cdots & a_{nk} & \cdots a_{nn} \end{vmatrix}_{i)}=\begin{vmatrix} a_{11} \cdots & \overset{k}{\breve{0}} & \cdots a_{1n} \\ \vdots & \vdots & \vdots \\ 0 \cdots & 1 & \cdots 0 \\ \vdots & \vdots & \vdots \\ a_{n1} \cdots & 0 & \cdots a_{nn} \end{vmatrix}_{i)}$$

ここで，最後の等式は，行列式の性質を使って，第 i 行を $-a_{1k}$ 倍……，$-a_{nk}$ 倍して，第1行……，第 n 行に加えて得られたものである．こうしても行列式の値は変わらない．次に，最後の行列式の第 i 行を順次一つずつ前の行と交換していくと，$i-1$ 回の交換で第 i 行が第1行に出る．さらにその第 k 列を順次一つずつ前の列と交換していくと，$k-1$ 回の交換で第 k 列が第1列に出て，

---

*⁾ ベクトル $\boldsymbol{x}$ の線型関数 $f(\boldsymbol{x})$ が $\sum_{i=1}^{n} a_i x_i$ $(a_i=f(\boldsymbol{e}_i))$ の形になることを思い起こせ．

$$A_{ik}=(-1)^{i-1}\begin{vmatrix} 0\cdots\cdots\overset{k}{\breve{1}}\cdots\cdots 0 \\ a_{11}\cdots 0\cdots a_{1n} \\ \cdots\cdots\cdots\cdots\cdots\cdots \\ a_{n1}\cdots 0\cdots a_{nn}\end{vmatrix}=(-1)^{i-1}(-1)^{k-1}\begin{vmatrix} 1 & 0\cdots\cdots\cdots 0 \\ 0 & a_{11}\cdots\cdots a_{1n} \\ \cdots & \cdots\cdots\cdots\cdots\cdots \\ 0 & a_{n1}\cdots\cdots a_{nn}\end{vmatrix}\cdots\cdots(3)$$

となる．

さて，最後の行列式を，$n-1$ 個の $(n-1)$ 項行ベクトル $\boldsymbol{a}_1'=(a_{11},\cdots,a_{1,k-1},a_{1,k+1},\cdots,a_{1n}),\cdots\cdots,\boldsymbol{a}_{i-1}',\boldsymbol{a}_{i+1}',\cdots\cdots,\boldsymbol{a}_n'=(a_{n1},\cdots,a_{n,k-1},a_{n,k+1},\cdots,a_{nn})$ つまり，($\boldsymbol{a}_i$ 以外の) もとの行ベクトルから第 k 成分を除いたベクトルの関数と考えると，行列式の性質から，明らかに交代複線型である．しかも，$\boldsymbol{a}_1',\cdots\cdots,\boldsymbol{a}_n'$ に標準単位ベクトル $(1,0,\cdots,0),\cdots\cdots,(0,0,\cdots,1)$ を入れると，この行列式は単位行列式 $|I|=1$ になるから，§1の定理1より，

$$A_{ik}=(-1)^{i+k}\begin{vmatrix} a_{11}\ \cdots\cdots & \overset{k}{\smile} & \cdots\cdots\ a_{1n} \\ \cdots\cdots\cdots & & \cdots\cdots\cdots \\ \hline \cdots\cdots\cdots & & \cdots\cdots\cdots \\ a_{n1}\ \cdots\cdots & & \cdots\cdots\ a_{nn}\end{vmatrix}_{\,i)}=(-1)^{i+k}\varDelta_{ik}\ \cdots\cdots\cdots\cdots\cdots\ (4)$$

が成り立つ*)．ここに，$\varDelta_{ik}$ はもとの行列式の第 i 行と第 k 列を除いて得られる $n-1$ 次の小行列式である．

等式(2)にでてくる係数 A_{ik} を a_{ik} の**余因子**ということにすると，

定理6　行列式 D の a_{ik} の余因子 A_{ik} は，D の第 i 行と第 k 列を除いて得られる小行列式 $\varDelta_{ik}$ に $(-1)^{i+k}$ をかけたものである：

$$A_{ik}=(-1)^{i+k}\varDelta_{ik}.$$

ところで，(4)は行と列について対称な形をしている．もともと，行列式は行と列について対称だから，同じ行列式 D を，列ベクトル $\boldsymbol{b}_k=(a_{1k},a_{2k},\cdots\cdots,a_{nk})$ の線型関数と考えて，その成分 $a_{1k},a_{2k},\cdots,a_{nk}$ の1次斉次式に表わすと，その係数はやはり，$A_{1k},A_{2k},\cdots,A_{nk}$ になるはずである．したがって，

$$D=A_{1k}a_{1k}+A_{2k}a_{2k}+\cdots\cdots+A_{nk}a_{nk}.$$

問9　行列式の定義から，(3)の右辺が $\varDelta_{ik}$ に一致することを直接導け．

---

*) この事実は，(3)の行列式を定義にしたがって，バラしてみても容易にわかる．そうすると，でてくる項は $\pm 1a_{1i_1}\cdots a_{ni_n}$ の形 (a_{ki_k} はない！) だから．

【2】 行列式の展開 (4)の形から，A_{ik} は第 i 行の成分 $a_{i1}, a_{i2}, \cdots\cdots, a_{in}$ を含まないから*)，関係式(2)で第 i 行の成分の代わりに他の第 j 行 $(j \neq i)$ の成分を代入して，$A_{i1}a_{j1}+A_{i2}a_{j2}+\cdots\cdots+A_{in}a_{jn}$ を作ると，これは，行列式 D の第 i 行のところに，第 j 行をおいたものになる：

$$0 = \begin{vmatrix} \cdots\cdots\cdots\cdots\cdots\cdots \\ a_{j1} \;\; a_{j2} \cdots\cdots a_{jn} \\ \cdots\cdots\cdots\cdots\cdots\cdots \\ a_{j1} \;\; a_{j2} \cdots\cdots a_{jn} \\ \cdots\cdots\cdots\cdots\cdots\cdots \end{vmatrix} \begin{matrix} \\ i) \\ \\ j) \\ \\ \end{matrix} = A_{i1}a_{j1}+A_{i2}a_{j2}+\cdots\cdots+A_{in}a_{jn} \quad (i \neq j)$$

ところが，そのような行列式は，二つの行が一致するから，値は0である．

定理7 行列式 D の中の a_{ik} の余因子を A_{ik} とすると，

$$\begin{cases} A_{i1}a_{i1}+A_{i2}a_{i2}+\cdots\cdots+A_{in}a_{in} = \displaystyle\sum_{k=1}^{n} A_{ik}a_{ik} = D & \cdots\cdots\cdots\cdots\cdots (5) \\ A_{i1}a_{j1}+A_{i2}a_{j2}+\cdots\cdots+A_{in}a_{jn} = \displaystyle\sum_{k=1}^{n} A_{ik}a_{jk} = 0 \quad (i \neq j) \end{cases}$$

列についても同様に，

$$\begin{cases} A_{1k}a_{1k}+A_{2k}a_{2k}+\cdots\cdots+A_{nk}a_{nk} = \displaystyle\sum_{i=1}^{n} A_{ik}a_{ik} = D & \cdots\cdots\cdots\cdots (6) \\ A_{1k}a_{1l}+A_{2k}a_{2l}+\cdots\cdots+A_{nk}a_{nl} = \displaystyle\sum_{i=1}^{n} A_{ik}a_{il} = 0 \quad (k \neq l) \end{cases}$$

(5)の左辺を D の第 i 行についての**展開式**，(6)の左辺を第 k 列についての展開式という．正方行列 A の成分 a_{ik} の $|A|$ の中での余因子を A_{ik} とするとき，行列**)

$$(A_{ki}) = \begin{pmatrix} A_{11} & A_{21} & \cdots\cdots & A_{n1} \\ A_{12} & A_{22} & \cdots\cdots & A_{n2} \\ \cdots & \cdots & \cdots\cdots & \cdots \\ A_{1n} & A_{2n} & \cdots\cdots & A_{nn} \end{pmatrix}$$

を A の**余因子行列**といい，$A^{(c)}$ と表わすことにする．すると，定理7は次のように表現される***)：

---

*) 第 i 行に何をおいても，余因子 A_{ik} は変化しない！．

**) 行と列を入れ換えて転置していることに注意．

***) 実際，かけ算をして，定理8をたしかめること．

定理 8　$AA^{(c)}=A^{(c)}A=|A|\cdot I$

例 5　$\begin{pmatrix} a & b \\ c & d \end{pmatrix}$ の余因子行列は $\begin{pmatrix} d & -b \\ -c & a \end{pmatrix}$ である．

問10　A, D が正方行列のとき，$\begin{vmatrix} A & B \\ O & D \end{vmatrix}=|A|\cdot|D|$ の成り立つことを示せ*)．

（左辺を，D の行ベクトルの関数と考えて，§1 の定理 1 を使え）

【3】 行列式の積　二つの n 次の正方行列 A, B の積 AB は，また n 次の正方行列になる．このとき，

定理 9

$$|AB|=|A|\cdot|B|$$

証明　A の行ベクトルを $\boldsymbol{a}_1, \boldsymbol{a}_2, \cdots, \boldsymbol{a}_n$, B の列ベクトルを $\boldsymbol{b}_1, \boldsymbol{b}_2, \cdots, \boldsymbol{b}_n$ とおくと，

$AB=\begin{pmatrix} \boldsymbol{a}_1 \\ \boldsymbol{a}_2 \\ \vdots \\ \boldsymbol{a}_n \end{pmatrix}(\boldsymbol{b}_1\boldsymbol{b}_2\cdots\boldsymbol{b}_n)=(\boldsymbol{a}_i\boldsymbol{b}_k)$ だから，$|AB|=|\boldsymbol{a}_i\boldsymbol{b}_k|$ となる**)．これを $\boldsymbol{a}_1, \boldsymbol{a}_2, \cdots, \boldsymbol{a}_n$ の関数 $f(\boldsymbol{a}_1, \boldsymbol{a}_2, \cdots, \boldsymbol{a}_n)$ と考えると，明らかに交代複線型の関数だから***)，交代複線型の関数が行列式の定数倍になること（§1，定理 1）から，

$$|AB|=f(\boldsymbol{a}_1, \boldsymbol{a}_2, \cdots, \boldsymbol{a}_n)=c|A|$$

ここで，$c=f(\boldsymbol{e}_1, \boldsymbol{e}_2, \cdots, \boldsymbol{e}_n)=|IB|=|B|$，したがって，$|AB|=|A|\cdot|B|$.

この定理と前項の定理 8 とから，正則行列について次のような重要な結果が得られる．

定理 10　n 次の正方行列 A が正則なための必要十分条件は，$|A|\neq 0$ で，このとき，

$$A^{-1}=|A|^{-1}A^{(c)}=(|A|^{-1}A_{ki})$$

である．

---

*)　一般に $\begin{vmatrix} A & B \\ C & D \end{vmatrix}=|A|\cdot|D|-|B|\cdot|C|$ は成り立たない．

**)　$\boldsymbol{a}_i$ は行ベクトルで $\boldsymbol{b}_k$ は列ベクトルだから，$\boldsymbol{a}_i\boldsymbol{b}_k$ は一つの数である．

***)　本当かウソかたしかめること．

証明　A が正則だとすると，$AX=I$ をみたす行列 X が存在する．したがって，定理 9 より，$|A|\cdot|X|=|AX|=|I|=1$，したがってとくに，$|A|\neq 0$ でなければならない．

逆に，$|A|\neq 0$ とする．$X=|A|^{-1}A^{(c)}$ とおくと，定理 8 より，

$$AX=A\cdot|A|^{-1}A^{(c)}=|A|^{-1}\cdot AA^{(c)}=|A|^{-1}\cdot|A|\cdot I=I,$$

$$XA=|A|^{-1}A^{(c)}\cdot A=|A|^{-1}\cdot|A|\cdot I=I$$

したがって，A は正則で，その逆行列は $X=|A|^{-1}A^{(c)}$ である．

系 1　A が正則なら，$|A^{-1}|=|X|=|A|^{-1}$.

☞　これで，正方行列が正則なための条件は完全にわかった．A：正則 $\Leftrightarrow$ $\mathrm{rank}\,A=n \Leftrightarrow |A|\neq 0$. この最後の条件は，数でいえば，「$a\neq 0$ なら，a は逆数 a^{-1} をもつ」に相当する．

例 6　$$\begin{vmatrix} b^2+c^2 & ab & ac \\ ba & c^2+a^2 & bc \\ ca & cb & a^2+b^2 \end{vmatrix}=\begin{vmatrix} 0 & c & b \\ c & 0 & a \\ b & a & 0 \end{vmatrix}^2=4a^2b^2c^2$$

問11　定理 10 を利用して，次の行列の逆行列を求めよ．

(1) $\begin{pmatrix} 2 & 1 & 1 \\ 1 & 2 & 1 \\ 1 & 1 & 2 \end{pmatrix}$　(2) $\begin{pmatrix} 0 & 1 & 0 & 0 \\ -1 & 0 & 1 & 0 \\ 0 & -1 & 0 & 1 \\ 0 & 0 & -1 & 0 \end{pmatrix}$　(3) $\begin{pmatrix} 3 & 2 & 1 & -1 \\ 4 & 3 & -1 & 1 \\ 1 & -1 & 3 & 4 \\ -1 & 1 & 2 & 3 \end{pmatrix}$

問12

(1) $\begin{vmatrix} b^2+c^2 & ab & ac \\ ab & b^2+a^2 & bc \\ ac & bc & a^2+c^2 \end{vmatrix}$　(2) $\begin{vmatrix} 1+x_1y_1 & 1+x_1y_2 & 1+x_1y_3 \\ 1+x_2y_1 & 1+x_2y_2 & 1+x_2y_3 \\ 1+x_3y_1 & 1+x_3y_2 & 1+x_3y_3 \end{vmatrix}$

問13　A が正則のとき，$|A^{(c)}|=|A|^{n-1}$，$(A^{-1})^{(c)}=(A^{(c)})^{-1}=|A|^{-1}A$，$(A^{(c)})^{(c)}=|A|^{n-2}A$ を示せ．

§4　行列式の応用

【1】 小行列式　行列 A から r 個の行と r 個の列を選び，その行と列が交わるところにある r^2 個の成分を，そのまま順に配列してつくった r 次の行列式を，

A の r 次の**小行列式**という．余因子のときの Δ_{ik} は $(n-1)$ 次の小行列式である．

行列 A の r 次の小行列式がすべて 0 ならば，$(r+1)$ 次の小行列式は定理 7 の展開定理より r 次の小行列式の線型結合として表わされるから，すべて 0 に等しくなる．そのことの対偶を考えれば，$(r+1)$ 次の小行列式の中に 0 でないものがあれば，r 次の小行列式の中にもかならず 0 でないものがあることになる．

したがって，行列 A が与えられたとき，r 次の小行列式の中には 0 でないものがあるが，$(r+1)$ 次の小行列式はすべて 0 になるというような整数 r が定まる．これを，当面 $s(A)$ と表わすことにしよう．

注意　$s(A)=r$ なら，p 次 $(p\leqq r)$ 以下の小行列式の中には 0 でないものがあるが，p 次 $(p>r)$ の小行列式はすべて 0 となる．

例 7　次の行列 A の $s(A)$ を求めよ．

$$A=\begin{pmatrix}1 & 3 & 5 & -1\\ 2 & -1 & 3 & 4\\ 5 & 1 & 11 & 7\end{pmatrix}$$

解　まず，1 次の小行列式は各成分そのものだから，明らかに 0 でないものがある．2 次の小行列式については，最初の 2 行 2 列から作られる $\begin{vmatrix}1 & 3\\ 2 & -1\end{vmatrix}=-1-6=-7\neq 0$ である．3 次の小行列式は $\binom{4}{3}=4$ 個あるが，それらはいずれも 0 になる*)．

したがって，$s(A)=2$.

【2】 行列の階数と小行列式　さて，ここで，行列の階数を求めるための基本変形を思い起こす．

(1)　一つの行を k 倍 $(k\neq 0)$ する．　　(1′)　一つの列を k 倍 $(k\neq 0)$ する．

(2)　一つの行を他の行に加える．　　(2′)　一つの列を他の列に加える．

これから導かれる操作として，

(3)　一つの行を何倍かして他の行に加える．　　(3′)　一つの列を何倍かして他の列に加える．

---

*)　実際にたしかめる．

(4) 二つの行を交換する. (4′) 二つの列を交換する.

左側が行に関するもので，右側が列に関するものである.

ところで，今行列 A の s 次の小行列式 $\varDelta$ が 0 でないと，行列式 $\varDelta$ にこれらの変形をほどこしても 0 でないことに変わりはない. ((1) や (1′) によれば行列式の値は k 倍されるだけだし，(2) (3) や (2′) (3′) では値は変わらず，(4) や (4′) では符号が変わるだけ) したがって，行列 A に基本変形をほどこして行列 A' になっても，その中の小行列式 $\varDelta$ に対応して変形された部分 $\varDelta'$ の値はやはり 0 ではない. したがって，

$$s(A) \leqslant s(A')$$

が成り立つ. 逆の変形を考えれば，

$$s(A') \leqslant s(A)$$

も成り立つから，結局 $s(A) = s(A')$ で，

基本変形を行なっても，$s(A)$ の値は変わらない.

ところが，どんな行列 A でも，基本変形によって，標準形

$$A_0 = \left(\begin{array}{ccc|c} \multicolumn{3}{c|}{\overbrace{\begin{matrix}1 & & 0\\ & \ddots & \\ 0 & & 1\end{matrix}}^{r}} & 0 \\ \hline \multicolumn{3}{c|}{0} & 0 \end{array}\right) \quad (r = \operatorname{rank} A)$$

に直せるのであった (第 2 章，定理 5). そして，標準形 A_0 においては，明らかに $s(A_0) = r$，したがって

定理 11 $s(A) = \operatorname{rank} A$

すなわち，行列 A の階数を r とすると，行列 A の r 次の小行列式の中には 0 でないものがあるが，$(r+1)$ 次の小行列式はすべて 0 となる.

この方法で例 7 のようにして，行列の階数を求めることもできる.

☞ かつては，たいていの教科書に，これが階数の定義としてかかげられていた. しかし，これでは階数の意義はよくわからない. 行 (列) ベクトルの張る部分線型空間の次元，あるいは，A の表わす線型写像の像空間の次元という，われわれの定義の方が本質を射ている. 定理 11 は，階数と行列式との関係を示す一つの定理にすぎない.

問14 n 次元ベクトル $\boldsymbol{a}_1, \boldsymbol{a}_2, \cdots, \boldsymbol{a}_m$ $(m \leqq n)$ が線型独立であるための必要十分条件は，行列 $A=(\boldsymbol{a}_1\ \boldsymbol{a}_2 \cdots\cdots \boldsymbol{a}_m)$ の m 次の小行列式の中に0でないものが存在することである．

問15 n 次元のベクトル $\boldsymbol{a}_1, \boldsymbol{a}_2, \cdots, \boldsymbol{a}_n$ が線型独立であるための必要十分条件は，行列式 $|\boldsymbol{a}_1\ \boldsymbol{a}_2 \cdots \boldsymbol{a}_n| \neq 0$ である．

問16 次の行列の階数を定理11の方法で求めよ．

(1) $\begin{pmatrix} 2 & -1 & 3 & -2 & 4 \\ 4 & -2 & 5 & 1 & 7 \\ 2 & -1 & 1 & 8 & 2 \end{pmatrix}$ (2) $\begin{pmatrix} 1 & 2 & -1 \\ -2 & 1 & 2 \\ -1 & 3 & 1 \end{pmatrix}$ (3) $\begin{pmatrix} 5 & 2 & 1 & 3 & 4 \\ 0 & 3 & 0 & 0 & 8 \\ 15 & 7 & 3 & 9 & 7 \end{pmatrix}$

【3】 1次方程式と行列式 係数行列 A が正方行列であるような1次方程式

$$\begin{cases} a_{11}x_1+a_{12}x_2+\cdots\cdots+a_{1n}b_n=b_1 \\ a_{21}x_1+a_{22}x_2+\cdots\cdots+a_{2n}x_n=b_2 \\ \cdots\cdots\cdots\cdots\cdots\cdots\cdots\cdots\cdots\cdots \\ a_{n1}x_1+a_{n2}x_2+\cdots\cdots+a_{nn}x_n=b_n \end{cases} \quad \cdots\cdots\cdots\cdots \text{(1)}$$

あるいは，

$$A\boldsymbol{x}=\boldsymbol{b} \quad (A：\text{正方行列})$$

を考えよう．

A が正則ならば，この方程式の両辺に左から A の逆行列 A^{-1} をかけることによって，

$$\boldsymbol{x}=A^{-1}\boldsymbol{b}$$

と解かれる．ところが，定理10から，$A^{-1}=|A|^{-1}A^{(c)}$ だから，$\boldsymbol{x}=|A|^{-1}A^{(c)}\boldsymbol{b}$ となる．

そこで，a_{ik} の余因子を A_{ik} とすると，

$$A^{(c)}\boldsymbol{b}=(A_{ki})(b_i)=\left(\sum_{k=1}^{n} A_{ki}b_k\right)$$

したがって，定理7の展開定理により，

$$\sum_{k=1}^{n} A_{ki}b_k = \begin{vmatrix} a_{11} & \cdots\cdots & b_1 & \cdots\cdots & a_{1n} \\ a_{21} & \cdots\cdots & b_2 & \cdots\cdots & a_{2n} \\ \cdots & \cdots & \cdots & \cdots & \cdots \\ a_{n1} & \cdots\cdots & b_n & \cdots\cdots & a_{nn} \end{vmatrix}$$

と書けるから，これは行列式 $D=|A|$ の第 i 列を列ベクトル $\boldsymbol{b}$ で置き換えたものになっている．その行列式を $D_i(i=1,2,\cdots,n)$ と書くと，$A^{(c)}\boldsymbol{b}=(D_i)$ だから，

$$\boldsymbol{x}=|A|^{-1}(D_i)=(D_i/D)$$

となる．つまり，

定理 12 1次方程式 $A\boldsymbol{x}=\boldsymbol{b}$ の係数行列 A が正則のときは，

$$x_i=D_i/D \quad (i=1,2,\cdots,n)$$

ただし，D_i は行列式 $D=|A|$ の第 i 列を既知項 $\boldsymbol{b}$ で置き換えた行列式を表わす．

☞ これは**クラーメル**(Crámer)**の公式**という有名な定理で，行列式を生みだす機縁ともなったという意味で，その歴史的価値は大きい．しかし，係数行列 A が正則という制限があるので，第2章で述べた≪掃き出し法≫にくらべて理論的価値も低いし，数値計算の面でも，n 次行列式を $(n+1)$ 個計算しなければならないので，労力の点でも≪掃き出し法≫に及ばない．

【4】 斉次1次方程式 最後に，既知項 $\boldsymbol{b}=\boldsymbol{0}$ の斉次1次方程式（A は正方行列）

$$A\boldsymbol{x}=\boldsymbol{0} \quad \cdots\cdots\cdots\cdots\cdots\cdots\cdots\cdots\cdots\cdots \quad (2)$$

を考えよう．このような斉次方程式では，不能ということはありえない．かならず解はある．すなわち，$\boldsymbol{x}=\boldsymbol{0}$ がそうである．実際，$\tilde{A}=(A\ \boldsymbol{0})$ を基本変形すると，

$$\tilde{A}=(A\ \boldsymbol{0}) \longrightarrow \left(\begin{array}{cc|c|c} \overbrace{\begin{matrix}1 & & 0\\ & \ddots & \\ 0 & & 1\end{matrix}}^{r} & & * & \boldsymbol{0} \\ \hline & 0 & 0 & \boldsymbol{0} \end{array}\right) \quad (r=\operatorname{rank} A)$$

となるからである．ここでの基本変形は前記の行に関する(1)～(4)と，列に関する(4′)であることはもちろんである．

だから，$r<n$ なら，方程式は不定で，解は $n-r$ 次元の自由度があるから，もちろん解は無数にある．とくに，$\boldsymbol{x}\neq\boldsymbol{0}$ なる解がある．

$r=n$，つまり A が正則なら，解はただ一つ $\boldsymbol{x}=\boldsymbol{0}$ しかない．

これは，定理12で，$D_i=0\ (i=1,2,\cdots,n)$ であることからもたしかめられる事実である．

定理13　斉次1次方程式：

$$A\boldsymbol{x}=\boldsymbol{0}\quad (A\text{は正方行列})$$

が $\boldsymbol{x}\neq\boldsymbol{0}$ なる解をもつための必要十分条件は，

$$|A|=|a_{ik}|=0$$

である．

例8　斉次1次方程式

$$\begin{cases} a_{10}x_0+a_{11}x_1+a_{12}x_2+\cdots\cdots+a_{1n}x_n=0 \\ a_{20}x_0+a_{21}x_1+a_{22}x_2+\cdots\cdots+a_{2n}x_n=0 \\ \cdots\cdots\cdots\cdots\cdots\cdots\cdots\cdots\cdots\cdots\cdots\cdots\cdots\cdots \\ a_{n0}x_0+a_{n1}x_1+a_{n2}x_2+\cdots\cdots+a_{nn}x_n=0 \end{cases}$$

で，係数行列 $A=(a_{ij})$ の階数が n のとき，解の比は，

$$x_0:x_1:x_2:\cdots\cdots:x_n=\varDelta_0:-\varDelta_1:\varDelta_2:\cdots\cdots:(-1)^n\varDelta_n$$

となることを証明せよ．ただし，$\varDelta_i$ は A より第 i 列を除いてできる小行列式を表わす．

証明　A の階数が n だから，定理11より $\varDelta_i$ の中にはかならず0でないものがある．今かりに，$\varDelta_0\neq0$ とすると，1次方程式

$$\begin{cases} a_{11}x_1+a_{12}x_2+\cdots\cdots+a_{1n}x_n=-a_{10}x_0 \\ a_{21}x_1+a_{22}x_2+\cdots\cdots+a_{2n}x_n=-a_{20}x_0 \\ \cdots\cdots\cdots\cdots\cdots\cdots\cdots\cdots\cdots\cdots\cdots\cdots\cdots \\ a_{n1}x_1+a_{n2}x_2+\cdots\cdots+a_{nn}x_n=-a_{n0}x_0 \end{cases}$$

はクラーメルの公式によって，

$$x_i=\frac{D_i}{\varDelta_0}$$

と書ける．ここで D_i は，行列 (a_{ij})　$(i,j=1,2,\cdots\cdots,n)$ の第 i 列を列ベク

トル $(-a_{i0}x_0)$ で置き換えたものである．したがって，これを順次前の列と交換して先頭に出すと，

$$D_i=(-1)^i\Delta_i x_0$$

が得られる．つまり，

$$\frac{x_i}{(-1)^i\Delta_i}=\frac{x_0}{\Delta_0}$$

で，これは上の比例式を立証している．

別証 係数行列 A は階数 n だから，これは $n+1$ 次元線型空間から，n 次元線型空間の上への線型写像と考えることができる．したがって，前章，定理6より，その核，つまり問題の斉次1次方程式の解は1次元の部分線型空間をなす．ところで，列ベクトル ${}^t(\Delta_0,-\Delta_1,\Delta_2,\cdots\cdots,(-1)^n\Delta_n)$ は，A の階数が n なることより零ベクトルでなく，しかも，行列式の性質から

$$\begin{aligned}&a_{i0}\Delta_0-a_{i1}\Delta_1+a_{i2}\Delta_2+\cdots\cdots+(-1)^n a_{in}\Delta_n\\ &=\begin{vmatrix}a_{i0}&a_{i1}&a_{i2}&\cdots\cdots&a_{in}\\ a_{10}&a_{11}&a_{12}&\cdots\cdots&a_{1n}\\ \cdots&\cdots&\cdots&\cdots&\cdots\\ a_{n0}&a_{n1}&a_{n2}&\cdots\cdots&a_{nn}\end{vmatrix}=0\end{aligned}$$

となり，たしかに解ベクトルである．したがって，すべての解ベクトルは，この解ベクトルのスカラー倍でなければならない．つまり，問題の比例式が成り立つ．

例 9 ベクトル $\boldsymbol{e}_1,\boldsymbol{e}_2,\cdots,\boldsymbol{e}_m$ が線型独立なための必要十分条件は，

$$|(\boldsymbol{e}_i,\boldsymbol{e}_j)|\neq 0$$

である*)．ただし，かっこは内積(第4章，§4)を表わす．

証明 $\boldsymbol{e}_1,\boldsymbol{e}_2,\cdots,\boldsymbol{e}_m$ が線型従属であるとすると，すべてが0ではない $c_1,c_2,\cdots,c_m$ によって $\sum_{i=1}^m c_i\boldsymbol{e}_i=\boldsymbol{0}$ が成り立つから，$0=\left(\sum_{i=1}^m c_i\boldsymbol{e}_i,\boldsymbol{e}_j\right)=\sum_{i=1}^m c_i(\boldsymbol{e}_i,\boldsymbol{e}_j)$ $(j=1,2,\cdots,m)$．したがって，行列式に関する定理13により $|(\boldsymbol{e}_i,\boldsymbol{e}_j)|=0$．

逆に，$|(\boldsymbol{e}_i,\boldsymbol{e}_j)|=0$ とすると，同じ定理から，すべてが0ではない $c_1,c_2,$

*) この行列式を $e_1,\cdots,e_m$ の**グラム** (Gramm) **行列式**ということがある．

$\cdots, c_m$ があって，$\sum_{i=1}^{m} c_i(\boldsymbol{e}_i, \boldsymbol{e}_j) = 0 \ (j = 1, 2, \cdots, m)$ となる．したがって，

$$\left|\sum_{i=1}^{m} c_i\boldsymbol{e}_i\right|^2 = \left(\sum_{i=1}^{m} c_i\boldsymbol{e}_i, \sum_{i=1}^{m} c_i\boldsymbol{e}_i\right) = \sum_{i,j}^{m} c_ic_j(\boldsymbol{e}_i, \boldsymbol{e}_j) = 0$$

ゆえに，$\sum_{i=1}^{m} c_i\boldsymbol{e}_i = \boldsymbol{0}$ で，$\boldsymbol{e}_1, \boldsymbol{e}_2, \cdots, \boldsymbol{e}_m$ は線型従属である．

問17　次の連立1次方程式を解け．

(1) $\begin{cases} x+y+z=1 \\ ax+by+cz=d \\ a^2x+b^2y+c^2z=d^2 \end{cases}$ 　(a, b, c は異なる)

(2) $\begin{cases} 2ax-3by+cz=0 \\ 3ax-6by+5cz=2abc \\ 5ax-4by+2cz=3abc \end{cases}$ 　($abc \neq 0$)

(3) $\begin{cases} ax-by-az+bu=1 \\ bx+ay-bz-au=0 \\ cx-dy+cz-du=0 \\ dx+cy+dz+cu=0 \end{cases}$ 　($abcd \neq 0$)

第4章　空間とベクトル

代数的ベクトルから幾何学的ベクトルへ．矢線ベクトル，固定ベクトル，自由ベクトル，位置ベクトル，有向線分など錯雑した諸概念の真の意味を解明する．あわせて，現代化された解析幾何の扉を開ける．

§1　有向線分とベクトル

【1】 有向線分に附随するベクトル　空間（直線でも，平面でも，ふつうの3次元空間でも，またn次元空間でもよい）*)　の2点P, Qに対して，線分PQに向きをつけたものを**有向線分**といい，始点Pから終点Qへ向かう矢印をつけて下右の図のように表わす．

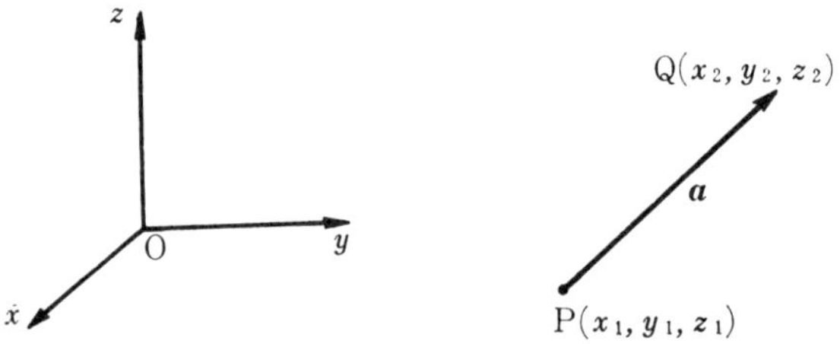

空間に（平行）座標系が与えられていると，有向線分PQに対して，終点Q(x_2, y_2, z_2)の座標から始点P(x_1, y_1, z_1)の座標をひいた差を成分とするベクトル：

$$\boldsymbol{a}=(x_2-x_1, y_2-y_1, z_2-z_1)$$

を対応させることができる**)．このベクトル$\boldsymbol{a}$のことを，有向線分PQに附随するベクトルといい，$\overrightarrow{\mathrm{PQ}}$と表わし***)，有向線分PQを$\boldsymbol{a}$を代表する有向線分という．すなわち，

$$\mathrm{PQ}\longmapsto\overrightarrow{\mathrm{PQ}}=(x_2-x_1, y_2-y_1, z_2-z_1).$$

☞　座標の差を成分とする数ベクトルを対応させるわけである．もともと，有向線分は位置を込めた幾何学的概念で，ベクトルは純粋に代数的対象である．ひとことでいえば，有向線分の平行移動による差違を無視したものがここでいう「附随するベクトル」一名幾何学的ベクトル（矢線ベクトル）だと考えてよい．実際，二つのベクトル

---

*)　叙述はおおむね3次元で行ない，図は2次元で表わすが，たいていn次元で成り立つことである．とくに2次元や3次元にしか成り立たぬことは，その旨ことわる．

**)　座標の差はたて，横などの各次元ごとの量だから，それをまとめたものは一つの多次元量と考えられる．

***)　有向線分は位置をも含んだ概念だと考えている．区別のため有向線分をPQ，そのベクトルを$\overrightarrow{\mathrm{PQ}}$と表わすことにした．

$\overrightarrow{PQ} = \overrightarrow{RS}$ となるのは，図のように，座標軸に平行な2辺をもつ直角三角形を考えれ

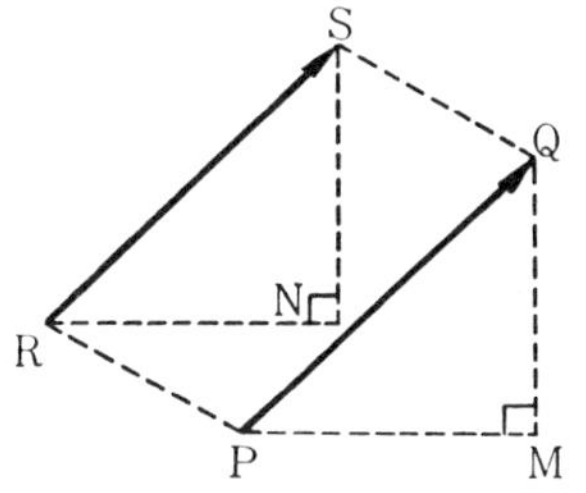

ば，$\triangle PQM \equiv \triangle RSN$ より，PQ と RS が同じ向きに平行*) で等しいとき，そのときにかぎることがわかる：

$$\overrightarrow{PQ} = \overrightarrow{RS} \Leftrightarrow PQ \mathbin{\underline{\parallel}} RS.$$

この「同じ向きに平行で等しい」という関係 $\underline{\parallel}$ は，明らかに同値律をみたす（$PQ \mathbin{\underline{\parallel}} PQ$，$PQ \mathbin{\underline{\parallel}} RS \Rightarrow RS \mathbin{\underline{\parallel}} PQ$，$PQ \mathbin{\underline{\parallel}} RS$ で $RS \mathbin{\underline{\parallel}} UV \Rightarrow PQ \mathbin{\underline{\parallel}} UV$）**) が，それによる同値類が矢線ベクトル $\overrightarrow{PQ}$ であるといってもよい．ここは，座標のおかげで，このような類別に触れないで，ただちに「附随するベクトル」を定義することができたわけで，その意味で，座標こそが，幾何学的概念と代数的対象をつなぐ紐帯の役割をしている．

注意 有向線分のことを**束縛ベクトル**または**固定ベクトル**，「附随するベクトル」のことを**自由ベクトル**といって区別することもある．前者は，剛体に働く力や質点の速度のように始点を指定する必要のあるものの，後者は剛体の併進速度や重力のように始点がどこでも効果の同じものの数学的抽象化であるといえる．

【2】 空間とベクトルの関係 有向線分とベクトルの関係をさらに分析すると，次のことがわかる．

1° 任意の2点 P, Q に対して，$\overrightarrow{PQ}$ はベクトル．

これは，上述の定義のまとめである．

2° $\overrightarrow{PQ} = \mathbf{0} \Rightarrow P = Q$.

$\overrightarrow{PQ}$ が $\mathbf{0}$ ベクトルなら，P の座標と Q の座標がまったく一致するから，$P = Q$ でなければならない．

---

*) 平行は重なる場合も含める．

**) 最後の推移律は，平面上では平行線公理からすぐ出るが，空間では長い推論の結果である．

3°　$\overrightarrow{PQ}+\overrightarrow{QR}=\overrightarrow{PR}$.

P, Q, R の座標をそれぞれ (x_1, y_1, z_1), (x_2, y_2, z_2), (x_3, y_3, z_3) とすると，$\overrightarrow{PQ}=(x_2-x_1, y_2-y_1, z_2-z_1)$, $\overrightarrow{QR}=(x_3-x_2, y_3-y_2, z_3-z_2)$ だから，

$$\begin{aligned}\overrightarrow{PQ}+\overrightarrow{QR} &= ((x_2-x_1)+(x_3-x_2), (y_2-y_1)+(y_3-y_2), (z_2-z_1)+(z_3-z_2)) \\ &= (x_3-x_1, y_3-y_1, z_3-z_1) \\ &= \overrightarrow{PR}.\end{aligned}$$

☞　これはよく知られている矢線ベクトルの合成の法則である．有向線分 PQ の先に有向線分 QR をつなげてやれば，それらを合成した有向線分 PR が得られる．この

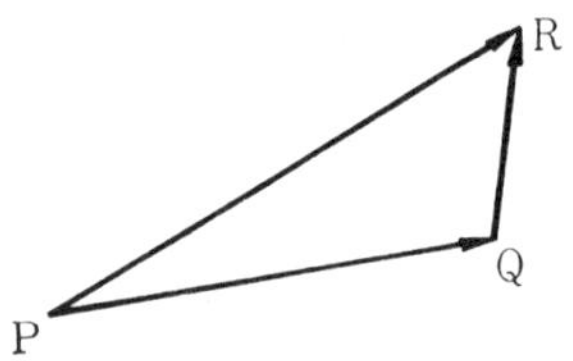

関係は，平行移動によって変わらないから，これによって，上記のようなベクトルの和が対応するわけである．

4°　任意の点 P と与えられたベクトル $\boldsymbol{a}\,(\in V)$*) に対して，$\overrightarrow{PQ}=\boldsymbol{a}$ をみたす点 Q が存在する．

P の座標 (x_1, y_1, z_1) に，　$\boldsymbol{a}=(a, b, c)$ の成分をいっせいに加えてやった点 Q (x_1+a, y_1+b, z_1+c) が求めるものであることは明らかである．このとき $\boldsymbol{a}$ を**平行移動**，点 Q は P を $\boldsymbol{a}$ だけ平行移動して得られた点という．

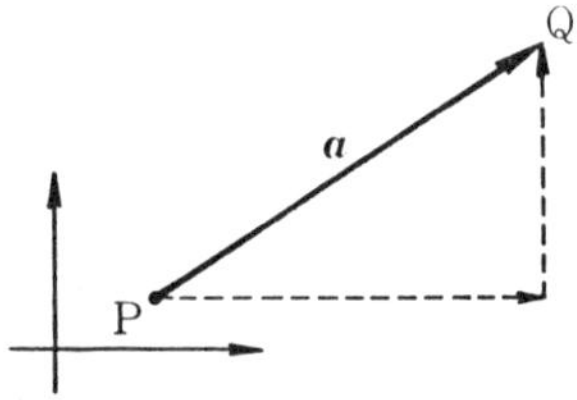

一般に，

*)　V は線型空間．

定義6 集合Ωと線型空間Vがあり，Ωの元はP, Q,…… と表わし，Vの元を$\boldsymbol{a}, \boldsymbol{b}$,…… と表わす．これらについて，上記の1°～4°が成り立つとき，ΩのことをVに伴う**アフィン空間**といい，VをΩの**平行移動の線型空間**という．

この三つの基本的性質1°, 2°, 3°, 4°から導かれる結論について考察しておこう．

まず，3°でQ＝Pとおくと，$\overrightarrow{\mathrm{PP}}+\overrightarrow{\mathrm{PR}}=\overrightarrow{\mathrm{PR}}$ より $\overrightarrow{\mathrm{PP}}=\boldsymbol{0}$．すなわち2°の逆が成り立つ．

第2に，3°でR＝Pとすると，今の結論より $\overrightarrow{\mathrm{PQ}}+\overrightarrow{\mathrm{QP}}=\overrightarrow{\mathrm{PP}}=\boldsymbol{0}$ だから，$\overrightarrow{\mathrm{QP}}=-\overrightarrow{\mathrm{PQ}}$．すなわち，有向線分の向きを変えたものが，反ベクトル $-\boldsymbol{a}$ を代表する．

第3に，$\overrightarrow{\mathrm{PQ}}=\overrightarrow{\mathrm{PQ'}}$ とすると，3°より $\overrightarrow{\mathrm{QQ'}}=\overrightarrow{\mathrm{QP}}+\overrightarrow{\mathrm{PQ'}}=-\overrightarrow{\mathrm{PQ}}+\overrightarrow{\mathrm{PQ'}}=\boldsymbol{0}$ だから，2°によって，Q＝Q′．したがって4°にいう点Qはただ一つ定まることがわかる．

第4に，$\overrightarrow{\mathrm{PQ}}=\overrightarrow{\mathrm{RS}}$ とすると，$\overrightarrow{\mathrm{PQ}}+\overrightarrow{\mathrm{QS}}=\overrightarrow{\mathrm{PS}}=\overrightarrow{\mathrm{PR}}+\overrightarrow{\mathrm{RS}}$ より，$\overrightarrow{\mathrm{QS}}=\overrightarrow{\mathrm{PR}}$ が成り立つ(平行四辺形の規則)．

☞ のちにベクトルの長さを導入すれば，このことから，四辺形PQSRは2組の対辺が等しい．つまり平行四辺形であることが，1°～4°だけからわかる．

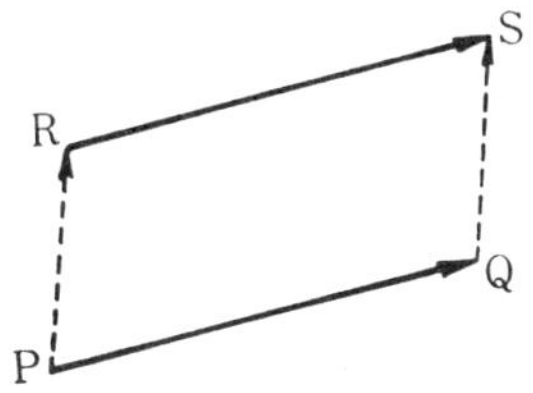

☞ 点の空間をΩ，線型空間をVとし，4°で定まるQを点Pにベクトル$\boldsymbol{a}$が作用した結果を考えると，4°はΩがVを作用域にもつこと，1°はVが推移的に働くこと，3°はVが加法的作用群となっていること，2°はVが忠実に働く(Ωのすべての点を動かさないのは$\boldsymbol{0}$のみ)ことを意味する．すなわち，ひとことでいえば，ΩはV

を忠実な作用群にもつ等質空間だということである．このような Ω と V との合成概念をアフィン空間というのである．

問1　任意の点Qとベクトル $\boldsymbol{a}$ に対して，$\overrightarrow{\mathrm{PQ}}=\boldsymbol{a}$ をみたす点Pがただ一つ存在することを証明せよ．

§2　ベクトルの算法の幾何学的意味

【1】 和　空間の原点Oを固定すると，前節のこと（1°と4°）により，

$$\mathrm{P} \longleftrightarrow \overrightarrow{\mathrm{OP}}=\boldsymbol{a}$$

は空間の点とベクトルとの1対1の対応である．その意味で $\boldsymbol{a}$ のことを点Pの**位置ベクトル**とよぶことがある．

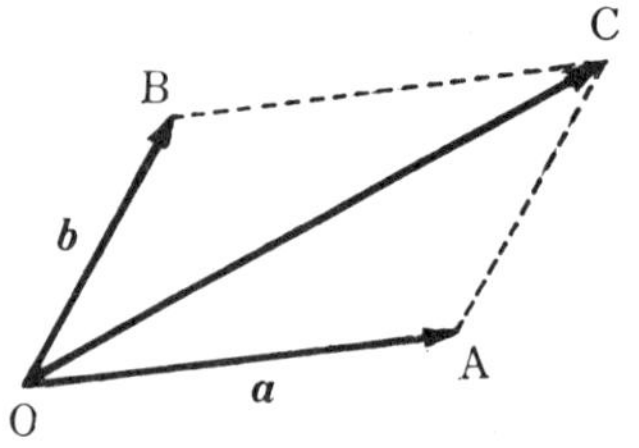

$\overrightarrow{\mathrm{OA}}=\boldsymbol{a}$，$\overrightarrow{\mathrm{OB}}=\boldsymbol{b}$ のとき，OA, OB を2隣辺とする平行四辺形 OACB を作ると，$\overrightarrow{\mathrm{OB}}=\overrightarrow{\mathrm{AC}}$ だから，

$$\begin{aligned}\boldsymbol{a}+\boldsymbol{b}&=\overrightarrow{\mathrm{OA}}+\overrightarrow{\mathrm{OB}}=\overrightarrow{\mathrm{OA}}+\overrightarrow{\mathrm{AC}}\\&=\overrightarrow{\mathrm{OC}}\end{aligned}$$

となる．

問2　和の作図法によって，可換律：$\boldsymbol{a}+\boldsymbol{b}=\boldsymbol{b}+\boldsymbol{a}$ および結合律：$(\boldsymbol{a}+\boldsymbol{b})+\boldsymbol{c}=\boldsymbol{a}+(\boldsymbol{b}+\boldsymbol{c})$ をたしかめよ．

問3　n 個のベクトル $\boldsymbol{a}_1, \boldsymbol{a}_2, \cdots\cdots, \boldsymbol{a}_n$ の和が $\boldsymbol{0}$ になるための条件をいえ．

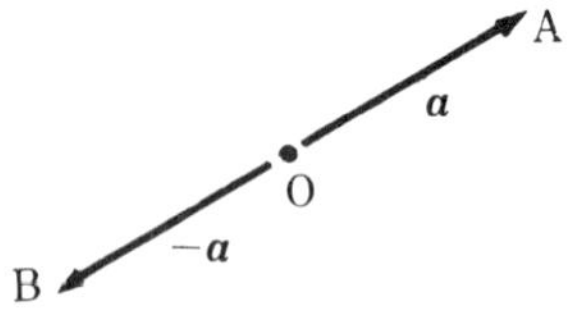

ベクトル $\overrightarrow{OA} = \boldsymbol{a}$ に対して，O に関する A の対称点を B とすると，$\overrightarrow{OB} = \overrightarrow{AO}$ だから，

$$\overrightarrow{OB} = \overrightarrow{AO} = -\overrightarrow{OA} = -\boldsymbol{a}$$

は $\boldsymbol{a}$ の反ベクトルになる.

例1　空間の 2 点を A, B とし，それぞれの位置ベクトルを $\boldsymbol{a}, \boldsymbol{b}$ とするとき，ベクトル $\overrightarrow{AB}$ を求めよ.

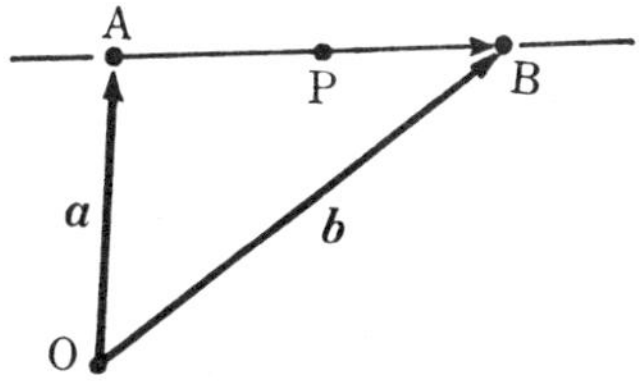

解　$\overrightarrow{OA}+\overrightarrow{AB} = \overrightarrow{OB}$ より，

$$\overrightarrow{AB} = \overrightarrow{OB}-\overrightarrow{OA} = \boldsymbol{b}-\boldsymbol{a}.$$

問4　二つのベクトル $\overrightarrow{OA} = \boldsymbol{a}$ と $\overrightarrow{OB} = \boldsymbol{b}$ の差を $\boldsymbol{b}-\boldsymbol{a} = \boldsymbol{b}+(-\boldsymbol{a})$ と考えて作図せよ.

【2】 スカラー倍　ベクトル $\overrightarrow{OA} = \boldsymbol{a}$ のスカラー倍 $\lambda\boldsymbol{a} = \lambda\cdot\overrightarrow{OA}$ がどうなるかを考えよう. λ が正の整数 n のときは，$n\boldsymbol{a} = \boldsymbol{a}+\boldsymbol{a}+\cdots\cdots+\boldsymbol{a}$ (n項) と考えられるから，有向線分 OA を n 個次々と先につなげていけば，$n\boldsymbol{a}$ になる. λ が正の整数の逆数 $1/m$ のときは $m((1/m)\boldsymbol{a}) = \boldsymbol{a}$ だから，OA を m 等分して O に近い m 等分点 B をとると，$\overrightarrow{OB} = (1/m)\boldsymbol{a}$ となる，λ が正の有理数 n/m のときは，$(n/m)\boldsymbol{a} = n\{(1/m)\boldsymbol{a}\}$ と考えればよい.

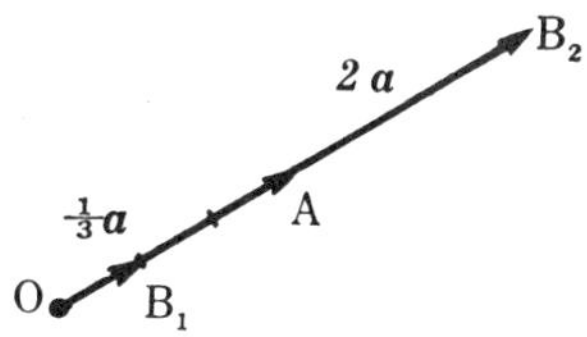

λ が正の実数のときは，これを有理数で近似して（たとえば小数で近似して）$\lambda\boldsymbol{a}$ を作ればよい.

λ が負の実数のときは，$\lambda\boldsymbol{a} = -|\lambda|\boldsymbol{a}$ と考えればよい．

いいかえると，OA を O を中心として λ 倍に**拡大**（λ が正のときは，ふつうの拡大，λ が負のときは，$|\lambda|$ 倍にふつうに拡大してから O に関する対称点をとる）して，OB とすれば，$\overrightarrow{\mathrm{OB}} = \lambda\overrightarrow{\mathrm{OA}} = \lambda\boldsymbol{a}$ となる．だから，スカラー倍はO を中心とする拡大にほかならない．

☞ 座標の助けをかりれば，$\mathrm{A}(x, y, z)$ に対して，$\boldsymbol{a} = \overrightarrow{\mathrm{OA}} = (x, y, z)$，　$\lambda\boldsymbol{a} = (\lambda x, \lambda y, \lambda z)$ だから，$\mathrm{B}(\lambda x, \lambda y, \lambda z)$ でこの結論はすぐに出てくる．座標を使わないと，このように，加法から構成しなければならない．

【3】 内分・外分

例2　2 点 A, B を通る直線上で，AP : AB $= \lambda$ をみたす点 P を求めよ．

解　$\boldsymbol{a} = \overrightarrow{\mathrm{OA}}$，$\boldsymbol{b} = \overrightarrow{\mathrm{OB}}$，$\boldsymbol{x} = \overrightarrow{\mathrm{OP}}$ とすると（前ページの上の図参照），

$$\overrightarrow{\mathrm{AP}} = \lambda\cdot\overrightarrow{\mathrm{AB}}$$

でなければならない．$\overrightarrow{\mathrm{AP}} = \boldsymbol{x}-\boldsymbol{a}$，$\overrightarrow{\mathrm{AB}} = \boldsymbol{b}-\boldsymbol{a}$ だから，$\boldsymbol{x}-\boldsymbol{a} = \lambda(\boldsymbol{b}-\boldsymbol{a})$．

これを解いて，

$$\boldsymbol{x} = \boldsymbol{a}+\lambda(\boldsymbol{b}-\boldsymbol{a}),\ \text{または，}\ \boldsymbol{x} = (1-\lambda)\boldsymbol{a}+\lambda\boldsymbol{b} \quad \cdots\cdots (1)$$

また，$1-\lambda = \mu$ とおいて，

$$\boldsymbol{x} = \mu\boldsymbol{a}+\lambda\boldsymbol{b} \quad (\mu+\lambda = 1) \quad \cdots\cdots (2)$$

問5　線分 AB 上の点の位置ベクトルは，$\boldsymbol{x} = \mu\boldsymbol{a}+\lambda\boldsymbol{b}$　$(\mu+\lambda = 1, \mu \geqq 0, \lambda \geqq 0)$ と表わされることを示せ．

問6　2 点 A, B を通る直線上の点で，線分 AB を $k : 1$ の比に分ける（すなわち，AP : PB $= k : 1$ となる）点 P を求めよ．

問7　2 点 A, B を結ぶ線分の中点を求めよ．

例3　2 点$\mathrm{A}(x_1, y_1, z_1)$, $\mathrm{B}(x_2, y_2, z_2)$ を通る直線の方程式を求めよ．

解　例 2 の (1) を成分に分ければよい：

$$\begin{cases} x = x_1+\lambda(x_2-x_1) \\ y = y_1+\lambda(y_2-y_1) \\ z = z_1+\lambda(z_2-z_1) \end{cases}$$

これは，λ を径数とする表示である．

【4】 線型独立と線型従属 一つのベクトル $\overrightarrow{\mathrm{OA}} = \boldsymbol{a}\ (\neq \boldsymbol{0})$ で張られる部分線型空間 $W = [\boldsymbol{a}]$ を考えよう．W の中のベクトルは $\lambda\boldsymbol{a}$ と表わされるから，$\lambda\boldsymbol{a} = \overrightarrow{\mathrm{OB}}$ とおくと，その終点Bは直線OA上にある．逆に，直線OA上の点Bをとり，$\mathrm{OB} : \mathrm{OA} = \lambda$ (Bが半直線OA上にあれば $\lambda > 0$，反対側にあれば $\lambda < 0$ とする）とすると，前項例2にあるように，$\overrightarrow{\mathrm{OB}} = \lambda \cdot \overrightarrow{\mathrm{OA}} = \lambda\boldsymbol{a}$ となる．したがって，$\boldsymbol{a} = \overrightarrow{\mathrm{OA}}\ (\neq \boldsymbol{0})$ で張られる部分線型空間 $W = [\boldsymbol{a}]$ のベクトル $\overrightarrow{\mathrm{OB}}$ の終点Bは，原点Oを通る直線を作る．

次に二つのベクトル $\overrightarrow{\mathrm{OA}} = \boldsymbol{a}$，$\overrightarrow{\mathrm{OB}} = \boldsymbol{b}$ が線型従属であるとしよう．$\boldsymbol{a} \neq \boldsymbol{0}$，$\boldsymbol{b} \neq \boldsymbol{0}$ なら，$\boldsymbol{b} = \lambda\boldsymbol{a}$ の形になるから，上述のように，O, A, Bは一直線をなす．$\boldsymbol{a} = \boldsymbol{0}$ か $\boldsymbol{b} = \boldsymbol{0}$ なら $\mathrm{A} = \mathrm{O}$ か $\mathrm{B} = \mathrm{O}$ だから，O, A, Bはもちろん一直線をなす．したがって，

$$\boldsymbol{a}, \boldsymbol{b}\ \text{が線型従属} \iff \mathrm{OA}, \mathrm{OB}\ \text{が共線}.$$

したがって，$\boldsymbol{a}, \boldsymbol{b}$ が線型独立のときは，O, A, Bは一つの平面を決定する．これを，有向線分OA, OBの張る平面という．このときは，$\boldsymbol{a}, \boldsymbol{b}$ の張る部分線型空間 $W = [\boldsymbol{a}, \boldsymbol{b}]$ の中のベクトルは，

$$\overrightarrow{\mathrm{OC}} = \lambda\boldsymbol{a} + \mu\boldsymbol{b}$$

の形をしているから，その終点Cは，直線OA上の有向線分 $\mathrm{OA}' \longmapsto \lambda\boldsymbol{a}$ と，直線OB上の有向線分 $\mathrm{OB}' \longmapsto \mu\boldsymbol{b}$ を2隣辺とする平行四辺形の第4の頂点になり，平面OAB上にある．逆に，平面OAB上の任意の点Cを通って，OB, OAに平行線をひき，直線OA, OBとの交点をそれぞれA′, B′とすると，$\mathrm{OA}' = \lambda\boldsymbol{a}$

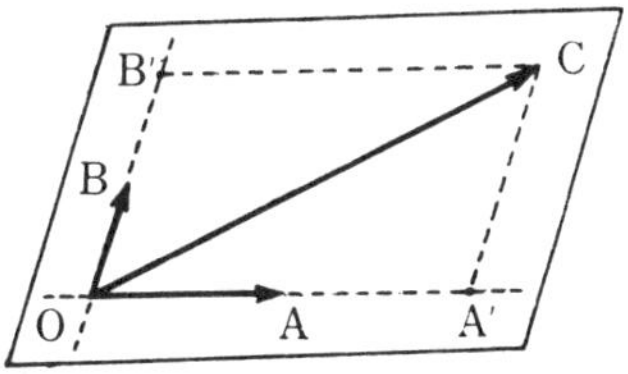

$(\lambda = \mathrm{OA}' : \mathrm{OA})$，$\overrightarrow{\mathrm{OB}'} = \mu\boldsymbol{b}$ $(\mu = \mathrm{OB}' : \mathrm{OB})$ とおけるから，$\overrightarrow{\mathrm{OC}} = \overrightarrow{\mathrm{OA}'} + \overrightarrow{\mathrm{OB}'}$

$= \lambda \boldsymbol{a} + \mu \boldsymbol{b} \in W$ となる．したがって，

線型独立なベクトル $\boldsymbol{a} = \overrightarrow{\mathrm{OA}}$，$\boldsymbol{b} = \overrightarrow{\mathrm{OB}}$ で張られる部分線型空間のベクトルの終点は，原点 O を通る平面を作る．

次に，三つのベクトル $\overrightarrow{\mathrm{OA}} = \boldsymbol{a}$，$\overrightarrow{\mathrm{OB}} = \boldsymbol{b}$，$\overrightarrow{\mathrm{OC}} = \boldsymbol{c}$ が線型従属であるとしよう．このうちたとえば，$\boldsymbol{a}, \boldsymbol{b}$ が線型独立であるとすると，$\boldsymbol{c} \in [\boldsymbol{a}, \boldsymbol{b}]$ となるから，C は平面 OAB 上にある．つまり，OA, OB, OC は同一平面上にある．$\boldsymbol{a}, \boldsymbol{b}, \boldsymbol{c}$ のうち一つ，たとえば $\boldsymbol{a}$ が線型独立で（つまり $\neq \boldsymbol{0}$），$\boldsymbol{a}, \boldsymbol{b}$ と $\boldsymbol{a}, \boldsymbol{c}$ が線型従属であるとすると，$\boldsymbol{b}, \boldsymbol{c} \in [\boldsymbol{a}]$ となるから，B, C は直線 OA 上にあることになり，OA, OB, OC はやはり同一平面上にある．$\boldsymbol{a} = \boldsymbol{b} = \boldsymbol{c} = \boldsymbol{0}$ なら，このことはもちろん成り立つ．したがって，

$$\boldsymbol{a}, \boldsymbol{b}, \boldsymbol{c} \text{ が線型従属} \Longleftrightarrow \text{OA, OB, OC は共面.}$$

だから，$\boldsymbol{a}, \boldsymbol{b}, \boldsymbol{c}$ が線型独立なときは，OA, OB, OC は同一平面上にないから，これらを隣辺とする平行六面体ができる．空間の任意の点 D を通って，面

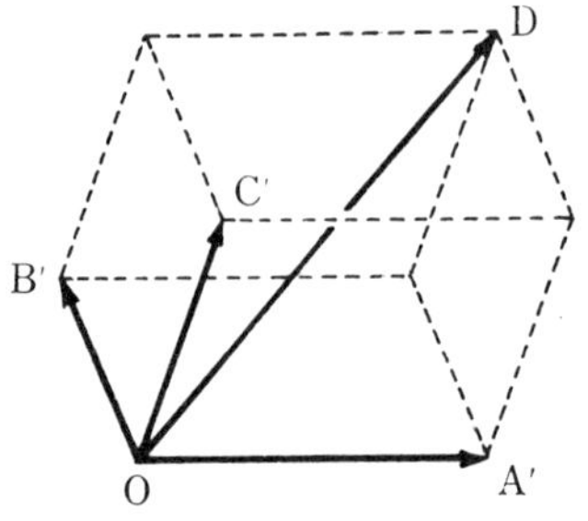

OBC, OCA, OAB に平行な平面をひき，直線 OA, OB, OC との交点をそれぞれ A′, B′, C′ とすると，

$$\overrightarrow{\mathrm{OA'}} = \lambda \boldsymbol{a}, \quad \overrightarrow{\mathrm{OB'}} = \mu \boldsymbol{b}, \quad \overrightarrow{\mathrm{OC'}} = \nu \boldsymbol{c},$$

$$\begin{aligned}\overrightarrow{\mathrm{OD}} &= \overrightarrow{\mathrm{OA'}} + \overrightarrow{\mathrm{OB'}} + \overrightarrow{\mathrm{OC'}} \\ &= \lambda \boldsymbol{a} + \mu \boldsymbol{b} + \nu \boldsymbol{c}\end{aligned}$$

となる．いいかえると，

線型独立なベクトル $\boldsymbol{a}=\overrightarrow{\mathrm{OA}}$，$\boldsymbol{b}=\overrightarrow{\mathrm{OB}}$，$\boldsymbol{c}=\overrightarrow{\mathrm{OC}}$ で張られる部分線型空間のベクトルの終点は，原点Oを通る3次元空間をなす．

以下，次元が高くなっても同様に続けられる．

§3　線型多様体

【1】 直線の特性　直線・平面などは線型図形と総称できるであろうが，それは総じてどんな特色をもっているのだろうか？

まずもっとも単純な直線の場合から考えてみよう．すでに前節の例2にあるように，一つの直線 L 上に2点A, Bをとると，この直線上の任意の点Pに対してベクトル $\overrightarrow{\mathrm{AP}}$ は $\overrightarrow{\mathrm{AB}}$ と共線である．すなわち，$\overrightarrow{\mathrm{AP}}$ はベクトル $\overrightarrow{\mathrm{AB}}=\boldsymbol{m}$ の張る部分線型空間 $W=[\boldsymbol{m}]$ に属する．また，逆にこの部分線型空間の任意の

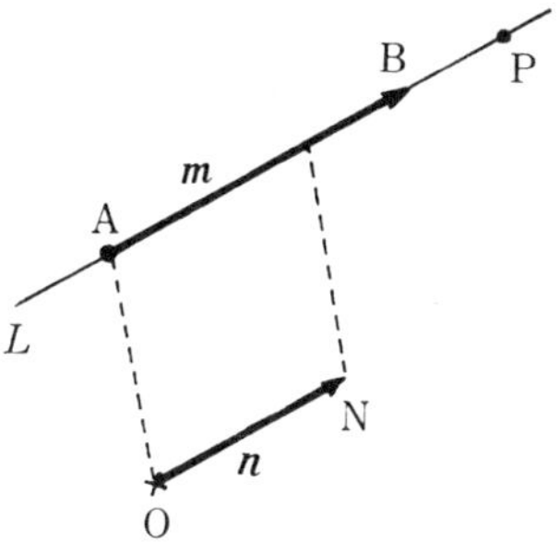

ベクトル $\lambda\boldsymbol{m}$ に対して，$\overrightarrow{\mathrm{AP}}$ なるベクトルが対応するが，これは $\overrightarrow{\mathrm{AB}}=\boldsymbol{m}$ と共線だから，Pは直線 L 上にある．しかも，この部分線型空間 W は，点A, Bのとり方によらずに，直線 L のみによって定まる．なぜなら，たとえば，原点Oを始点として，L に平行な有向線分ONをひくと，$\overrightarrow{\mathrm{AB}}$ に等しく $\overrightarrow{\mathrm{ON}}=\boldsymbol{n}$ と共線なベクトルをひきうるから，$\boldsymbol{m}=a\boldsymbol{n}$ となり $(a\neq 0)$，$W=[\boldsymbol{m}]=[\boldsymbol{n}]$ が成り立つからである．したがって，

直線 L 上に1点Aをとると，L 上の点Pに対して，$\overrightarrow{\mathrm{AP}}$ は線型空間 V の1次元の部分線型空間 W をなす*⁾.

---

*⁾ L の上に原点Aをとれば，ベクトル $\overrightarrow{\mathrm{AP}}$ が V の1次元部分線型空間になるということ．

一方，直線 L 上の点Pの位置ベクトル $\boldsymbol{x}$ は，やはり前節の例2にあるように，A, Bの位置ベクトル $\boldsymbol{a}, \boldsymbol{b}$ によって，

$$\boldsymbol{x} = \mu\boldsymbol{a} + \lambda\boldsymbol{b} \qquad (\mu + \lambda = 1)$$

と表わされた．この関係は，しかし，実は原点Oのとり方にはよらない．他の原点O′をとって，$\overrightarrow{\mathrm{OO'}} = \boldsymbol{c}$, O′ に関するP, A, Bの位置ベクトルを $\boldsymbol{x}', \boldsymbol{a}', \boldsymbol{b}'$ とすると，$\boldsymbol{x} = \overrightarrow{\mathrm{OP}} = \overrightarrow{\mathrm{OO'}} + \overrightarrow{\mathrm{O'P}} = \boldsymbol{c} + \boldsymbol{x}'$，$\boldsymbol{a} = \boldsymbol{c} + \boldsymbol{a}', \boldsymbol{b} = \boldsymbol{c} + \boldsymbol{b}'$ となるから，上の等式に代入して，

$$\boldsymbol{c} + \boldsymbol{x}' = \mu(\boldsymbol{c} + \boldsymbol{a}') + \lambda(\boldsymbol{c} + \boldsymbol{b}')$$

$\mu + \lambda = 1$ を利用すれば，これより，同様の関係 $\boldsymbol{x}' = \mu\boldsymbol{a}' + \lambda\boldsymbol{b}'$ が得られる．

そこで，いっそのこと，

$$\mathrm{P} = \mu\mathrm{A} + \lambda\mathrm{B} \qquad (\mu + \lambda = 1)$$

と書いても，誤解の恐れはない．これは，任意の点Oについて，$\overrightarrow{\mathrm{OP}} = \mu\overrightarrow{\mathrm{OA}} + \lambda\overrightarrow{\mathrm{OB}}$ のことだと思えばよいからである．したがって，L は点集合として，

$$L = \{\mathrm{P} \mid \mathrm{P} = \mu\mathrm{A} + \lambda\mathrm{B},\ \mu + \lambda = 1\}$$

と表わされることになる．

【2】 線型多様体　これを一般化すると，次のようになろう．

定義7　線型多様体 L とは，次の同値な条件をみたす集合のことをいう．

(A)　L 上の点Aに対して $W = \{\overrightarrow{\mathrm{AP}} \mid \mathrm{P} \in L\}$*) は V の部分線型空間．

(B)　L 上の適当な点 $\mathrm{A}_0, \mathrm{A}_1, \cdots\cdots, \mathrm{A}_r$ に対して $L = \left\{\mathrm{P} \mid \mathrm{P} = \sum_{i=0}^{r} \lambda_i \mathrm{A}_i,\ \sum_{i=0}^{r} \lambda_i = 1\right\}$**).

(B)のPのことを $\mathrm{A}_0, \mathrm{A}_1, \cdots\cdots, \mathrm{A}_r$ の(重さ λ_i に関する)**重心**ということがある***)****).

問8　(A)の W は L 上の点Aのとり方によらぬことを示せ．

問9　(B)が成り立てば，L 上の任意の点 $\mathrm{B}_0, \mathrm{B}_1, \cdots\cdots, \mathrm{B}_s$ と $\sum_{j=0}^{s} \mu_j = 1$ とに

---

*)　その上に原点Aをとれば，$\overrightarrow{\mathrm{AP}}$ の全体が部分線型空間になるということ．

**)　$\overrightarrow{\mathrm{OP}} = \sum_{i=0}^{r} \lambda_i \overrightarrow{\mathrm{OA}_i}$ という関係は，点Oのとり方によらぬことに注意する．

***)　だから，(B)は適当な点をとると，その重心全体になるということ．

****)　$\lambda_i = 1/(r+1)$ のときがふつうの重心．

対して，$\mathrm{P}=\sum_{j=0}^{s}\mu_j\mathrm{B}_j\in L$ が成り立つことを示せ．

上の二つの定義(A),(B)が同値であることを示そう．

(A) ⇒ (B)：W の基底 $\boldsymbol{a}_i=\overrightarrow{\mathrm{AA}_i}$　$(i=1,2,\cdots\cdots,r)$ をとり，$\mathrm{A}_0=\mathrm{A}$ とおく．L 上の任意の点 P に対して，$\overrightarrow{\mathrm{AP}}\in W$ だから，$\overrightarrow{\mathrm{AP}}$ は次のように書ける．

$$\overrightarrow{\mathrm{AP}}=\sum_{i=1}^{r}\lambda_i\overrightarrow{\mathrm{AA}_i}=\left(1-\sum_{i=1}^{r}\lambda_i\right)\overrightarrow{\mathrm{AA}_0}+\sum_{i=1}^{r}\lambda_i\overrightarrow{\mathrm{AA}_i}\quad\cdots\cdots\cdots\cdots\cdots\cdots\ (1)$$

したがって，$\lambda_0=1-\sum_{i=1}^{r}\lambda_i$ とおけばよい*)．逆に，$\mathrm{P}=\sum_{i=0}^{r}\lambda_i\mathrm{A}_i$ なら $\overrightarrow{\mathrm{AP}}=\sum_{i=0}^{r}\lambda_i\overrightarrow{\mathrm{AA}_i}=\sum_{i=1}^{r}\lambda_i\overrightarrow{\mathrm{AA}_i}\in W$ だから**)，$\mathrm{P}\in L$ となる．

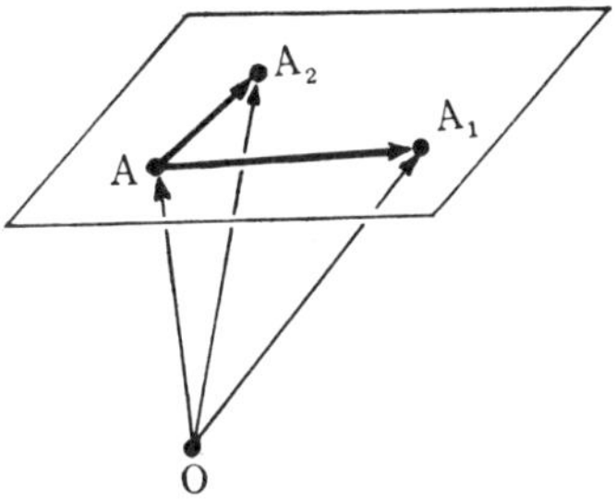

(B) ⇒ (A)：$\mathrm{A}=\mathrm{A}_0$ にとり，$\overrightarrow{\mathrm{AA}_i}=\boldsymbol{a}_i$　$(i=1,2,\cdots\cdots,r)$ の張る部分線型空間を W とする．L 上の点 P に対して，$\mathrm{P}=\sum_{i=0}^{r}\lambda_i\mathrm{A}_i$ だから，とくに，$\overrightarrow{\mathrm{AP}}=\sum_{i=0}^{r}\lambda_i\overrightarrow{\mathrm{AA}_i}=\sum_{i=1}^{r}\lambda_i\overrightarrow{\mathrm{AA}_i}=\sum_{i=1}^{r}\lambda_i\boldsymbol{a}_i\in W$ となる**)．逆に，$\overrightarrow{\mathrm{AP}}\in W$ とすると，(1) より $\mathrm{P}=\sum_{i=0}^{r}\lambda_i\mathrm{A}_i$ となり，$\mathrm{P}\in L$ が導かれる．

こうして，二つの性質の同値性が示されたが，(A)によって対応する部分線型空間 $W(\subset V)$ を L の**方向**とよぶことにする．さらに，(B)によって，L は点 $\mathrm{A}_0,\mathrm{A}_1,\cdots\cdots,\mathrm{A}_r$ によって張られるという．W の次元を L の**次元**というが，(B)の点の数はその次元 r に 1 加えた $r+1$ 個にとれることがわかった***)．

---

*) $\overrightarrow{\mathrm{AA}_0}=\mathbf{0}$ に注意！

**) $\overrightarrow{\mathrm{AP}}$ の全体が部分線型空間 W であったことに注意．

***) このような点 A_i は，アフィン独立であるということがある．

例 4　3点 $A_i(x_i, y_i, z_i)$ $(i=0,1,2)$ を通る平面の方程式を求めよ．

解　A_i の位置ベクトルを $\boldsymbol{a}_i$ $(i=0,1,2)$ とおくと，(B) より，

$$\boldsymbol{x}=\nu\boldsymbol{a}_0+\lambda\boldsymbol{a}_1+\mu\boldsymbol{a}_2 \qquad (\nu+\lambda+\mu=1)$$

あるいは，$\nu=1-\lambda-\mu$ によって ν を消去して，

$$\boldsymbol{x}=\boldsymbol{a}_0+\lambda(\boldsymbol{a}_1-\boldsymbol{a}_0)+\mu(\boldsymbol{a}_2-\boldsymbol{a}_0).$$

これを各成分に分解すれば，求める方程式が得られる*)．

§4　内　積　と　角

【1】 内積　n 項行ベクトル $\boldsymbol{a}=(x_1, x_2, \cdots\cdots, x_n)$，$\boldsymbol{b}=(y_1, y_2, \cdots\cdots, y_n)$ があるとき，$\boldsymbol{b}$ を転置した ${}^t\boldsymbol{b}$ は n 項列ベクトルだから，行列の積 $\boldsymbol{a}\cdot{}^t\boldsymbol{b}$ を作ると1行1列の行列，つまり一つの数

$$(\boldsymbol{a}, \boldsymbol{b})=\boldsymbol{a}\,{}^t\boldsymbol{b}=x_1y_1+x_2y_2+\cdots\cdots+x_ny_n \quad \cdots\cdots\cdots\cdots\cdots\cdots\cdots \ (1)$$

が得られる．これを，ベクトル $\boldsymbol{a}$ と $\boldsymbol{b}$ の**内積** (inner product) といい**)，$(\boldsymbol{a}, \boldsymbol{b})$ で表わす***)．行列の乗法の性質から，

$$\left.\begin{array}{ll} 1^\circ & (\boldsymbol{a}_1+\boldsymbol{a}_2, \boldsymbol{b})=(\boldsymbol{a}_1, \boldsymbol{b})+(\boldsymbol{a}_2, \boldsymbol{b}) \\ 2^\circ & (\lambda\boldsymbol{a}, \boldsymbol{b})=\lambda(\boldsymbol{a}, \boldsymbol{b}) \end{array}\right\}(\text{線型性})$$

はすぐにわかる．さらに，1行1列の行列は転置しても変わらぬから，
${}^t(\boldsymbol{a}\,{}^t\boldsymbol{b})={}^{tt}\boldsymbol{b}\,{}^t\boldsymbol{a}=\boldsymbol{b}\,{}^t\boldsymbol{a}$ と書いても同じことである****)．すなわち，

$$3^\circ \quad (\boldsymbol{a}, \boldsymbol{b})=(\boldsymbol{b}, \boldsymbol{a}) \qquad (\text{対称性})$$

したがって，$1^\circ, 2^\circ$ の線型性はあとの変数 $\boldsymbol{b}$ についても成り立つ．すなわち，内積 $(\boldsymbol{a}, \boldsymbol{b})$ は，双線型関数である． しかし，さらに，$(\boldsymbol{a}, \boldsymbol{a})=x_1{}^2+x_2{}^2+\cdots\cdots+x_n{}^2$ を考えると，これは $\geqq 0$ で，0になるのは，$x_1=x_2=\cdots\cdots=x_n=0$ のとき，つまり $\boldsymbol{a}=\boldsymbol{0}$ (零ベクトル) のときに限る*****)．

---

*) 実際，分解して書き直すこと．これは径数表示の方程式である．

) かけた結果がスカラーなので，物理や工学の人はスカラー積**とよぶこともある．

***) 内積の記法も，$\boldsymbol{a}\cdot\boldsymbol{b}$ と書く流儀もあるが，行列の乗法とまぎらわしいので，ここでは $(\boldsymbol{a}, \boldsymbol{b})$ と書く．

****) これは，内積の式 (1) からもすぐにわかることである．

*****) 係数体が複素数体 $\boldsymbol{C}$ のときは，内積は $x_1\bar{y}_1+x_2\bar{y}_2+\cdots\cdots+x_n\bar{y}_n$ で定義する． このときは 3° の代わりに，$3^{\circ\prime}$ $(\boldsymbol{a}, \boldsymbol{b})=\overline{(\boldsymbol{b}, \boldsymbol{a})}$ となる．

4° $(\boldsymbol{a},\boldsymbol{a})\geqq 0,\quad (\boldsymbol{a},\boldsymbol{a})=0 \Longleftrightarrow \boldsymbol{a}=\boldsymbol{0}$ （正値性）

☞ 行列の積の他に，わざわざ内積なるものを考え，これに特別の記法をあてがうのには理由がある．一つは，すぐあとに述べるように，(1) の形の量が，長さとか角などの幾何学的概念と深く結びついていることである．もう一つの理由は，(1) の形の積が，単価×数量，密度×体積，速度×時間のような量の間の算法の自然な拡張になっ

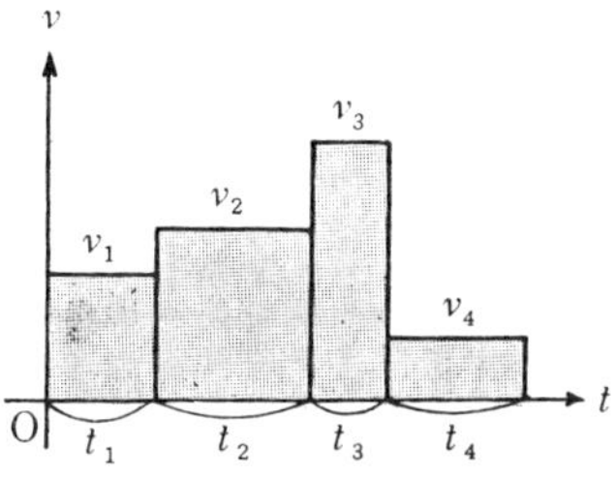

ていることである．たとえば，動き始めて最初の時間 t_1 は速度 v_1 で，次の時間 t_2 は速度 v_2 で，……で進んだものとすれば（たとえば歩き，バスに乗り，電車にのり，……としたものとすれば），進んだ長さは，

$$v_1t_1+v_2t_2+\cdots\cdots+v_nt_n$$

のように，内積の形になる．このように階段的 (stepwise) でなく，速度 $v(t)$ で連続的に変化して進んだとすれば，定積分 $\int_0^a v(t)dt$ となるが，これ自体，内積の拡張とも考えられる．

問10 $(\sum\lambda_i\boldsymbol{a}_i,\boldsymbol{b})=\sum\lambda_i(\boldsymbol{a}_i,\boldsymbol{b})$ の成り立つことを示せ．

問11 $(-\boldsymbol{a},\boldsymbol{b})=(\boldsymbol{a},-\boldsymbol{b})=-(\boldsymbol{a},\boldsymbol{b}),\quad (\boldsymbol{0},\boldsymbol{b})=(\boldsymbol{a},\boldsymbol{0})=0$ の成り立つことを示せ．

問12 $(\boldsymbol{a}+\boldsymbol{b},\boldsymbol{a}-\boldsymbol{b})=(\boldsymbol{a},\boldsymbol{a})-(\boldsymbol{b},\boldsymbol{b})$ を示せ．

問13 双線型関数は $f(\boldsymbol{a},\boldsymbol{b})=\sum_{i,j}A_{ij}x_iy_j$ の形となることを示せ*)．

【2】 長さ 内積の性質 4° から，$(\boldsymbol{a},\boldsymbol{a})$ は負でないので，

$$|\boldsymbol{a}|=\sqrt{(\boldsymbol{a},\boldsymbol{a})}=\sqrt{x_1^2+x_2^2+\cdots\cdots+x_n^2} \quad\cdots\cdots\cdots\cdots\cdots\cdots\cdots\cdots \text{(2)}$$

をベクトル $\boldsymbol{a}$ の**長さ**といい，$|\boldsymbol{a}|$ と書く**)．これについて

---

*) $\boldsymbol{a}=\sum_{i=1}^n x_i\boldsymbol{e}_i,\ \boldsymbol{b}=\sum_{i=1}^n y_i\boldsymbol{e}_i$ と表わせ．

) 一名ノルム**ともいい，$\|\boldsymbol{a}\|$ と表わすこともある．$\boldsymbol{a}$ がただの数 (a) のときは，$|\boldsymbol{a}|=\sqrt{a^2}=|a|$ で数の絶対値に一致するから，ここでは，$|\boldsymbol{a}|$ で表わした．

5°　$|\boldsymbol{a}| \geqq 0$, 等号は $\boldsymbol{a}=\boldsymbol{0}$ のときにかぎる.

6°　$|\lambda \boldsymbol{a}| = |\lambda|\cdot|\boldsymbol{a}|$

長さ1のベクトルを**単位ベクトル**とよぶ.

【3】 距離　2次元の平面上や3次元のユークリッド空間においては，ピタゴラスの定理によって，$\boldsymbol{a}=\overrightarrow{\mathrm{OA}}$ の長さ$|\boldsymbol{a}|$は文字通り線分 OA の長さになる．し

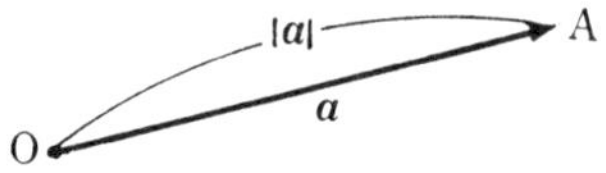

たがって，2点 P, Q の距離は，$\overrightarrow{\mathrm{OP}}=\boldsymbol{x}$, $\overrightarrow{\mathrm{OQ}}=\boldsymbol{y}$ とおくと，$\overrightarrow{\mathrm{PQ}}=\overrightarrow{\mathrm{OQ}}-\overrightarrow{\mathrm{OP}}$ だから,

$$d(\mathrm{P},\mathrm{Q}) = |\overrightarrow{\mathrm{PQ}}| = |\boldsymbol{y}-\boldsymbol{x}| \quad \cdots\cdots (3)$$

となる*).

【4】 内積の性質　二つのベクトル $\boldsymbol{a}, \boldsymbol{b}$ と任意の実数 t に対して,

$$\begin{aligned}(\boldsymbol{a}-t\boldsymbol{b}, \boldsymbol{a}-t\boldsymbol{b}) &= (\boldsymbol{a},\boldsymbol{a})-(\boldsymbol{a},t\boldsymbol{b})-(t\boldsymbol{b},\boldsymbol{a})+(t\boldsymbol{b},t\boldsymbol{b})\\ &= (\boldsymbol{a},\boldsymbol{a})-2t(\boldsymbol{a},\boldsymbol{b})+t^2(\boldsymbol{b},\boldsymbol{b}),\end{aligned}$$

すなわち

$$|\boldsymbol{a}-t\boldsymbol{b}|^2 = |\boldsymbol{a}|^2-2t(\boldsymbol{a},\boldsymbol{b})+t^2|\boldsymbol{b}|^2 \quad \cdots\cdots (4)$$

が成り立つ．この式の左辺はつねに $\geqq 0$ だから，$\boldsymbol{b} \neq \boldsymbol{0}$ とすると，右辺の (t に関する) 2次式の判別式は $\leqq 0$ でなければならない**)．したがって,

$$(\boldsymbol{a},\boldsymbol{b})^2-|\boldsymbol{a}|^2|\boldsymbol{b}|^2 \leqq 0 \text{ より } |(\boldsymbol{a},\boldsymbol{b})| \leqq |\boldsymbol{a}|\cdot|\boldsymbol{b}|$$

が成り立つ．この不等式は $\boldsymbol{b}=\boldsymbol{0}$ の場合には, $0 \leqq 0$ で明らかに成り立つから,

定理1　任意の二つのベクトル $\boldsymbol{a}, \boldsymbol{b}$ に対して,

$$|(\boldsymbol{a},\boldsymbol{b})| \leqq |\boldsymbol{a}|\cdot|\boldsymbol{b}| \quad \cdots\cdots (5)$$

これを成分で書くと，$\boldsymbol{a}=(x_1, x_2, \cdots\cdots, x_n)$, $\boldsymbol{b}=(y_1, y_2, \cdots\cdots, y_n)$ として,

$$\left(\sum_{i=1}^{n} x_i y_i\right)^2 \leqq \sum_{i=1}^{n} x_i^2 \sum_{i=1}^{n} y_i^2$$

---

*) 一般の n 次元空間では，逆に (3) で2点間の距離を定義する.

**) 2次式 $f(t)=at^2+bt+c$ がつねに $\geqq 0$ であるための条件は，判別式 $b^2-4ac \leqq 0$.

となる*).

次に，等式(4)で，$t=-1$ とおくと，定理1を利用して，

$$|\boldsymbol{a}+\boldsymbol{b}|^2=|\boldsymbol{a}|^2+2(\boldsymbol{a},\boldsymbol{b})+|\boldsymbol{b}|^2$$
$$\leqq |\boldsymbol{a}|^2+2|\boldsymbol{a}|\cdot|\boldsymbol{b}|+|\boldsymbol{b}|^2=(|\boldsymbol{a}|+|\boldsymbol{b}|)^2 \quad\cdots\cdots\cdots\cdots (6)$$

となるから，

7° $|\boldsymbol{a}+\boldsymbol{b}|\leqq|\boldsymbol{a}|+|\boldsymbol{b}|$ （三角不等式）

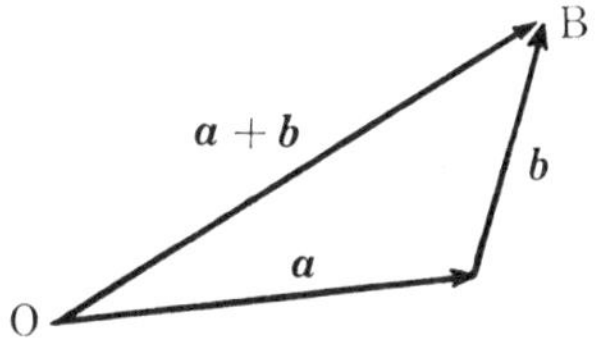

が成り立つ．幾何学的にいえば，これは，三角形（極端な場合として，線分の場合も含む）の一辺の長さが他の2辺の長さの和をこえないことを意味する**).

問14 $||\boldsymbol{a}|-|\boldsymbol{b}||\leqq|\boldsymbol{a}-\boldsymbol{b}|$ を証明せよ．

問15 $|\boldsymbol{a}+\boldsymbol{b}|^2+|\boldsymbol{a}-\boldsymbol{b}|^2=2(|\boldsymbol{a}|^2+|\boldsymbol{b}|^2)$（中線定理）の成り立つことを示せ．

問16 空間の3点P, Q, Rについて，$d(\mathrm{P},\mathrm{R})\leqq d(\mathrm{P},\mathrm{Q})+d(\mathrm{Q},\mathrm{R})$（三角不等式）の成り立つことを証明せよ．

【5】 角 平面上に二つの $\boldsymbol{0}$ でないベクトル $\overrightarrow{\mathrm{OA}}=\boldsymbol{a}$, $\overrightarrow{\mathrm{OB}}=\boldsymbol{b}$ があるとき，$\angle\mathrm{AOB}=$ 直角なら，ピタゴラスの定理より，$\mathrm{AB}^2=\mathrm{OA}^2+\mathrm{OB}^2$，すなわち，

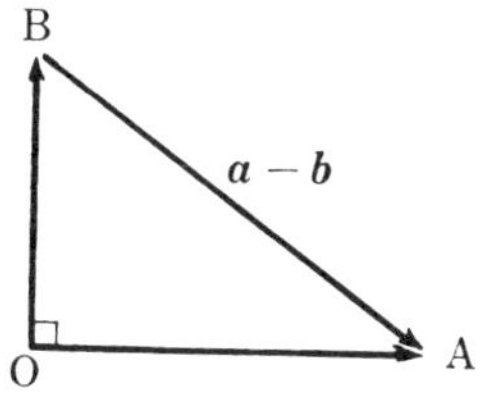

*) この不等式を**シュワルツ** (Schwarz) **の不等式**ということがある．

**) 逆に三角不等式が成り立てば，(6)から $(\boldsymbol{a},\boldsymbol{b})\leqq|\boldsymbol{a}|\cdot|\boldsymbol{b}|$ が得られる．$\boldsymbol{b}$ の代わりに $-\boldsymbol{b}$ を用いてよいから，(5)と(6)は同値である．

$|\boldsymbol{a}-\boldsymbol{b}|^2=|\boldsymbol{a}|^2+|\boldsymbol{b}|^2$ が成り立つ．一方，等式(4)で $t=1$ とおくと，

$$|\boldsymbol{a}-\boldsymbol{b}|^2=|\boldsymbol{a}|^2-2(\boldsymbol{a},\boldsymbol{b})+|\boldsymbol{b}|^2.$$

この二つの等式を比較すると，

$$\angle \mathrm{AOB}=\text{直角} \iff |\boldsymbol{a}-\boldsymbol{b}|^2=|\boldsymbol{a}|^2+|\boldsymbol{b}|^2 \iff (\boldsymbol{a},\boldsymbol{b})=0$$

が成り立つ．そこで，3次元以上の場合にも，$(\boldsymbol{a},\boldsymbol{b})=0$ なら，二つのベクトル $\boldsymbol{a},\boldsymbol{b}$ は**直交**するといい，$\boldsymbol{a}\perp\boldsymbol{b}$ と書くことにする．

問17　$\boldsymbol{a}\perp\boldsymbol{b}, \boldsymbol{a}\perp\boldsymbol{c}$ のとき $\boldsymbol{a}\perp(\lambda\boldsymbol{b}+\mu\boldsymbol{c})$ となることを示せ*)．

一方，前項の等式(4)で，$\boldsymbol{b}\neq\boldsymbol{0}$ とすると，$|\boldsymbol{b}|\neq 0$ だから，

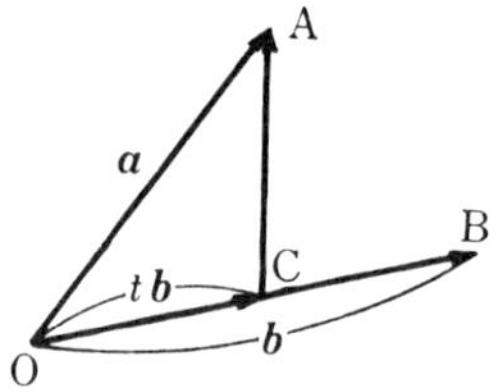

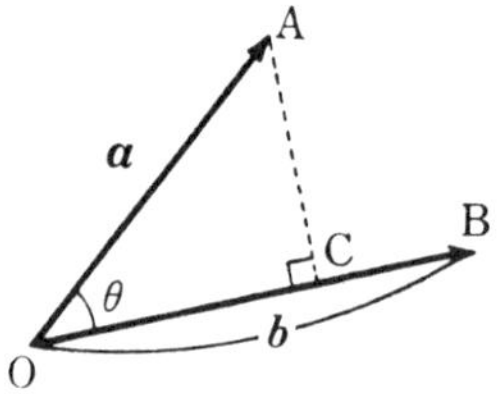

$$|\boldsymbol{a}-t\boldsymbol{b}|^2=\left(t|\boldsymbol{b}|-\frac{(\boldsymbol{a},\boldsymbol{b})}{|\boldsymbol{b}|}\right)^2+|\boldsymbol{a}|^2-\frac{(\boldsymbol{a},\boldsymbol{b})^2}{|\boldsymbol{b}|^2} \quad\cdots\cdots\cdots\cdots (7)$$

と変形できる．$t\boldsymbol{b}=\overrightarrow{\mathrm{OC}}$ は直線 $\overrightarrow{\mathrm{OB}}$ 上にあるから，$\boldsymbol{a}-t\boldsymbol{b}=\overrightarrow{\mathrm{CA}}$ より，$|\boldsymbol{a}-t\boldsymbol{b}|$ は $\boldsymbol{a}$ の終点Aから直線OB上の点Cにいたる距離を表わす．これが最小になるときを考えると，(7)の右辺の(　　)^2 の中が0だから，$(\boldsymbol{a}-t\boldsymbol{b},\boldsymbol{b})=(\boldsymbol{a},\boldsymbol{b})-t|\boldsymbol{b}|^2$ を考慮すると，

$$|\boldsymbol{a}-t\boldsymbol{b}|:\text{最小} \iff t|\boldsymbol{b}|=\frac{(\boldsymbol{a},\boldsymbol{b})}{|\boldsymbol{b}|} \iff t|\boldsymbol{b}|^2=(\boldsymbol{a},\boldsymbol{b})$$
$$\iff (\boldsymbol{a}-t\boldsymbol{b},\boldsymbol{b})=0 \iff \boldsymbol{a}-t\boldsymbol{b}\text{ と }\boldsymbol{b}\text{ が直交}$$

*) したがって，一つのベクトル $\boldsymbol{a}$ に直交するベクトルは部分線型空間を作る．また，二つのベクトル $\boldsymbol{b},\boldsymbol{c}$ と直交するベクトルは，$\boldsymbol{b},\boldsymbol{c}$ の張る平面に垂直である．

このときは*⁾，$\angle \mathrm{AOB}=\theta$ とおくと，$\angle \mathrm{ACO}=$ 直角だから，$t|\boldsymbol{b}|=|\boldsymbol{a}|\cos\theta$ が成り立つ．したがって，$t|\boldsymbol{b}|^2=(\boldsymbol{a},\boldsymbol{b})$ を書き直すと，

定理 2　$$(\boldsymbol{a},\boldsymbol{b})=|\boldsymbol{a}|\cdot|\boldsymbol{b}|\cos\theta \quad\cdots\cdots\cdots\cdots (8)$$

この(8)が，$\boldsymbol{b}=\boldsymbol{0}$ のときにも成り立つことは明白である．

3次元以上の場合には，二つのベクトル $\boldsymbol{a}=\overrightarrow{\mathrm{OA}}$ と $\boldsymbol{b}=\overrightarrow{\mathrm{OB}}$ のなす角 θ を逆に(8)の関係によって定義する**⁾．この等式(8)は特別の場合として，直交関係を含み，さらに，定理1のシュワルツの不等式の精密化とも考えられる．

問18　$t|\boldsymbol{b}|=|\boldsymbol{a}|\cos\theta$ が t の正負にかかわらず成り立つことをたしかめよ．

問19　三角形の余弦定理：$|\boldsymbol{a}-\boldsymbol{b}|^2=|\boldsymbol{a}|^2+|\boldsymbol{b}|^2-2|\boldsymbol{a}|\cdot|\boldsymbol{b}|\cos\theta$ を導け．

問20　2点 $\mathrm{A}(3,4,5)$，$\mathrm{B}(5,-3,4)$ に対して，$\angle \mathrm{AOB}$ を求めよ．

問21　二つのベクトル $\boldsymbol{a},\boldsymbol{b}$ が線型従属であるための必要十分条件は，$|(\boldsymbol{a},\boldsymbol{b})|=|\boldsymbol{a}|\cdot|\boldsymbol{b}|$ であることを示せ．

問22　点 P, Q から直線 g 上へひいた垂線の足を P′, Q′ とするとき，$\overrightarrow{\mathrm{P'Q'}}$ を $\overrightarrow{\mathrm{PQ}}$ の g 上への**正射影**という．$\overrightarrow{\mathrm{PQ}}=\boldsymbol{a}$ とし，g 上の単位ベクトルを $\boldsymbol{n}$ とすると，$\overrightarrow{\mathrm{P'Q'}}=(\boldsymbol{a},\boldsymbol{n})\boldsymbol{n}$ となる．

§5　ベクトル積と面積

【1】 平面上でのベクトル積　平面上の二つのベクトル $\overrightarrow{\mathrm{OA}}=\boldsymbol{a}=(x_1,y_1)$ と $\overrightarrow{\mathrm{OB}}=\boldsymbol{b}=(x_2,y_2)$ に対して，行列式

$$\begin{vmatrix} x_1 & y_1 \\ x_2 & y_2 \end{vmatrix}=x_1y_2-x_2y_1$$

を $D(\boldsymbol{a},\boldsymbol{b})$ と表わす．点 A, B の極座標をそれぞれ (r_1,θ_1), (r_2,θ_2) とすると，

$$x_i=r_i\cos\theta_i,\quad y_i=r_i\sin\theta_i \qquad (i=1,2)$$

だから，

---

*⁾　したがって，点から直線への最短路が垂線であることが示された．

**⁾　すなわち，$\cos\theta=(\boldsymbol{a},\boldsymbol{b})/|\boldsymbol{a}|\cdot|\boldsymbol{b}|$ をみたす θ の値 $(0\leqq\theta<2\pi)$ によって角を定義する．

$$D(\boldsymbol{a}, \boldsymbol{b}) = r_1 r_2 \cos\theta_1 \sin\theta_2 - r_1 r_2 \sin\theta_1 \cos\theta_2$$
$$= r_1 r_2 \sin(\theta_2 - \theta_1)$$

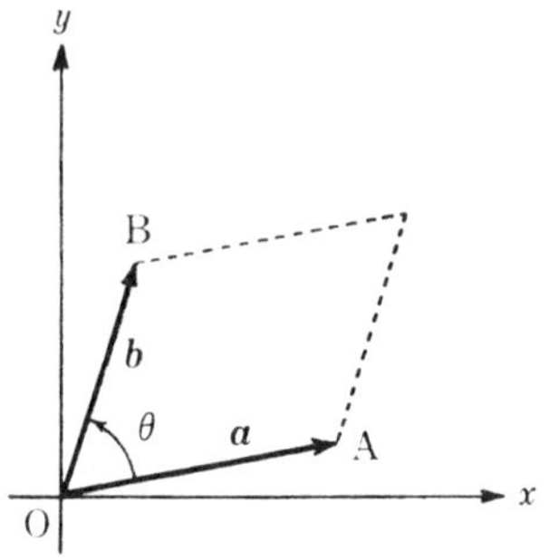

となる．したがって，ベクトル $\boldsymbol{a}, \boldsymbol{b}$ が線型従属なら，$\theta_2 - \theta_1 = 0$ か π で $D(\boldsymbol{a}, \boldsymbol{b}) = 0$ となる．一方，$\boldsymbol{a}, \boldsymbol{b}$ が線型独立なら，$\theta = \theta_2 - \theta_1$ は OA と OB のなす角 ∠AOB を OA から OB の方向へ測ったものとなり，

$$D(\boldsymbol{a}, \boldsymbol{b}) = |\boldsymbol{a}|\cdot|\boldsymbol{b}|\sin\theta \quad \cdots\cdots\cdots\cdots \quad (1)$$

が成り立つ．この値は，OA, OB を 2 隣辺とする平行四辺形の面積に正負の符号をつけたもので*)，(座標系が右手系なら) OA を時計の針の回転と反対の向きに (180° 以下の角だけ) まわして OB に重なるとき，符号は＋，そうでないとき－である．そこで，前者の場合に二つのベクトル系 $\{\boldsymbol{a}, \boldsymbol{b}\}$ は**正系**であるといい，後者の場合に**負系**であるということにする．

定理 3　$D(\boldsymbol{a}, \boldsymbol{b})$ は $\boldsymbol{a}, \boldsymbol{b}$ を 2 隣辺とする平行四辺形の面積に，$\{\boldsymbol{a}, \boldsymbol{b}\}$ が正系なら＋，負系なら－の符号をつけたものである．

系 1　$\{\boldsymbol{a}, \boldsymbol{b}\}$：正系 $\Longleftrightarrow D(\boldsymbol{a}, \boldsymbol{b}) > 0.$

系 2　$\{\boldsymbol{a}, \boldsymbol{b}\}$：線型従属 $\Longleftrightarrow D(\boldsymbol{a}, \boldsymbol{b}) = 0.$

【2】 3次元空間でのベクトル積　3次元ユークリッド空間の二つのベクトル $\overrightarrow{\mathrm{OA}} = \boldsymbol{a} = (x_1, y_1, z_1)$，$\overrightarrow{\mathrm{OB}} = \boldsymbol{b} = (x_2, y_2, z_2)$ に対して，行列 $\begin{pmatrix} \boldsymbol{a} \\ \boldsymbol{b} \end{pmatrix} = \begin{pmatrix} x_1 & y_1 & z_1 \\ x_2 & y_2 & z_2 \end{pmatrix}$

*) 面積にこのように符号をつけないと，$\boldsymbol{a}, \boldsymbol{b}$ について線型性が成り立たない．

の２次の小行列式を成分とするベクトル*)

$$\boldsymbol{a}\times\boldsymbol{b}=\left(\begin{vmatrix} y_1 & z_1 \\ y_2 & z_2 \end{vmatrix}, \begin{vmatrix} z_1 & x_1 \\ z_2 & x_2 \end{vmatrix}, \begin{vmatrix} x_1 & y_1 \\ x_2 & y_2 \end{vmatrix}\right) \quad\cdots\cdots\cdots\cdots (2)$$

を $\boldsymbol{a}, \boldsymbol{b}$ の**ベクトル積**といい，$\boldsymbol{a}\times\boldsymbol{b}$ と書く**).

ベクトル積については，次の等式の成り立つことは容易にたしかめられる．

$$\left.\begin{aligned} &1^\circ \quad (\boldsymbol{a}_1+\boldsymbol{a}_2)\times\boldsymbol{b}=\boldsymbol{a}_1\times\boldsymbol{b}+\boldsymbol{a}_2\times\boldsymbol{b} \\ &2^\circ \quad (\lambda\boldsymbol{a})\times\boldsymbol{b}=\lambda(\boldsymbol{a}\times\boldsymbol{b}) \end{aligned}\right\}\text{(線型性)}$$

3° $\boldsymbol{a}\times\boldsymbol{b}=-\boldsymbol{b}\times\boldsymbol{a}$ 　（交代性）

4° $\boldsymbol{e}_1=(1,0,0)$, $\boldsymbol{e}_2=(0,1,0)$, $\boldsymbol{e}_3=(0,0,1)$ のとき，$\boldsymbol{e}_1\times\boldsymbol{e}_2=\boldsymbol{e}_3$

5° $\boldsymbol{a}\times\boldsymbol{b}=\boldsymbol{0} \Longleftrightarrow \dfrac{x_1}{x_2}=\dfrac{y_1}{y_2}=\dfrac{z_1}{z_2} \Longleftrightarrow \boldsymbol{b}=\lambda\boldsymbol{a}$

第３のベクトル $\overrightarrow{\mathrm{OC}}=\boldsymbol{c}=(x_3, y_3, z_3)$ が与えられたとすると，

$$\begin{aligned}(\boldsymbol{a}\times\boldsymbol{b}, \boldsymbol{c}) &= \begin{vmatrix} y_1 & z_1 \\ y_2 & z_2 \end{vmatrix} x_3 + \begin{vmatrix} z_1 & x_1 \\ z_2 & x_2 \end{vmatrix} y_3 + \begin{vmatrix} x_1 & y_1 \\ x_2 & y_2 \end{vmatrix} z_3 \\ &= \begin{vmatrix} x_1 & y_1 & z_1 \\ x_2 & y_2 & z_2 \\ x_3 & y_3 & z_3 \end{vmatrix} \quad\cdots\cdots\cdots\cdots (3)\end{aligned}$$

となるが，この式を $D(\boldsymbol{a}, \boldsymbol{b}, \boldsymbol{c})$ と表わす．行列式の二つの行を交換すると符号が変わるから，とくに，

$$(\boldsymbol{a}\times\boldsymbol{b}, \boldsymbol{c})=(\boldsymbol{b}\times\boldsymbol{c}, \boldsymbol{a})=(\boldsymbol{c}\times\boldsymbol{a}, \boldsymbol{b}).$$

さらに，二つの行が一致すると行列式の値は０となるから，

$$(\boldsymbol{a}\times\boldsymbol{b}, \boldsymbol{a})=(\boldsymbol{a}\times\boldsymbol{b}, \boldsymbol{b})=0 \quad\cdots\cdots\cdots\cdots (4)$$

つまり，ベクトル $\boldsymbol{a}\times\boldsymbol{b}$ は，ベクトル $\overrightarrow{\mathrm{OA}}=\boldsymbol{a}$ にも，$\overrightarrow{\mathrm{OB}}=\boldsymbol{b}$ にも垂直だから，これらの張る平面 OAB に垂直である．

次に，ベクトル積 $\boldsymbol{a}\times\boldsymbol{b}$ の長さがどうなるかを考えよう．簡単のため，(3) で $\boldsymbol{c}=\boldsymbol{a}\times\boldsymbol{b}=(x_3, y_3, z_3)$ と考えると，(4) を考慮して，

---

*) (x, y, z) の中から２成分を巡回的にとっていることに注意．

**) 内積に対して外積ということもあるが，この方は少し違った意味もあるので，ここではベクトル積とよぶ．記法としては，$[\boldsymbol{a}, \boldsymbol{b}]$ を用いることもある．

$$|\boldsymbol{a}\times\boldsymbol{b}|^4=(\boldsymbol{a}\times\boldsymbol{b},\boldsymbol{a}\times\boldsymbol{b})^2=(\boldsymbol{a}\times\boldsymbol{b},\boldsymbol{c})\cdot(\boldsymbol{a}\times\boldsymbol{b},\boldsymbol{c})=\begin{vmatrix}x_1&y_1&z_1\\x_2&y_2&z_2\\x_3&y_3&z_3\end{vmatrix}\cdot\begin{vmatrix}x_1&x_2&x_3\\y_1&y_2&y_3\\z_1&z_2&z_3\end{vmatrix}$$

$$=\begin{vmatrix}|\boldsymbol{a}|^2&(\boldsymbol{a},\boldsymbol{b})&0\\(\boldsymbol{a},\boldsymbol{b})&|\boldsymbol{b}|^2&0\\0&0&|\boldsymbol{a}\times\boldsymbol{b}|^2\end{vmatrix}=(|\boldsymbol{a}|^2\cdot|\boldsymbol{b}|^2-(\boldsymbol{a},\boldsymbol{b})^2)|\boldsymbol{a}\times\boldsymbol{b}|^2$$

が得られるから[*)]，($\boldsymbol{a}\times\boldsymbol{b}\neq\boldsymbol{0}$ なら)

$$|\boldsymbol{a}\times\boldsymbol{b}|^2=|\boldsymbol{a}|^2\cdot|\boldsymbol{b}|^2-(\boldsymbol{a},\boldsymbol{b})^2 \quad\cdots\cdots\cdots\cdots (5)$$

が成り立つ．したがって，定理2より，

$$|\boldsymbol{a}\times\boldsymbol{b}|^2=|\boldsymbol{a}|^2\cdot|\boldsymbol{b}|^2-|\boldsymbol{a}|^2\cdot|\boldsymbol{b}|^2\cos^2\theta=|\boldsymbol{a}|^2\cdot|\boldsymbol{b}|^2\sin^2\theta$$

$$|\boldsymbol{a}\times\boldsymbol{b}|=|\boldsymbol{a}|\cdot|\boldsymbol{b}|\cdot|\sin\theta| \quad\cdots\cdots\cdots\cdots (6)$$

$\boldsymbol{a}\times\boldsymbol{b}=\boldsymbol{0}$ のときも，$\theta=0$ でこれは成り立つから，

定理4　ベクトル積 $\boldsymbol{a}\times\boldsymbol{b}$ は，$\boldsymbol{a},\boldsymbol{b}$ のつくる平面に垂直で，長さは $\boldsymbol{a},\boldsymbol{b}$ を2隣辺とする平行四辺形の面積 (符号をつけない) S に等しい．

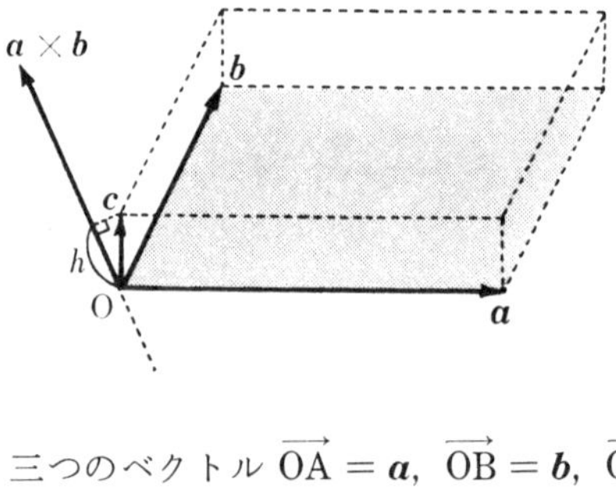

【3】 正系・負系　三つのベクトル $\overrightarrow{\mathrm{OA}}=\boldsymbol{a}$，$\overrightarrow{\mathrm{OB}}=\boldsymbol{b}$，$\overrightarrow{\mathrm{OC}}=\boldsymbol{c}$ が線型独立のときは，$\boldsymbol{a},\boldsymbol{b},\boldsymbol{c}$ を隣辺とする平行六面体ができる．$\boldsymbol{c}$ と $\boldsymbol{a}\times\boldsymbol{b}$ との間の角を φ とすると，定理2から，

$$(\boldsymbol{a}\times\boldsymbol{b},\boldsymbol{c})=|\boldsymbol{a}\times\boldsymbol{b}|\cdot|\boldsymbol{c}|\cos\varphi$$

だが，$|\boldsymbol{c}|\cos\varphi=h$ の絶対値はこの平行六面体の高さに等しい．したがって，$D(\boldsymbol{a},\boldsymbol{b},\boldsymbol{c})$ は平行六面体の体積 V に正負の符号をつけたものに等しい．この符

[*)] 行列式の乗法を用いていることに注意．

号はhの符号によるが，それは，$\boldsymbol{c}$と$\boldsymbol{a}\times\boldsymbol{b}$が鋭角をなせば＋，鈍角をなせば－である．いいかえると，$\boldsymbol{a},\boldsymbol{b}$のつくる平面に関して，$\boldsymbol{a}\times\boldsymbol{b}$と$\boldsymbol{c}$とが同じ側にあれば＋，反対側にあれば－である．そこで，前者の場合に，ベクトル系$\{\boldsymbol{a},\boldsymbol{b},\boldsymbol{c}\}$は**正系**であるといい，後者の場合には**負系**であるということにすると，

定理 5　行列式$D(\boldsymbol{a},\boldsymbol{b},\boldsymbol{c})$は，$\boldsymbol{a},\boldsymbol{b},\boldsymbol{c}$を隣辺とする平行六面体の体積に，$\{\boldsymbol{a},\boldsymbol{b},\boldsymbol{c}\}$が正系なら＋，負系なら－をつけたものである．

系 1　$\{\boldsymbol{a},\boldsymbol{b},\boldsymbol{c}\}$：正系 $\Longleftrightarrow D(\boldsymbol{a},\boldsymbol{b},\boldsymbol{c})>0.$

系 2　$\{\boldsymbol{a},\boldsymbol{b},\boldsymbol{c}\}$：線型従属 $\Longleftrightarrow D(\boldsymbol{a},\boldsymbol{b},\boldsymbol{c})=0.$

正系・負系という概念について，

定理 6　$\{\boldsymbol{a},\boldsymbol{b},\boldsymbol{c}\}$が正系であるための必要十分条件は，標準基底$\{\boldsymbol{e}_1,\boldsymbol{e}_2,\boldsymbol{e}_3\}$が$\{\boldsymbol{a},\boldsymbol{b},\boldsymbol{c}\}$に連続的に変形されることである．

が成り立つ．ここで，$\{\boldsymbol{a},\boldsymbol{b},\boldsymbol{c}\}$が$\{\boldsymbol{a}',\boldsymbol{b}',\boldsymbol{c}'\}$に連続的に変形されるというのは，区間$[0,1]$で定義されたベクトル値連続関数の組$\{\boldsymbol{x}(t),\boldsymbol{y}(t),\boldsymbol{z}(t)\}$があって，

(1)　各tについて，$\{\boldsymbol{x}(t),\boldsymbol{y}(t),\boldsymbol{z}(t)\}$は線型独立である．

(2)　$\{\boldsymbol{x}(0),\boldsymbol{y}(0),\boldsymbol{z}(0)\}=\{\boldsymbol{a},\boldsymbol{b},\boldsymbol{c}\}$，$\{\boldsymbol{x}(1),\ \boldsymbol{y}(1),\ \boldsymbol{z}(1)\}=\{\boldsymbol{a}',\boldsymbol{b}',\boldsymbol{c}'\}$

がみたされることをいう．直観的にいえば，$\{\boldsymbol{a},\boldsymbol{b},\boldsymbol{c}\}$のベクトルの長さを少しずつ変えたりあるいは方向を徐々に変えたりして，$\{\boldsymbol{a}',\boldsymbol{b}',\boldsymbol{c}'\}$に移せるということである．

まず，十分なことを証明しよう．$\{\boldsymbol{a},\boldsymbol{b},\boldsymbol{c}\}$が$\{\boldsymbol{a}',\boldsymbol{b}',\boldsymbol{c}'\}$に，上の意味で変形されることを，$\{\boldsymbol{a},\boldsymbol{b},\boldsymbol{c}\}\sim\{\boldsymbol{a}',\boldsymbol{b}',\boldsymbol{c}'\}$と略記し，$\{\boldsymbol{a},\boldsymbol{b},\boldsymbol{c}\}$が正系なら，$\{\boldsymbol{a}',\boldsymbol{b}',\boldsymbol{c}'\}$も正系であることを示そう．

$$D(t)=D(\boldsymbol{x}(t),\boldsymbol{y}(t),\boldsymbol{z}(t))$$

とおくと，これは$[0,1]$で定義された連続関数で，(1)によってつねに$D(t)\neq 0$である．仮定から，$D(0)=D(\boldsymbol{a},\boldsymbol{b},\boldsymbol{c})>0$である．もし，$D(1)=D(\boldsymbol{a}',\boldsymbol{b}',\boldsymbol{c}')<0$とすると，連続関数に関する中間値の定理から，区間$(0,1)$のどこかで$D(t)=0$とならねばならないが，これは$D(t)\neq 0$に矛盾する．したがって，$D(\boldsymbol{a}',\boldsymbol{b}',\boldsymbol{c}')>0$，つまり$\{\boldsymbol{a}',\boldsymbol{b}',\boldsymbol{c}'\}$は正系である．

必要なことを証明するために，次の補題を用いる．

補題　1)　$\lambda > 0$ のとき，$\{\boldsymbol{a}, \boldsymbol{b}, \boldsymbol{c}\} \sim \{\lambda\boldsymbol{a}, \boldsymbol{b}, \boldsymbol{c}\}$.

2)　$\{\boldsymbol{a}, \boldsymbol{b}, \boldsymbol{c}\} \sim \{\boldsymbol{a}+\lambda\boldsymbol{b}, \boldsymbol{b}, \boldsymbol{c}\}$.

3)　$\varepsilon_i = \pm 1$，$\varepsilon_1\varepsilon_2\varepsilon_3 = 1$ のとき，$\{\boldsymbol{a}, \boldsymbol{b}, \boldsymbol{c}\} \sim \{\varepsilon_1\boldsymbol{a}, \varepsilon_2\boldsymbol{b}, \varepsilon_3\boldsymbol{c}\}$.

証明　1) では，$\boldsymbol{x}(t) = ((\lambda-1)t+1)\boldsymbol{a}$，$\boldsymbol{y}(t) = \boldsymbol{b}$，$\boldsymbol{z}(t) = \boldsymbol{c}$ とおくと，これは明らかに線型独立で，$t=0$ のとき $\{\boldsymbol{a}, \boldsymbol{b}, \boldsymbol{c}\}$ に，$t=1$ のとき，$\{\lambda\boldsymbol{a}, \boldsymbol{b}, \boldsymbol{c}\}$ になるから．

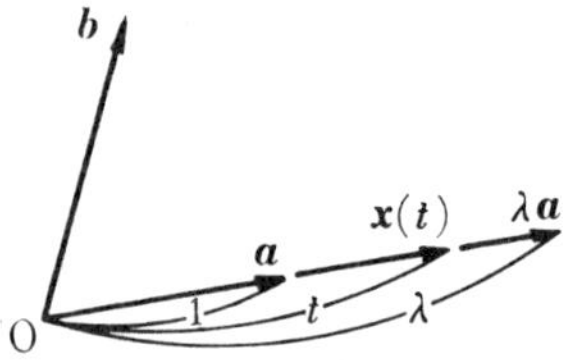

2) では，$\boldsymbol{x}(t) = \boldsymbol{a}+\lambda t\boldsymbol{b}$，$\boldsymbol{y}(t) = \boldsymbol{b}$，$\boldsymbol{z}(t) = \boldsymbol{c}$ とおくと，これらはつねに線型独立で，$t=0$ のとき $\{\boldsymbol{a}, \boldsymbol{b}, \boldsymbol{c}\}$ に，$t=1$ のとき $\{\boldsymbol{a}+\lambda\boldsymbol{b}, \boldsymbol{b}, \boldsymbol{c}\}$ になるから．

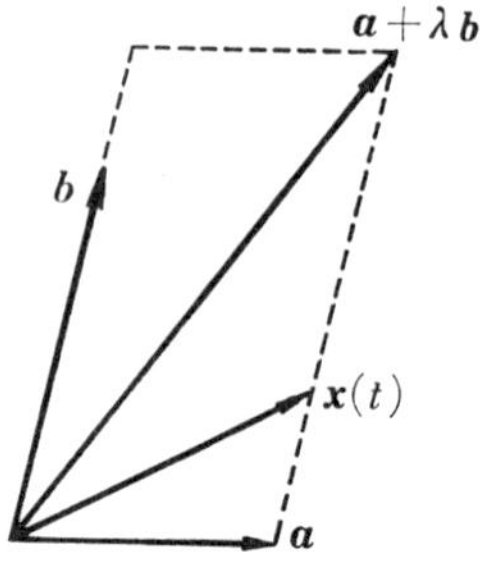

3) は 1), 2) を繰り返して適用すればよい．たとえば，

$$\{\boldsymbol{a}, -\boldsymbol{b}, -\boldsymbol{c}\} \sim \{\boldsymbol{a}, -\boldsymbol{b}-\boldsymbol{c}, -\boldsymbol{c}\} \sim \{\boldsymbol{a}, -\boldsymbol{b}-\boldsymbol{c}, \boldsymbol{b}\} \sim \{\boldsymbol{a}, -\boldsymbol{c}, \boldsymbol{b}\}$$
$$\sim \{\boldsymbol{a}, -\boldsymbol{c}+\boldsymbol{b}, \boldsymbol{b}\} \sim \{\boldsymbol{a}, -\boldsymbol{c}+\boldsymbol{b}, \boldsymbol{c}\} \sim \{\boldsymbol{a}, \boldsymbol{b}, \boldsymbol{c}\}$$

定理6の必要なことの証明．$\{\boldsymbol{a}, \boldsymbol{b}, \boldsymbol{c}\}$ は正系とし，$\boldsymbol{a} = {}^t(a_1, a_2, a_3)$，$\boldsymbol{b} = {}^t(b_1, b_2, b_3)$，$\boldsymbol{c} = {}^t(c_1, c_2, c_3)$ とすると，行列

$$A=(\boldsymbol{a}\,\boldsymbol{b}\,\boldsymbol{c})=\begin{pmatrix}a_1 & b_1 & c_1\\ a_2 & b_2 & c_2\\ a_3 & b_3 & c_3\end{pmatrix}$$

で定義される3次元線型空間からそれ自身への線型写像は，標準基底ベクトル $\boldsymbol{e}_1, \boldsymbol{e}_2, \boldsymbol{e}_3$ を $\boldsymbol{a}, \boldsymbol{b}, \boldsymbol{c}$ に移す．ところで，補題の操作 2) を $\{\boldsymbol{a}, \boldsymbol{b}, \boldsymbol{c}\}$ にほどこすことは，この行列 A の一つの列の定数倍を他の列に加えることに相当する．また，仮定によって，$\{\boldsymbol{a}, \boldsymbol{b}, \boldsymbol{c}\}$ は線型独立だから，$|A| \neq 0$．したがってとくに，行列 A のどの行にも 0 でない成分がある．このことに注意すると，行列の基本変形のときと同様に，2) を繰り返し適用することによって，行列 A を，

$$\begin{pmatrix}a_1 & 0 & 0\\ a_2 & b_2' & c_2'\\ a_3 & b_3' & c_3'\end{pmatrix}\longrightarrow\begin{pmatrix}a_1 & 0 & 0\\ a_2 & b_2' & 0\\ a_3 & b_3' & c_3''\end{pmatrix}\longrightarrow\begin{pmatrix}a_1 & 0 & 0\\ 0 & b_2' & 0\\ 0 & 0 & c_3''\end{pmatrix}$$

と変形することができる．したがって，$\boldsymbol{a}' = {}^t(a_1, 0, 0)$，$\boldsymbol{b}' = {}^t(0, b_2', 0)$，$\boldsymbol{c}' = {}^t(0, 0, c_3'')$ とおくと，$\{\boldsymbol{a}, \boldsymbol{b}, \boldsymbol{c}\} \sim \{\boldsymbol{a}', \boldsymbol{b}', \boldsymbol{c}'\}$ で，$\{\boldsymbol{a}, \boldsymbol{b}, \boldsymbol{c}\}$ が正系だから，十分性より，$\{\boldsymbol{a}', \boldsymbol{b}', \boldsymbol{c}'\}$ は正系，したがって，$D(\boldsymbol{a}', \boldsymbol{b}', \boldsymbol{c}') = a_1 b_2' c_3'' > 0$ となる．そこで，a_1, b_2', c_3'' の符号をそれぞれ $\varepsilon_1, \varepsilon_2, \varepsilon_3$ とおくと，$\varepsilon_1\varepsilon_2\varepsilon_3 > 0$ だから，補題 1), 3) によって，

$$\{\boldsymbol{a}', \boldsymbol{b}', \boldsymbol{c}'\} \sim \{a_1\boldsymbol{e}_1, b_2'\boldsymbol{e}_2, c_3''\boldsymbol{e}_3\} \sim \{\varepsilon_1\boldsymbol{e}_1, \varepsilon_2\boldsymbol{e}_2, \varepsilon_3\boldsymbol{e}_3\} \sim \{\boldsymbol{e}_1, \boldsymbol{e}_2, \boldsymbol{e}_3\}$$

したがって，$\{\boldsymbol{a}, \boldsymbol{b}, \boldsymbol{c}\} \sim \{\boldsymbol{e}_1, \boldsymbol{e}_2, \boldsymbol{e}_3\}$．

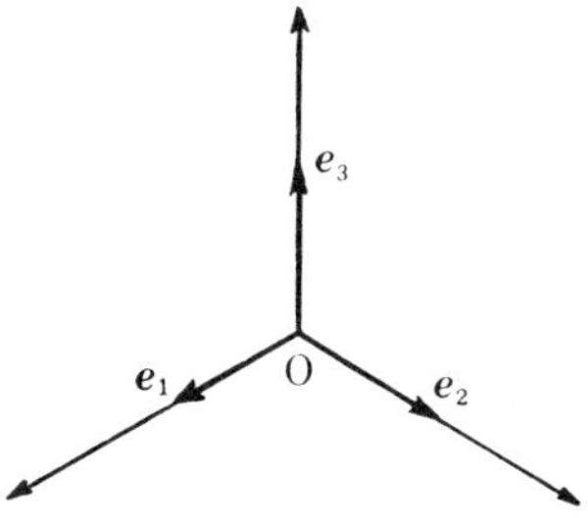

これによって，正系の幾何学的意味が明確になる．座標系が右手系のときは，$\boldsymbol{e}_1$ から $\boldsymbol{e}_2$ の向きに右ネジをまわしてネジの進む方向に $\boldsymbol{e}_3$ がある．正系のベク

トル系 $\{\boldsymbol{a}, \boldsymbol{b}, \boldsymbol{c}\}$ は $\{\boldsymbol{e}_1, \boldsymbol{e}_2, \boldsymbol{e}_3\}$ を連続的に変形したものだから，$\boldsymbol{a}$ から $\boldsymbol{b}$ へ右ネジをまわしたときのネジの進む側に $\boldsymbol{c}$ がある．

したがって，ベクトル積 $\boldsymbol{a}\times\boldsymbol{b}$ は，$\boldsymbol{a}$ から $\boldsymbol{b}$ へ右ネジをまわしたときのネジの進む方向に向いていることがわかる．

注意　座標系が左手系なら，正系は左手系になる．

問23　$\boldsymbol{a}\times\boldsymbol{b}=\boldsymbol{0}$ のときも 116 ページの (5) が成り立つことを示せ．

問24　次の等式を導け．

(1)　$(\boldsymbol{a}\times\boldsymbol{b})\times\boldsymbol{c}=-\boldsymbol{a}(\boldsymbol{b},\boldsymbol{c})+\boldsymbol{b}(\boldsymbol{a},\boldsymbol{c})$　　(ラグランジュの等式)

(2)　$(\boldsymbol{a}\times\boldsymbol{b})\times\boldsymbol{c}+(\boldsymbol{b}\times\boldsymbol{c})\times\boldsymbol{a}+(\boldsymbol{c}\times\boldsymbol{a})\times\boldsymbol{b}=\boldsymbol{0}$　　(ヤコビ律)

§6　直線・平面の方程式

【1】 直線の方程式　1次元の線型多様体のことを**直線**という．直線 g 上の定点を A，動点を P とすると，§3 に述べたように，$\{\overrightarrow{\mathrm{AP}} \mid \mathrm{P}\in \mathrm{g}\}$ は，1次元の部分線型空間である．その長さ1の基底ベクトルを (たとえば，3次元で)

$$\boldsymbol{n}=(l, m, n)$$

とおくと，$\overrightarrow{\mathrm{OP}}=\boldsymbol{x}$，$\overrightarrow{\mathrm{OA}}=\boldsymbol{a}$ に対して，

$$\overrightarrow{\mathrm{AP}}=\boldsymbol{x}-\boldsymbol{a}=s\boldsymbol{n},\ \text{すなわち},\ \boldsymbol{x}=\boldsymbol{a}+s\boldsymbol{n} \quad \cdots\cdots\cdots\cdots\cdots\cdots (1)$$

となる．この単位ベクトル $\boldsymbol{n}$ のことを直線 g の**単位方向ベクトル**ということにする．その成分 l, m, n は直線 g の**方向余弦**といわれる．余弦といわれるのは，

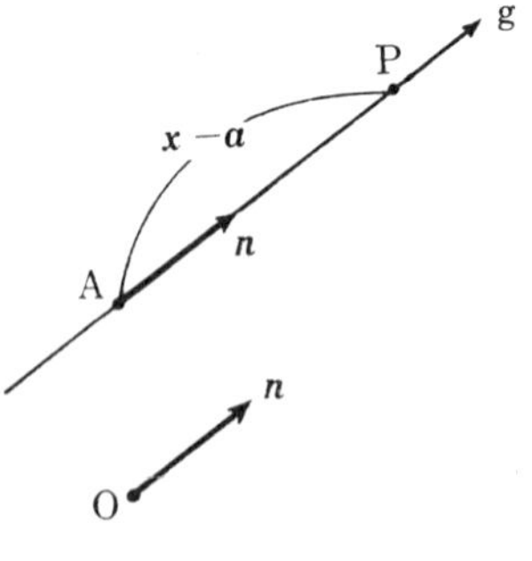

直線 g と座標軸との傾角を α, β, γ とすると，

$$l = \cos\alpha,\ \ m = \cos\beta,\ \ n = \cos\gamma$$

となるためである．

(1) を成分ごとに分解すると，直線の方程式

$$\begin{cases} x = a+sl \\ y = b+sm \quad (-\infty < s < \infty) \\ z = c+sn \end{cases}$$

が得られる*)．これは，s を径数（パラメーター）とする方程式であるが，その径数 s は (1) の前半から両辺の長さを考えて，$s = |s\boldsymbol{n}| = |\boldsymbol{x}-\boldsymbol{a}| = \mathrm{AP}$ という意味をもっている．

一方，やはり§3で述べたように，直線，つまり1次元の線型多様体上の点Pは，その上の2点 $\mathrm{P}_1(x_1, y_1, z_1)$，$\mathrm{P}_2(x_2, y_2, z_2)$ によって，

$$\mathrm{P} = \mu\mathrm{P}_1+\lambda\mathrm{P}_2,\ \text{すなわち}^{**)},\ \overrightarrow{\mathrm{P}_1\mathrm{P}} = \lambda\overrightarrow{\mathrm{P}_1\mathrm{P}_2} \qquad (\mu = 1-\lambda)$$

$$\boldsymbol{x} = \boldsymbol{x}_1+\lambda(\boldsymbol{x}_2-\boldsymbol{x}_1) \quad \cdots\cdots\cdots\cdots (2)$$

と表わされる．成分に分けると，やはり直線の方程式

$$\begin{cases} x = x_1+\lambda(x_2-x_1) \\ y = y_1+\lambda(y_2-y_1) \\ z = z_1+\lambda(z_2-z_1) \end{cases} \quad \text{または，} \quad \frac{x-x_1}{x_2-x_1} = \frac{y-y_1}{y_2-y_1} = \frac{z-z_1}{z_2-z_1}\ (=\lambda)$$

が得られる***)．

問25 点 $\mathrm{P}_1(x_1, y_1, z_1)$ を通り，$\boldsymbol{a} = (a, b, c)$ に平行な直線の方程式を求めよ****)．

【2】 平面の方程式 2次元の線型多様体が**平面**である．だから，平面 π 上の定点 $\mathrm{A}(a, b, c)$ をとると，$\{\overrightarrow{\mathrm{AP}} \mid \mathrm{P} \in \pi\}$ は2次元の部分線型空間をなす．その単位基底ベクトルを（たとえば，3次元で）

---

*) 1点方向係数形．

**) これは，任意の点Aに対して，$\overrightarrow{\mathrm{AP}} = \mu\overrightarrow{\mathrm{AP}_1}+\lambda\overrightarrow{\mathrm{AP}_2}$ となることを意味するのであった．A $=\mathrm{P}_1$ とおくと，あとの式が得られる．

***) 2点形．

****) 一般形．

$$\boldsymbol{n}_1 = (l_1, m_1, n_1), \qquad \boldsymbol{n}_2 = (l_2, m_2, n_2)$$

とすると，

$$\boldsymbol{x} - \boldsymbol{a} = s\boldsymbol{n}_1 + t\boldsymbol{n}_2$$

$$\boldsymbol{x} = \boldsymbol{a} + s\boldsymbol{n}_1 + t\boldsymbol{n}_2 \quad \cdots\cdots\cdots\cdots\cdots\cdots\cdots \quad (3)$$

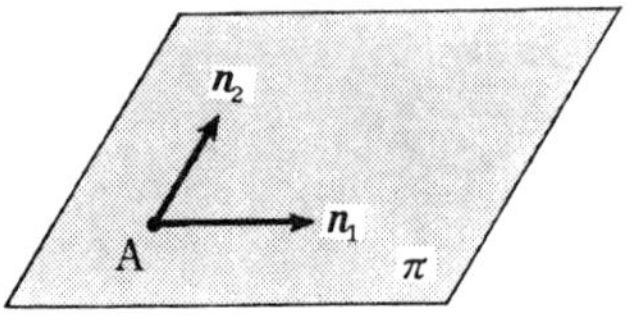

成分に分けると，平面の径数による方程式*)

$$\begin{cases} x = a + sl_1 + tl_2 \\ y = b + sm_1 + tm_2 \\ z = c + sn_1 + tn_2 \end{cases}$$

が得られる．ここで，s, t は平面 π 上で A を原点，$\boldsymbol{n}_1, \boldsymbol{n}_2$ を座標軸に沿う単位ベクトルとしたときの，平面 π 上の点 P の座標であることは明らかである．

一方，平面 π 上に 3 点 $\mathrm{P}_i(x_i, y_i, z_i)$ $(i = 1, 2, 3)$ をとると，π 上の点 P は，

$$\mathrm{P} = \sum_{i=1}^{3} \lambda_i \mathrm{P}_i, \qquad \sum_{i=1}^{3} \lambda_i = 1$$

と表わされる**)．いいかえると，

$$\overrightarrow{\mathrm{P}_1\mathrm{P}} = \lambda_2\overrightarrow{\mathrm{P}_1\mathrm{P}_2} + \lambda_3\overrightarrow{\mathrm{P}_1\mathrm{P}_3}, \text{ すなわち，} \boldsymbol{x} - \boldsymbol{x}_1 = \lambda_2(\boldsymbol{x}_2 - \boldsymbol{x}_1) + \lambda_3(\boldsymbol{x}_3 - \boldsymbol{x}_1)$$

と表わされる***)．これを成分に分けると，

$$\begin{cases} x = x_1 + \lambda_2(x_2 - x_1) + \lambda_3(x_3 - x_1) \\ y = y_1 + \lambda_2(y_2 - y_1) + \lambda_3(y_3 - y_1) \\ z = z_1 + \lambda_2(z_2 - z_1) + \lambda_3(z_3 - z_1) \end{cases}$$

問26　平面の方程式***)

---

*)　1点2方向形．

**)　任意の点 A に対して，$\overrightarrow{\mathrm{AP}} = \sum_{i=1}^{3} \lambda_i \overrightarrow{\mathrm{AP}_i}$ ということ．

***)　3 点形．

$$\begin{vmatrix} x & y & z & 1 \\ x_1 & y_1 & z_1 & 1 \\ x_2 & y_2 & z_2 & 1 \\ x_3 & y_3 & z_3 & 1 \end{vmatrix} = 0$$

を導け.

【3】 超平面 以上は，3次元空間内での話しであるが，一般のn次元空間の場合には，$n-1$次元の線型多様体を**超平面**という．3次元空間内の超平面がふつうの平面だし，2次元空間内の超平面は直線である.

超平面Hをとると，線型多様体の定義から，H上の定点Aと動点Pに対して，$W=\{\overrightarrow{\mathrm{AP}}\mid \mathrm{P}\in \mathrm{H}\}$ はn次元線型空間Vの$n-1$次元部分線型空間になる．そこで，W上に線型独立なベクトル$\boldsymbol{e}_1, \boldsymbol{e}_2, \cdots, \boldsymbol{e}_{n-1}$をとり，$W$に含まれない$V$のベクトル$\boldsymbol{f}$をとると，$\boldsymbol{e}_1, \cdots, \boldsymbol{e}_{n-1}, \boldsymbol{f}$はもちろん線型独立である*)．したがって，それらはVの基底をなし，Vの任意のベクトルは

$$\boldsymbol{n}=\sum_{i=1}^{n-1} x_i\boldsymbol{e}_i+y\boldsymbol{f} \quad \cdots\cdots\cdots\cdots\cdots\cdots\cdots\cdots\cdots\cdots\cdots (4)$$

の形に表わされる．さて，ここで，係数x_iやyを$\boldsymbol{n}$が$\boldsymbol{e}_1,\cdots,\boldsymbol{e}_{n-1}$のいずれとも直交するように定められることを示そう.

それには，内積が

$$(\boldsymbol{n}, \boldsymbol{e}_j)=\sum_{i=1}^{n-1} x_i(\boldsymbol{e}_i, \boldsymbol{e}_j)+y(\boldsymbol{f}, \boldsymbol{e}_j)=0 \quad (j=1, 2, \cdots, n-1) \cdots\cdots\cdots\cdots (5)$$

をみたすようにすればよい.

仮定から，(5)で$\boldsymbol{e}_1, \boldsymbol{e}_2, \cdots, \boldsymbol{e}_{n-1}$は線型独立だから，(5)で$y=1$とし，(5)を$x_1, \cdots, x_{n-1}$を未知数とする1次方程式と考えると，第3章例9 (93ページ) より，その係数行列式$|(\boldsymbol{e}_i, \boldsymbol{e}_j)| \neq 0$，したがって，クラーメルの公式より，解$x_1, x_2, \cdots, x_{n-1}$は存在する.

こうして求められたベクトル$\boldsymbol{n}$はWのすべてのベクトルと直交する．実際，Wの任意のベクトルは$\boldsymbol{z}=\sum_{j=1}^{n-1} z_j\boldsymbol{e}_j$と表わされるから，(5)によって，

*) もし線型従属とすると，第2章§1に述べた定理1から，$\boldsymbol{f}$は$\boldsymbol{e}_1, \cdots, \boldsymbol{e}_{n-1}$の線型結合となって，$\boldsymbol{f} \notin W$に反する.

$$(\boldsymbol{n}, \boldsymbol{z}) = \sum_{j=1}^{n-1} z_j(\boldsymbol{n}, \boldsymbol{e}_j) = 0 \quad (\boldsymbol{z} \in W) \cdots\cdots\cdots\cdots (6)$$

となるからである．$\boldsymbol{n}$ をその長さで割ったベクトルを考えると，これは，W に直交する単位ベクトルとなる．それを超平面 H の**単位法線ベクトル**とよぶことにしよう．

H 上の点 P の位置ベクトルを $\boldsymbol{x}$，定点 A の位置ベクトルを $\boldsymbol{a}$ とすると，$\overrightarrow{\mathrm{AP}} = \boldsymbol{x}-\boldsymbol{a} \in W$ だから，(6) より

$$(\boldsymbol{x}-\boldsymbol{a}, \boldsymbol{n}) = 0, \text{ すなわち, } (\boldsymbol{x}, \boldsymbol{n}) = (\boldsymbol{a}, \boldsymbol{n}) = p \cdots\cdots\cdots\cdots (7)$$

$\boldsymbol{n} = (l_1, l_2, \cdots, l_n)$ とおくと，(7) は

$$l_1x_1 + l_2x_2 + \cdots\cdots + l_nx_n = p \cdots\cdots\cdots\cdots (8)$$

と書ける．点 P が H に属するための必要十分条件は，その座標が 1 次方程式 (8) をみたすことである．この (8) を超平面 H の**標準方程式**とよぶ．

108 ページで述べたような内積の意味から，$\boldsymbol{n}$ を単位ベクトルにとっておくと，$(\boldsymbol{x}, \boldsymbol{n})$ は法線方向への $\boldsymbol{x} = \overrightarrow{\mathrm{OP}}$ の正射影であるから，p は原点 O から超平面 H へひいた垂線の長さ (符号のついた) に等しいことがわかる．

定理 7　超平面 H の方程式は，1 次方程式

$$l_1x_1 + l_2x_2 + \cdots\cdots + l_nx_n = p$$

の形で与えられる．

逆に，(8) の形の 1 次方程式の軌跡が超平面になることは，1 次方程式の議論から容易に示される．(8) では $l_1^2 + l_2^2 + \cdots + l_n^2 = |\boldsymbol{n}|^2 = 1$ だから，l_i の中には 0 でないものがあり，行列 $(l_1 l_2 \cdots l_n)$ の階数も $(l_1 l_2 \cdots l_n p)$ の階数も 1 だから，第 2 章問 23 (66 ページ) より (8) は解をもつ．その解の一つを $\boldsymbol{a}$ とすると (8) の解 $\boldsymbol{x}$ は $\boldsymbol{a}$ と (8) に対応する斉次方程式 (第 2 章，定理 7 参照)

$$l_1x_1 + l_2x_2 + \cdots\cdots + l_nx_n = 0 \cdots\cdots\cdots\cdots (9)$$

の解 $\boldsymbol{z}$ の和の形となる．$\boldsymbol{z}$ は $(n-1)$ 次元の部分線型空間 W をなすから，$\boldsymbol{x}-\boldsymbol{a} = \overrightarrow{\mathrm{AP}} \in W$，したがって，P は超平面 H をなす．

【4】 2 次元の場合　$n = 2$ の場合には，超平面とは，直線のことである．直

線 H へ原点 O から垂線をひき，交点を K とする．OK 方向の単位ベクトルが単位法線ベクトル $\boldsymbol{n}$ で，$\mathrm{OK}=p$ である．(ただし，OK の符号は，$\boldsymbol{n}$ の向きを正として測る．つまり，$\boldsymbol{n}$ と OK が同方向なら正，反対方向なら負とする．)

(8) を書きくだすと，

$$lx+my=p \qquad (l^2+m^2=1)$$

となる．$\boldsymbol{n}=(l,m)$ で，$\boldsymbol{n}$ と x 軸とのなす角 (x 軸から $\boldsymbol{n}$ の方向へ測る) を α とすると，$l=\cos\alpha$, $m=\sin\alpha$ だから，(8) は

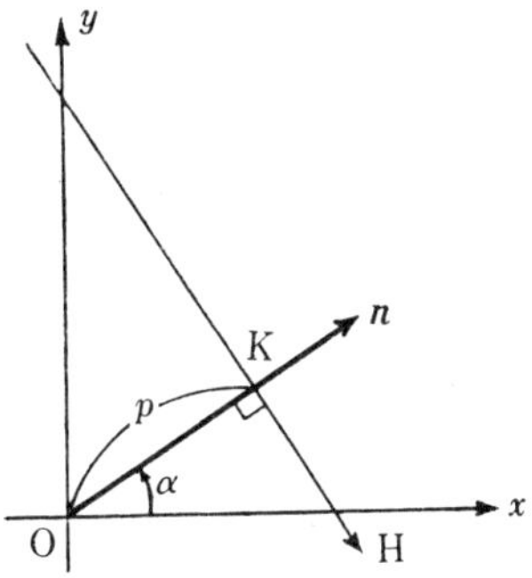

$$x\cos\alpha+y\sin\alpha=p \quad \cdots\cdots\cdots\cdots\cdots\cdots\cdots\cdots \quad (10)$$

の形にも書ける*)．

問27 直線 H の極座標による方程式 $r\cos(\theta-\alpha)=p$ より，標準方程式 (10) を導け．

【5】 3次元の場合 $n=3$ の場合には，超平面とはふつうの平面になる．原点 O から平面 H に垂線をひき，H との交点を K とする．OK 方向の単位ベクトルを $\boldsymbol{n}=(l,m,n)$, $\mathrm{OK}=p$ ($\boldsymbol{n}$ 方向を正として測る) とおくと，平面の標準方程式は

$$lx+my+nz=p \qquad (l^2+m^2+n^2=1)$$

となる．$\boldsymbol{n}$ と x 軸，y 軸，z 軸との傾角を α, β, γ とすると，$l=\cos\alpha$, $m=$

*) この形を**ヘッセ** (Hesse) **の標準形**ということがある．

$\cos\beta$, $n=\cos\gamma$ だから，方程式は

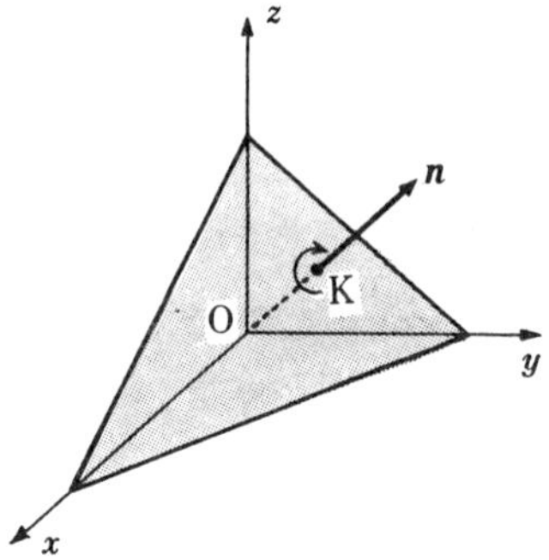

$$x\cos\alpha+y\cos\beta+z\cos\gamma=p \quad\cdots\cdots\cdots\cdots\cdots\cdots\cdots\cdots\cdots \quad (11)$$

とも書ける．$(\cos\alpha, \cos\beta, \cos\gamma)$ を平面Hの**方向余弦**ともいう．

さて，一般の場合に少し戻り，(7) を移項した

$$f(\mathrm{P})=f(\boldsymbol{x})=(\boldsymbol{x},\boldsymbol{n})-p \quad\cdots\cdots\cdots\cdots\cdots\cdots\cdots\cdots\cdots \quad (12)$$

なる関数を考えよう．これは，超平面 H 上でちょうど 0 という値をとる．内積の幾何学的意味から，$(\boldsymbol{x},\boldsymbol{n})$ はベクトル $\boldsymbol{x}=\overrightarrow{\mathrm{OP}}$ の $\boldsymbol{n}$ 方向への正射影の長さ (正負の) を表わすから，それから，OK の長さ p をひけば，関数 (12) の値は，点 P から超平面 H へいたる垂線の長さ (正負の) を表わす．

そこで，この垂線の長さの符号をもう少しくわしく調べてみよう．$n=2$ のとき，直線 H に向きをつけ，その方向と $\boldsymbol{n}$ とで正系 (座標系が右手系なら右手系，左手系なら左手系) をなすようにする．右手系にかぎって考えることにすると，こうして向きをつけた有向直線の左岸が $f(\mathrm{P})$ の正領域となる (前ページの図参照)．

$n=3$ のときは，平面 H 上に線型独立なベクトル $\boldsymbol{a}, \boldsymbol{b}$ をとり，$\{\boldsymbol{a}, \boldsymbol{b}, \boldsymbol{n}\}$ が正系をなすようにする．右手系にかぎってわかりやすくいえば，平面 H 上に図のような矢印しの回転の向きを考え，それによる右ネジの進む方向が $\boldsymbol{n}$ の方向となるようにする．こうして向きを与えた有向平面の《上方》が $f(\mathrm{P})$ の正領域となる．

このような符号をもつ垂線の長さ $f(\mathrm{P})$ を，点 P と平面（あるいは直線）との**有向距離**といって $d(\mathrm{P},\mathrm{H})$ と表わすことにしよう．

一般の 1 次式

$$f(\mathrm{P}) = ax+by+cz+d \quad \cdots\cdots\cdots\cdots \quad (13)$$

が与えられたとき，$\boldsymbol{a} = (a, b, c)$ とおくと，

$$|\boldsymbol{a}|^{-1}ax+|\boldsymbol{a}|^{-1}by+|\boldsymbol{a}|^{-1}cz = -|\boldsymbol{a}|^{-1}d$$

は明らかに標準方程式の形になるから，それの表わす有向平面（有向直線）を H とすると，

定理 8　1 次式 $ax+by+cz+d$ の値は，点 P と有向平面 H との有向距離の $|\boldsymbol{a}|$ 倍に等しい：

$$ax+by+cz+d = |\boldsymbol{a}|\cdot d(\mathrm{P},\mathrm{H}) \qquad (\boldsymbol{a} = (a, b, c))$$

問28　問 26 の平面の方程式（3 点形）を導け．

問29　点 $\mathrm{P}(x_1, y_1, z_1)$ と平面 $ax+by+cz+d = 0$ との距離は $|ax_1+by_1+cz_1+d|/\sqrt{a^2+b^2+c^2}$ に等しいことを示せ．

問30　次の図形の方程式を求めよ．

(1)　$(1, 2, -1)$, $(-1, -2, 5)$, $(0, 3, 0)$ を通る平面．

(2)　点 $(1, 2, 3)$ を通り，ベクトル $(1, 1, 1)$, $(1, -1, 0)$ で張られる平面．

(3)　2 点 $(-2, 0, 3)$, $(1, -1, 2)$ を通る直線．

(4)　点 $(1, 2, 3)$ を通り，ベクトル $(1, 1, 1)$ の方向をもつ直線．

(5)　点 $(1, 2, 3)$ を通り，ベクトル $(1, 1, 1)$ に垂直な平面．

【6】　二つの線型多様体　平面上で，二つの有向直線 $\mathrm{g}_1, \mathrm{g}_2$ の単位法線ベクトルを $\boldsymbol{n}_1, \boldsymbol{n}_2$ とすると，g_1 と g_2 の間の有向角 θ（g_1 の方向から g_2 の方向への回転角で測る）は，$\boldsymbol{n}_1, \boldsymbol{n}_2$ の間の角に等しいから，

$$\cos\theta = (\boldsymbol{n}_1, \boldsymbol{n}_2) = l_1l_2+m_1m_2$$

となる．（$\boldsymbol{n}_1 = (l_1, m_1)$, $\boldsymbol{n}_2 = (l_2, m_2)$ とする）

g_i の方程式が

$$\mathrm{g}_i : a_ix+b_iy+c_i = 0 \quad (i = 1, 2)$$

の形で与えられているときは，これより，

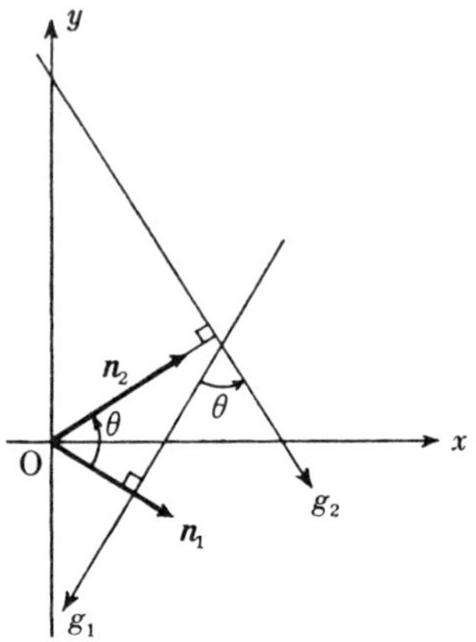

(1)　$g_1 // g_2 \Longleftrightarrow \boldsymbol{n}_1 = \pm\boldsymbol{n}_2 \Longleftrightarrow \dfrac{a_1}{a_2} = \dfrac{b_1}{b_2}$

(2)　$g_1 \perp g_2 \Longleftrightarrow \theta = \pm\dfrac{\pi}{2} \Longleftrightarrow \cos\theta = (\boldsymbol{n}_1, \boldsymbol{n}_2) = 0 \Longleftrightarrow a_1a_2 + b_1b_2 = 0$

同じように，二つの平面 $\pi_i : a_ix + b_iy + c_iz + d_i = 0$ $(i = 1, 2)$ の単位法線ベクトルを $\boldsymbol{n}_i = (l_i, m_i, n_i)$ $(i = 1, 2)$ とすると，交角 θ は，

$$\cos\theta = (\boldsymbol{n}_1, \boldsymbol{n}_2) = l_1l_2 + m_1m_2 + n_1n_2$$

で与えられる．したがって，

(1)　$\pi_1 // \pi_2 \Longleftrightarrow \boldsymbol{n}_1 = \pm\boldsymbol{n}_2 \Longleftrightarrow \dfrac{a_1}{a_2} = \dfrac{b_1}{b_2} = \dfrac{c_1}{c_2}$

(2)　$\pi_1 \perp \pi_2 \Longleftrightarrow \theta = \pm\dfrac{\pi}{2} \Longleftrightarrow \cos\theta = (\boldsymbol{n}_1, \boldsymbol{n}_2) = 0 \Longleftrightarrow a_1a_2 + b_1b_2 + c_1c_2 = 0$

空間の直線 $g : \dfrac{x - x_1}{a_1} = \dfrac{y - y_1}{b_1} = \dfrac{z - z_1}{c_1}$ と平面 $\pi : a_2x + b_2y + c_2z + d_2 = 0$ の交角 θ は，この直線と平面の法線 $\boldsymbol{n}_2 = (l_2, m_2, n_2)$ のなす角 φ の余角だから，

$$\sin\theta = \cos\varphi = (\boldsymbol{n}_1, \boldsymbol{n}_2) = l_1l_2 + m_1m_2 + n_1n_2$$

となる．とくに，

(1)　$g \perp \pi \Longleftrightarrow \boldsymbol{n}_1 = \pm\boldsymbol{n}_2 \Longleftrightarrow \dfrac{a_1}{a_2} = \dfrac{b_1}{b_2} = \dfrac{c_1}{c_2}$

(2) $g /\!/ \pi \Longleftrightarrow \sin\theta=0 \Longleftrightarrow a_1a_2+b_1b_2+c_1c_2=0$

とくに直線gが平面πに含まれるためには，さらに，$P_1(x_1, y_1, z_1) \in \pi$ の成り立つことが必要十分だから，

(3) $g \subset \pi \Longleftrightarrow a_1a_2+b_1b_2+c_1c_2=0, \quad a_2x_1+b_2y_1+c_2z_1+d_2=0$

例5 平行でない2平面 $\pi_i : a_ix+b_iy+c_iz+d_i=0$ $(i=1,2)$ の交線を求めよ．

解 交線の単位方向ベクトルを $\boldsymbol{n}=(l, m, n)$ とすると，これは π_1, π_2 の法線ベクトル $\boldsymbol{n}_1, \boldsymbol{n}_2$ に直交するから，それらのベクトル積 $\boldsymbol{n}_1\times\boldsymbol{n}_2$ と共線で，

$$l : m : n=\begin{vmatrix} b_1 & c_1 \\ b_2 & c_2 \end{vmatrix} : \begin{vmatrix} c_1 & a_1 \\ c_2 & a_2 \end{vmatrix} : \begin{vmatrix} a_1 & b_1 \\ a_2 & b_2 \end{vmatrix}$$

したがって，求める方程式は，交線上の1点 $P_0(x_0, y_0, z_0)$ をとって，

$$\frac{x-x_0}{\begin{vmatrix} b_1 & c_1 \\ b_2 & c_2 \end{vmatrix}}=\frac{y-y_0}{\begin{vmatrix} c_1 & a_1 \\ c_2 & a_2 \end{vmatrix}}=\frac{z-z_0}{\begin{vmatrix} a_1 & b_1 \\ a_2 & b_2 \end{vmatrix}}$$

例6 2直線 $g_i : \dfrac{x-x_i}{a_i}=\dfrac{y-y_i}{b_i}=\dfrac{z-z_i}{c_i}$ $(i=1,2)$ の交わるための条件を求めよ*)．

解 径数表示で，$g_i : \boldsymbol{x}=\boldsymbol{x}_i+\lambda_i\boldsymbol{a}_i$ $(i=1,2)$ の形に書くと，適当な λ_1, λ_2 によって，等式 $\boldsymbol{x}_1+\lambda_1\boldsymbol{a}_1=\boldsymbol{x}_2+\lambda_2\boldsymbol{a}_2$，すなわち，$\boldsymbol{x}_1-\boldsymbol{x}_2=-\lambda_1\boldsymbol{a}_1+\lambda_2\boldsymbol{a}_2$ が成り立てばよい．いいかえると，$\boldsymbol{x}_1-\boldsymbol{x}_2 \in [\boldsymbol{a}_1, \boldsymbol{a}_2]$．したがって，$\boldsymbol{a}_1, \boldsymbol{a}_2$ は線型独立で，$\boldsymbol{x}_1-\boldsymbol{x}_2$ は $\boldsymbol{a}_1\times\boldsymbol{a}_2$ に直交する：

$$(\boldsymbol{x}_1-\boldsymbol{x}_2,\ \boldsymbol{a}_1\times\boldsymbol{a}_2)=0,\ \text{あるいは}\begin{vmatrix} x_1-x_2 & y_1-y_2 & z_1-z_2 \\ a_1 & b_1 & c_1 \\ a_2 & b_2 & c_2 \end{vmatrix}=0$$

逆に，$\boldsymbol{a}_1\times\boldsymbol{a}_2 \neq \boldsymbol{0}$ でこの条件が成り立てば，g_1 と g_2 は交わる．

問31 斉次1次方程式の解法（第3章例8）を利用して，例5を解け．

問32 2直線 g_i が平行なための条件，一致するための条件を求めよ．

---

*) 平行でない2直線が交わらないとき，**ねじれの位置**にあるという．

問33　点 $P_0(x_0, y_0, z_0)$ から直線 g : $\dfrac{x-x_1}{l}=\dfrac{y-y_1}{m}=\dfrac{z-z_1}{n}$ $(l^2+m^2+n^2=1)$ へいたる最短距離を求めよ.

問34　2直線 g_i : $\dfrac{x-x_i}{a_i}=\dfrac{y-y_i}{b_i}=\dfrac{z-z_i}{c_i}$ $(i=1,2)$ の最短距離を求めよ.*)

---

*) $P_i=(x_i,\ y_i,\ z_i)$, $\boldsymbol{a}_i=(a_i,\ b_i,\ c_i)$ $(i=1,\ 2)$ とおくと, 共通垂線の方向は $\boldsymbol{a}_1\times\boldsymbol{a}_2$ だから, $\overrightarrow{P_1P_2}$ の $\boldsymbol{a}_1\times\boldsymbol{a}_2$ 方向への正射影の長さを求めればよい.

第 5 章 線型空間（再説）

現代数学においても，かけ算とわり算とは重要な役割をはたす．今回はわり算の方を考えることにする．商集合とか商空間とは何のことであろうか？ なれないとむずかしい感じがするが，なれてしまえば得られる産物は豊富である．

§1　商線型空間

【1】 同値関係　集合 Ω 上の**関係** R というのは，Ω の二つの要素の間に $x \sim y$（x は y に R の関係にある）かそうでない（$x \nsim y$ と書く）か，いずれかが成り立つときにいう*)．とくに関係 R が，

(1)　$x \sim x$　　（反射律）

(2)　$x \sim y \Rightarrow y \sim x$　　（対称律）

(3)　$x \sim y,\ y \sim z \Rightarrow x \sim z$　　（推移律）

をみたすとき，**同値関係**（または略して単に**関係**）とよぶ．同値関係がとくに重要なのは，これが，表現は違うが，**類別**（または**分割**）と同じことだからである．ここで，類別というのは，集合 Ω をたがいに共通部分のない空でない部分集合（**類**とよぶ）の合併に分けること：

$$\Omega = \bigcup_{\iota \in I} C_\iota \quad (\text{または } \Omega = C_1 \cup C_2 \cup \cdots\cdots)$$

にほかならない．

実際，R として，「x と y を同時に含む類が存在する」を考えると，これは明らかに同値関係である**)．

逆に，集合 Ω 上に一つの同値関係 R があったとしよう．Ω の要素 a に対して

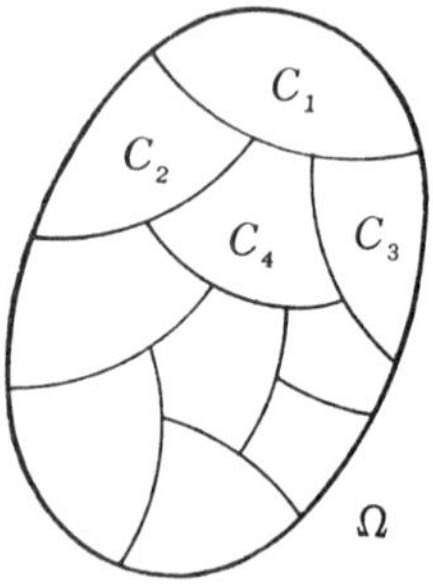

*) 関係 $x \sim y$ にある2要素の対 (x, y) の全体 Γ は積集合 $\Omega \times \Omega$ の部分集合（$\neq \phi$）となる．この Γ を R の**グラフ**といい，しばしば R と同一視する．だから，関係とは，$\Omega \times \Omega$ の部分集合といってもよい．

**) 異なった類が交わらないことは，(3) の推移律をいうのにきいてくる．

aに同値な要素を全部をかき集めて，

$$C_a = \{x | x \in \Omega,\ x \sim a\}$$

を作ることができる．(1)の反射律によって，$a \in C_a$（したがって$C_a \neq \phi$で$\bigcup_{a \in \Omega} C_a = \Omega$)．これについて，さらに，

$$a \sim b \Rightarrow C_a = C_b, \qquad a \nsim b \Rightarrow C_a \cap C_b = \phi$$

が成り立つ．実際，$a \sim b$ならば，$x \in C_a$に対して，$x \sim a, a \sim b$より推移律によって，$x \sim b$，したがって$x \in C_b$すなわち$C_a \subset C_b$である．対称律により，aとbをとり替えて$C_b \subset C_a$，合わせて$C_a = C_b$がでる．次に，もし，$C_a \cap C_b \neq \phi$で，$C_a \cap C_b$に要素cが含まれていると，$c \in C_a$より$c \sim a$，一方$c \in C_b$より$c \sim b$，したがって対称律と推移律により$a \sim c, c \sim b$から$a \sim b$が出る．だから，対偶をとれば，上の主張の後半がでる．

この二つの結論を組み合わせると，$C_a \neq C_b$なら$a \nsim b$だから，$C_a \cap C_b = \phi$，つまり，異なった二つの類は交わらない．先の$\bigcup C_a = \Omega$と合わせて，類C_aはΩの類別を形作る．

要するに，同値関係を与えることと，全体集合Ωの類別を考えることとは同値なのである．この二つは，同一の事態の表裏をなすにすぎないのであって，前者はその内包的側面を，後者は外延的側面を表わすものである．

【2】 商集合　さて，類別があると，今度は類の集合：$\bar{\Omega} = \{C_a | a \in \Omega\}$を考えることができる． これを$\Omega$を関係Rで割った**商集合**といい$\Omega/\mathrm{R}$と書く[*]．$\Omega$の要素$x$にそれを含む類$C_x$を対応させる写像

$$\varphi : x \longmapsto C_x$$

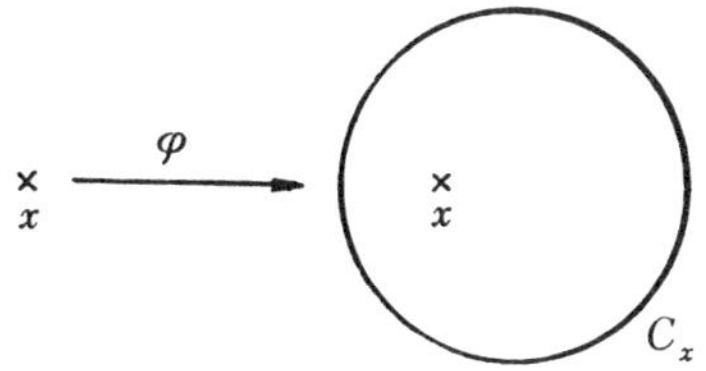

[*] $a \sim b \Leftrightarrow C_a = C_b$だから，商集合を考えることは同値関係$\sim$をもっとも平凡な等号にしてしまうことにほかならない．

はΩから商集合Ω/Rの上への写像（全射）で，これをRに関する**標準写像**とよぶ．Ωから他の集合Ω'への写像fは，

$$x \sim y \Rightarrow f(x) = f(y)$$

つまり，同値な2要素x, yに対して同じ値をとるとき，同値関係Rと**両立する**というが，このときは類C_xの中のどの要素に対しても同じ値$f(x)$をとるから，これをC_xに対応させると，商集合Ω/RからΩ'への写像$\bar{f}: C_x \longmapsto f(x)$が得られる．この写像$\bar{f}$は$\varphi$とつなぐと$f$になる：

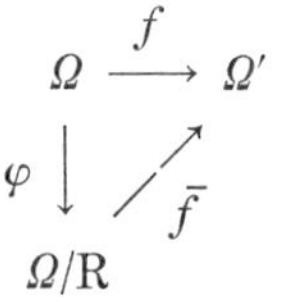

$$f = \bar{f} \circ \varphi$$

という性質で特徴づけられる*)．すなわち，

定理1　ΩからΩ'へのRと両立する写像fに対して，商集合Ω/RからΩ'への写像$\bar{f}$がただ一つ存在して$f = \bar{f} \circ \varphi$が成り立つ．

同値関係や商集合の実例は，実ははなはだ多い．

例1　$\Omega = \boldsymbol{Z}$（整数の全体），$x \sim y \Longleftrightarrow$「$y-x$が$n$で割り切れる」とすると**)，$x$と$y$が同値なことは，$n$で割った余りが同一なことだから，類は余りの数と同じだけ，つまり

$$C_0,\ C_1,\ C_2,\ \cdots\cdots,\ C_{n-1}$$

のn個できる．ここにC_rはnで割って余りがrになる整数の全体$n\boldsymbol{Z}+r$である***)．商集合は余りの集合$\{0, 1, 2, \cdots\cdots, n-1\}$と同一視でき，標準写像は$x$に$n$で割ったときの余りを対応させるものと同一視できる．

例2　$\Omega =$ 有限集合の全体，$x \sim y =$「xとyの間に双射がある」とすると****)，同値とは要素の数の等しいことで，商集合は要素の数の集合，すなわち**基数**（cardinal number）としての自然数の全体$\boldsymbol{N}$と同一視される（$\boldsymbol{N}$には空集合の基数としての0も含める）．

例3　$\Omega =$ 平面上の，あるいは空間の直線の全体，$x \sim y =$「xとyは平行

---

*)　fを関係Rで割って得られる写像ともいう．
)　とくに，xとyはnを法として合同**であるという．
***)　$nx+r$ $(x \in \boldsymbol{Z})$の全体のこと．
****)　xとyは**対等**であるという．

(重なる場合も含める)」とすると，商集合は平行直線の類の全体で，**方向**(向きを区別しない)の全体と同一視できる．

例 4 $\Omega=$ 物理量の全体，$x\sim y=$「$y=kx$ で，$k\neq 0$ は純粋の数」とすると[*]，類は同種の量ばかり集めたもので，物理では一名，**次元**とよばれる．だから，商集合は次元の全体である．

問 1 Ω から Ω' への写像 f に対して $x\sim y=$「$f(x)=f(y)$」とすると，これは同値関係であることを示せ[**]．このとき $\bar{f}$ はどうなるか．

問 2 上記の定理1の性質によって，双射を除いて商集合が特徴づけられることを示せ．すなわち，集合 $\bar{\Omega}_1$ と，Ω から $\bar{\Omega}_1$ への全射 φ_1 があって，任意の $f:\Omega\to\Omega'$ に対して，$\bar{f}_1:\bar{\Omega}_1\to\Omega'$ が存在して $f=\bar{f}_1\circ\varphi_1$ をみたすなら，Ω/R と $\bar{\Omega}_1$ は対等である(1対1に対応する)．

【3】 商線型空間 前述の一般論を，当面問題としている線型空間に適用してみる．V を線型空間，W をその部分線型空間とし，V の上で

$$\mathrm{R}:\boldsymbol{y}-\boldsymbol{x}\in W$$

という関係を考え，とくに，$\boldsymbol{x}\equiv\boldsymbol{y}\,(W)$ と書く．これが同値関係であることはすぐにわかる．実際

(1) $\boldsymbol{x}-\boldsymbol{x}=\boldsymbol{0}\in W$ だから，$\boldsymbol{x}\equiv\boldsymbol{x}$ (反射律)．

(2) $\boldsymbol{y}-\boldsymbol{x}\in W$ なら $\boldsymbol{x}-\boldsymbol{y}=-(\boldsymbol{y}-\boldsymbol{x})\in W$，すなわち，$\boldsymbol{x}\equiv\boldsymbol{y}$ なら $\boldsymbol{y}\equiv\boldsymbol{x}$ (対称律)．

(3) $\boldsymbol{y}-\boldsymbol{x}\in W$，$\boldsymbol{z}-\boldsymbol{y}\in W$ なら，$\boldsymbol{z}-\boldsymbol{x}=(\boldsymbol{z}-\boldsymbol{y})+(\boldsymbol{y}-\boldsymbol{x})\in W$，すなわち，$\boldsymbol{x}\equiv\boldsymbol{y}$，$\boldsymbol{y}\equiv\boldsymbol{z}$ なら $\boldsymbol{x}\equiv\boldsymbol{z}$ (推移律)．

この同値関係による，ベクトル $\boldsymbol{x}$ を含む類は，$\boldsymbol{x}+W=\{\boldsymbol{x}+\boldsymbol{y}\mid\boldsymbol{y}\in W\}$ の形をしている[***]．このような類の全体が商集合をなすが，この場合それをとくに V/W と書く．ところが，二つの類 $\boldsymbol{x}+W$，$\boldsymbol{y}+W$ について

---

[*] x と y は**アナログ**であるという．

[**] これを f に従う同値関係という．

[***] 一般に二つの部分集合 A,B に対して，A のベクトルと B のベクトルの和の全体を $A+B$ と書いたことを思い起こせ (30ページ)．

$$(\boldsymbol{x}+W)+(\boldsymbol{y}+W)=(\boldsymbol{x}+\boldsymbol{y})+W \quad \cdots\cdots (1)$$

$$\lambda(\boldsymbol{x}+W)=\lambda\boldsymbol{x}+W \quad (\lambda \in k, \lambda \neq 0)$$

が成り立つ．つまり，二つの類の中の任意のベクトルを加えると，その和はちょうどまた類になり，一つの類のスカラー倍もまた一つの類になる．これによって類の加法とスカラー倍を定義すると，商集合 V/W は線型空間になる．

定義8　この線型空間 V/W を W を法とする**商線型空間**とよぶ．

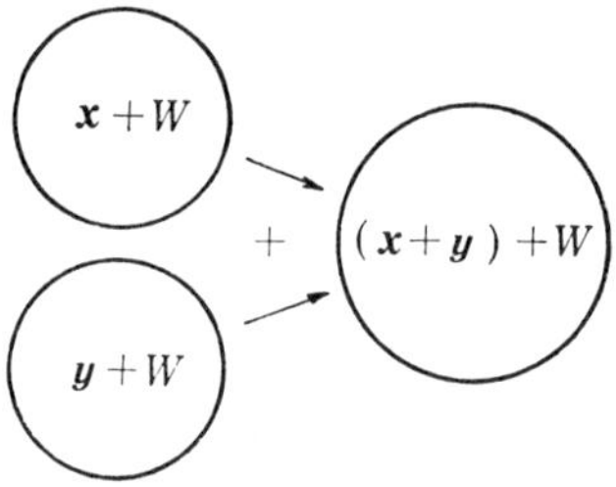

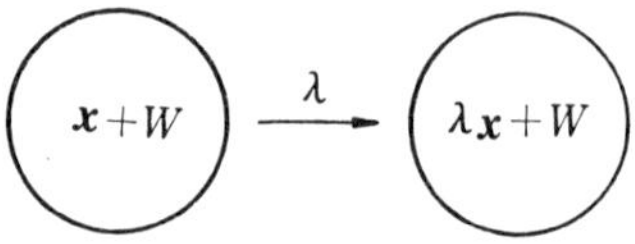

Rに関する標準写像 φ は，V から商線型空間 V/W の上への写像で，

$$\varphi(\boldsymbol{x})=\boldsymbol{x}+W$$

となるものである．これで上記の和の定義などの(1)を書き直すと，

$$\varphi(\boldsymbol{x}+\boldsymbol{y})=\varphi(\boldsymbol{x})+\varphi(\boldsymbol{y}), \qquad \varphi(\lambda\boldsymbol{x})=\lambda\varphi(\boldsymbol{x}) \quad \cdots\cdots (2)$$

すなわち，φ は V から V/W への線型写像である．

問3　(1)の関係をたしかめよ．

問4　V/W が線型空間になることを示せ．$\boldsymbol{0}$ ベクトルは何か，反ベクトルはどうなるか．

【4】 準同型定理　次に，V から線型空間 V' への線型写像 f で，$\boldsymbol{x} \equiv \boldsymbol{y}\ (W)$ なら $f(\boldsymbol{x})=f(\boldsymbol{y})$ となるものを考える．とくに $\boldsymbol{y}=\boldsymbol{0}$ とおくと，$\boldsymbol{x} \in W$ に対して，$f(\boldsymbol{x})=f(\boldsymbol{0})=\boldsymbol{0}$ となる．すなわち，f は

$$f(W) = \mathbf{0} \quad \cdots\cdots\cdots\cdots\cdots\cdots\cdots\cdots\cdots\cdots\cdots\cdots \quad (3)$$

をみたす．逆に，これが成り立てば，$\boldsymbol{y}-\boldsymbol{x} \in W$ から，$f(\boldsymbol{y})-f(\boldsymbol{x}) = f(\boldsymbol{y}-\boldsymbol{x}) = \mathbf{0}$ を得るから，f が W による同値関係 R と両立するということは，(3)が成り立つのと同じことである．

この場合，[2] 項定理 1 より，V/W から V' への写像 $\bar{f}$ で $f = \bar{f}\circ\varphi$ をみたすものが存在するが，類の和・スカラー倍の定義 (1) からすぐわかるように，$\bar{f}$ は線型写像となる．すなわち，

定理 2　V から線型空間 V' への (3) をみたす線型写像 f に対して，商線型空間 V/W から V' への線型写像 $\bar{f}$ がただ一つ存在して $f = \bar{f}\circ\varphi$ が成り立つ．

とくに，W が f による核，つまり $\mathbf{0}$ の逆像 $\overset{-1}{f}(\mathbf{0})$ に一致するときは，$\bar{f}(\boldsymbol{x}+W) = \mathbf{0}$ から，$f(\boldsymbol{x}) = \mathbf{0}$，$\boldsymbol{x} \in \overset{-1}{f}(\mathbf{0}) = W$，したがって，$\boldsymbol{x}+W = W = \bar{\mathbf{0}}$ (V/W の零ベクトル) となるから，線型写像 $\bar{f}$ は 1 対 1 (単射) になる．だからとくに f が V から V' の上への線型写像の場合には，$\bar{f}$ は V/W から V' の上への同型写像になる．いいかえると*)，

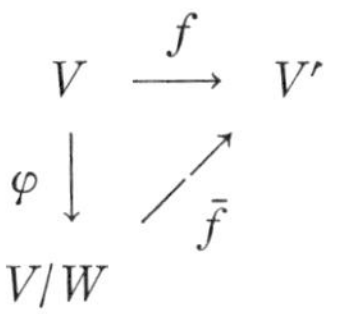

定理 3　線型空間 V から V' の上への線型写像 f があるときは，V' は商線型空間 $V/\overset{-1}{f}(\mathbf{0})$ に同型である．

問 5　$\bar{f}$ が線型写像となることを示せ．

問 6　V から V' の上への線型写像 f があるとき，V' の部分線型空間 W' の逆像 $W = \overset{-1}{f}(W')$ は V の部分線型空間になり，二つの商線型空間 V/W と V'/W' とが同型になることを示せ．

【5】 商線型空間の次元　V が有限 n 次元であるとすると，その部分線型空間 W はもちろん有限次元 s で，s は n を超えない ($s \leqslant n$)．前に述べた基底の作り方 (50 ページ) から，V の基底

$$\boldsymbol{e}_1, \boldsymbol{e}_2, \cdots\cdots, \boldsymbol{e}_s, \boldsymbol{e}_{s+1}, \cdots\cdots, \boldsymbol{e}_n$$

で，前半の $\boldsymbol{e}_i$ $(1 \leqslant i \leqslant s)$ が W に属するようにとれる．商線型空間 V/W の要

*) 線型空間の**準同型定理**ということがある．

素 (つまり V の類) $\boldsymbol{x}+W$ を $\bar{\boldsymbol{x}}$ と略記することにし,

$$\boldsymbol{x}=\sum_{i=1}^{s}\lambda_i\boldsymbol{e}_i+\sum_{j=s+1}^{n}\lambda_j\boldsymbol{e}_j \quad\cdots\cdots\cdots\cdots\cdots\cdots\cdots\cdots\cdots\cdots\cdots\cdots\quad (4)$$

と表わすと, $\bar{\boldsymbol{e}}_i=\boldsymbol{e}_i+W=W\,(1\leqslant i\leqslant s)$ だから,

$$\bar{\boldsymbol{x}}=\sum_{i=1}^{s}\lambda_i\bar{\boldsymbol{e}}_i+\sum_{j=s+1}^{n}\lambda_j\bar{\boldsymbol{e}}_j=\sum_{j=s+1}^{n}\lambda_j\bar{\boldsymbol{e}}_j \quad\cdots\cdots\cdots\cdots\cdots\cdots\cdots\cdots\quad (5)$$

となる．しかも，もし $\bar{\boldsymbol{x}}=\bar{\boldsymbol{0}}$, つまり $\boldsymbol{x}\in W$ とすると, (4) で $\lambda_j=0\,(s<j\leqslant n)$ となるから, (5) でも $\lambda_j=0\,(s<j\leqslant n)$, すなわち, $\bar{\boldsymbol{e}}_{s+1},\cdots\cdots,\bar{\boldsymbol{e}}_n$ は V/W で線型独立である．しかも上述のようにこれらは V/W を生成するから，これが V/W の基底，したがって,

定理 4

$$\dim(V/W)=n-s=\dim V-\dim W \quad\cdots\cdots\cdots\cdots\cdots\cdots\cdots\cdots\quad (6)$$

が得られる．

n 次元線型空間 V から m 次元線型空間 V' への線型写像 f の階数を r とすると，階数とは像の次元だから, $\dim f(V)=r$．そこで, f の核を $W=\overset{-1}{f}(\boldsymbol{0})$ とすると，上の定理 3 から，商線型空間 V/W と $f(V)$ は同型だから，もちろん同じ次元をもつ．したがって (6) から,

$$r=\dim(V/W)=n-s$$

すなわち, $n=s+r$,

$$\dim V=\dim(V/W)+\dim f(V)$$

という関係が成り立つ．

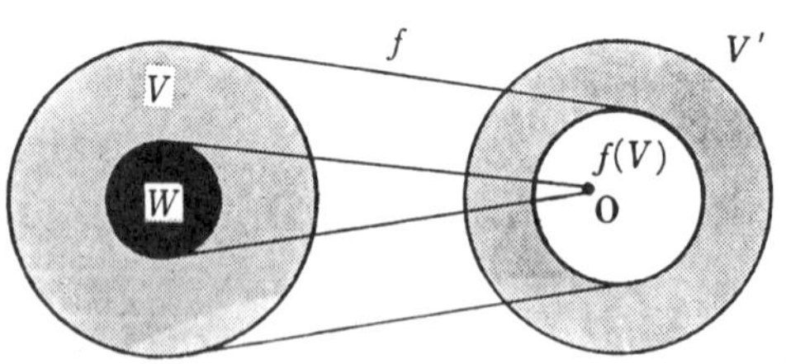

これを斉次 1 次方程式 $A\boldsymbol{x}=\boldsymbol{0}$ に適用すると,

定理 5 係数行列 A の階数を r とすると，解は次元 $n-r$ の部分線型空間をなす.

【6】 同値な行列 線型空間 V から V' への線型写像を f とする. V の基底 $\boldsymbol{e}_1, \boldsymbol{e}_2, \cdots\cdots, \boldsymbol{e}_n$, V' の基底 $\boldsymbol{f}_1, \boldsymbol{f}_2, \cdots\cdots, \boldsymbol{f}_m$ を選ぶと，f にその表現行列 $A=(a_{ik})$ が対応する. すなわち,

$$f(\boldsymbol{e}_k)=\sum_{i=1}^{m}\boldsymbol{f}_i a_{ik} \quad (1\leqslant k\leqslant n)$$

あるいは，もっとわかりやすく，

$$(f(\boldsymbol{e}_1)\cdots\cdots f(\boldsymbol{e}_n))=(\boldsymbol{f}_1\boldsymbol{f}_2\cdots\cdots\boldsymbol{f}_m)A \cdots\cdots\cdots\cdots\cdots\cdots\cdots (7)$$

によって，f の表現行列 A が規定される.

基底を変えればもちろん表現行列も変わる.

$$(\boldsymbol{e}_1'\boldsymbol{e}_2'\cdots\cdots\boldsymbol{e}_n')=(\boldsymbol{e}_1\boldsymbol{e}_2\cdots\cdots\boldsymbol{e}_n)P, \qquad (\boldsymbol{f}_1\boldsymbol{f}_2\cdots\cdots\boldsymbol{f}_m)=(\boldsymbol{f}_1'\boldsymbol{f}_2'\cdots\cdots\boldsymbol{f}_m')Q$$

によって新基底に移ると，左の等式の両辺に f をほどこして，(7) と右の等式を利用することによって，新しい表現行列

$$A'=QAP \quad (P, Q : \text{正則行列}) \cdots\cdots\cdots\cdots\cdots\cdots\cdots\cdots (8)$$

を得る.

さて，mn 行列の全体を Ω とし，その中に (8) によって関係 $A\sim A'$ を導入すると，これは明らかに同値関係となる. 実際

(1) $A=IAI$ (I : 単位行列) だから，$A\sim A$ (反射律)

(2) $A'=QAP$ なら $A=Q^{-1}A'P^{-1}$ (対称律)

(3) $A'=QAP$, $A''=Q'A'P'$ なら，$A''=(Q'Q)A(PP')$ (推移律)

したがって，一つの線型写像 f に対して，今述べた意味での**同値**な行列の類 C_f が対応する.

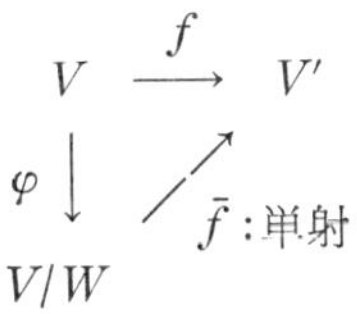

今，f あるいは A の階数を r とすると，f の核 $W=\overset{-1}{f}(\boldsymbol{0})$ の次元は $s=n-r$ に等しい. 定理 3 から，V/W から V' への 1 対 1 の線型写像 $\bar{f}$ で $f=\bar{f}\circ\varphi$ をみたすものが存在する. そこで，V の基底 $\boldsymbol{e}_1, \boldsymbol{e}_2, \cdots\cdots, \boldsymbol{e}_r, \boldsymbol{e}_{r+1}$,

……, $\boldsymbol{e}_n$ を今度は後半が W の基底をなすようにとる．すると前項に述べたように，前半の φ による像 $\bar{\boldsymbol{e}}_1, \bar{\boldsymbol{e}}_2, \cdots\cdots, \bar{\boldsymbol{e}}_r$ が V/W の基底であるから，これらを $\bar{f}$ で V' に移すと，V/W と $f(V)$ との同型性によって，$\boldsymbol{f}_1 = \bar{f}(\bar{\boldsymbol{e}}_1), \cdots\cdots, \boldsymbol{f}_r = \bar{f}(\bar{\boldsymbol{e}}_r)$ が $f(V)$ の基底をなす．

そこで，これを補って，V' の基底 $\boldsymbol{f}_1, \cdots\cdots, \boldsymbol{f}_r, \boldsymbol{f}_{r+1}, \cdots\cdots, \boldsymbol{f}_m$ を作る．一覧表にすると，右のようになる．

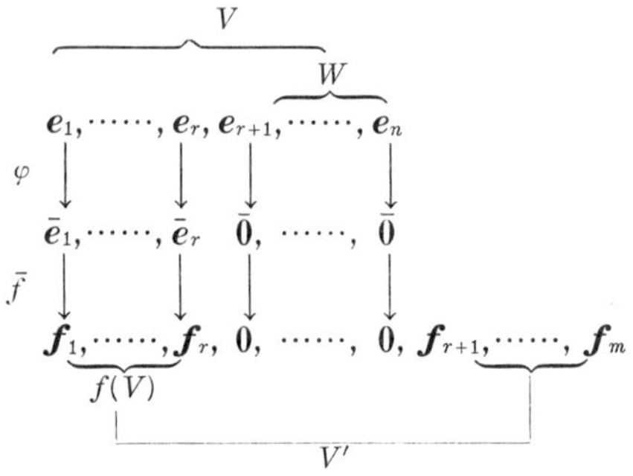

この基底によると

$$f(\boldsymbol{e}_1) = \boldsymbol{f}_1, \cdots\cdots, f(\boldsymbol{e}_r) = \boldsymbol{f}_r,$$

$$f(\boldsymbol{e}_{r+1}) = \boldsymbol{0}, \cdots\cdots, f(\boldsymbol{e}_n) = \boldsymbol{0}$$

だから，その表現行列は

$$A_0 = \left(\begin{array}{c|c} \overbrace{\begin{matrix} 1 & & \\ & \ddots & \\ & & 1 \end{matrix}}^{r} & 0 \\ \hline 0 & 0 \end{array}\right) \cdots\cdots\cdots\cdots (9)$$

の形になる．だから，

定理 6　任意の mn 行列 A の階数を r とすると，A は (9) の形の標準形に同値になる．

したがって，行列の同値類の中には一つずつ (9) の形の標準形の行列が含まれていることになる．だから，二つの mn 行列が同値かどうかは，上のように標準形に直すなどして，階数 r を求めてみればよいことがわかる．階数が一致

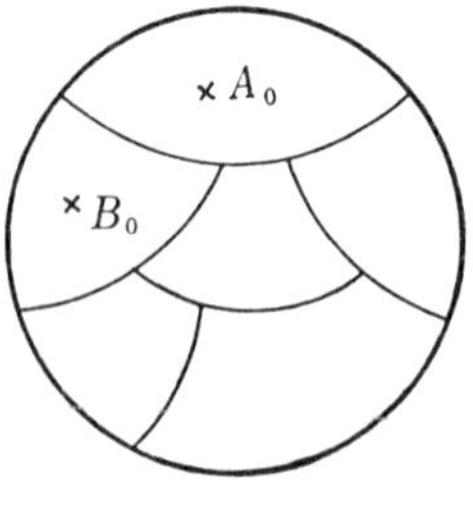

すれば同値，そうでなければ，同値でない．

【7】 相似な行列　特別の場合として，線型空間 V からそれ自身への線型写像 (V の**自己準同型**という) f を考えると，表現行列 $A=(a_{ik})$ は正方行列であり，基底の変換：

$$(\boldsymbol{e}_1'\boldsymbol{e}_2'\cdots\cdots\boldsymbol{e}_n')=(\boldsymbol{e}_1\boldsymbol{e}_2\cdots\cdots\boldsymbol{e}_n)P$$

によって

$$A'=P^{-1}AP\quad (P\text{は正則行列})\cdots\cdots\cdots\cdots\cdots\cdots\cdots\cdots (10)$$

と変換される．

そこで，n 次の正方行列の全体を Ω として，その中に (10) によって関係 $A\sim A'$ を導入すると，これも同値関係になる．実際，

(1)　$A'=I^{-1}AI$ だから，$A\sim A$　　(反射律)

(2)　$A'=P^{-1}AP$ なら，$A=(P^{-1})^{-1}A'P^{-1}$　　(対称律)

(3)　$A'=P^{-1}AP,\ A''=P'^{-1}A'P'$ なら，$A''=(PP')^{-1}A(PP')$　　(推移律)

この関係を前の同値と区別して**相似**とよぶ．したがって，V の自己準同型には，今述べた意味での相似な正方行列の類が対応する．明らかに，相似なら同値だから，相似の方が同値より細かい同値関係であるということができる．

しからば，相似についても，定理 6 のような標準形があって簡単に相似性の判定ができないだろうか？　それは以下の章の課題となる．

§2　線型空間の分解

【1】 積線型空間　二つの線型空間 V_1, V_2 に対して，V_1 のベクトルと V_2 のベクトルの組 $(\boldsymbol{x}_1, \boldsymbol{x}_2)$ 全体 $V_1\times V_2$ は和とスカラー倍を

1°　$(\boldsymbol{x}_1, \boldsymbol{x}_2)+(\boldsymbol{y}_1, \boldsymbol{y}_2)=(\boldsymbol{x}_1+\boldsymbol{y}_1, \boldsymbol{x}_2+\boldsymbol{y}_2)$

2°　$\lambda(\boldsymbol{x}_1, \boldsymbol{x}_2)=(\lambda\boldsymbol{x}_1, \lambda\boldsymbol{x}_2)$

で定義すると，また線型空間になる．これは，第 1 章の線型空間の定義1°—7°を一つ一つたしかめてみればよい．

定義 9　この線型空間 $V_1\times V_2$ を V_1 と V_2 の**積線型空間**という．

体[*] k は明らかに k 上の線型空間であるが，その n 個の積 $k\times\cdots\cdots\times k=k^n$ は，k 上の n 項数ベクトルの線型空間にほかならない．

問 7　一般に，任意個の線型空間 $V_\iota(\iota\in I)$ に対して，各 V_ι から一つずつ取ってきたベクトルの組 $(\boldsymbol{x}_\iota)$ の全体 $\prod_{\iota\in I} V_\iota$ はまた線型空間になることを示せ．とくに有限個の線型空間 $V_1, V_2, \cdots\cdots, V_n$ の積 $V_1\times V_2\times\cdots\cdots\times V_n$ もまた線型空間になる．

今，V_1 が有限次元 m でその基底を $\boldsymbol{e}_1, \boldsymbol{e}_2, \cdots\cdots, \boldsymbol{e}_m$, V_2 が有限次元 n でその基底を $\boldsymbol{f}_1, \boldsymbol{f}_2, \cdots\cdots, \boldsymbol{f}_n$ とすると，これらを組合わせた $(m+n)$ 個の $(\boldsymbol{e}_1, \boldsymbol{0}), \cdots\cdots, (\boldsymbol{e}_m, \boldsymbol{0}), (\boldsymbol{0}, \boldsymbol{f}_1), \cdots\cdots, (\boldsymbol{0}, \boldsymbol{f}_n)$ が積線型空間 $V_1\times V_2$ の基底になる．実際，$V_1\times V_2$ の任意のベクトル $(\boldsymbol{x}_1, \boldsymbol{x}_2)$ は，

$$
\begin{aligned}
(\boldsymbol{x}_1, \boldsymbol{x}_2) &= (\boldsymbol{x}_1, \boldsymbol{0})+(\boldsymbol{0}, \boldsymbol{x}_2)\\
&= \left(\sum_{i=1}^{m}\alpha_i\boldsymbol{e}_i, \boldsymbol{0}\right)+\left(\boldsymbol{0}, \sum_{j=1}^{n}\beta_j\boldsymbol{f}_j\right)\\
&= \sum_{i=1}^{m}\alpha_i(\boldsymbol{e}_i, \boldsymbol{0})+\sum_{j=1}^{n}\beta_j(\boldsymbol{0}, \boldsymbol{f}_j)
\end{aligned}
$$

とこれらのベクトルの線型結合で表わされ，$(\boldsymbol{x}_1, \boldsymbol{x}_2)=(\boldsymbol{0}, \boldsymbol{0})$ は，V_1 内ですべての $\alpha_i=0$ を V_2 内ですべての $\beta_j=0$ を導くからである．したがって，

定理 7　$\dim(V_1\times V_2)=\dim V_1+\dim V_2$.

問 8　n 個の線型空間の積の次元は各線型空間の次元の和に等しいことを示せ．

問 9　n 項数ベクトルの線型空間の次元は n に等しいことを示せ．

【2】 部分線型空間の和　一つの線型空間 V の二つの部分線型空間 W_1, W_2 について，W_1 と W_2 の積 $W_1\times W_2$ から V への写像

$$f:(\boldsymbol{x}_1, \boldsymbol{x}_2)\longmapsto\boldsymbol{x}_1+\boldsymbol{x}_2$$

は明らかに一つの線型写像である．

問10　f が線型写像であることをたしかめよ．

---

[*] 加減乗除（0での除法を除く）の四則の可能な集合．普通実数体 $\boldsymbol{R}$ か複素数体 $\boldsymbol{C}$ を考える．

この線型写像 f の像の全体 $\{\boldsymbol{x}_1+\boldsymbol{x}_2 \mid \boldsymbol{x}_1 \in W_1, \boldsymbol{x}_2 \in W_2\}$ を W_1 と W_2 の**和**といい，W_1+W_2 と書くのであった．したがって，和 W_1+W_2 は V の部分線型空間であることがわかる．また f の核 $N=\overset{-1}{f}(\boldsymbol{0})$ は，$\boldsymbol{x}_1+\boldsymbol{x}_2=\boldsymbol{0}$ となる $(\boldsymbol{x}_1, \boldsymbol{x}_2)=(\boldsymbol{x}_1, -\boldsymbol{x}_1)$ の全体である．ここで，$\boldsymbol{x}_1=-\boldsymbol{x}_2 \in W_2$ だから，けっきょく $\boldsymbol{x}_1 \in W_1 \cap W_2$ で，

$$N=\{(\boldsymbol{x}, -\boldsymbol{x}) \mid \boldsymbol{x} \in W_1 \cap W_2\}$$

となる．したがって，前節で述べた準同型定理*) （定理３）より，$W_1 \times W_2$ を N で割った商線型空間は，和 W_1+W_2 と同型である．

ところで，一般に商線型空間 V/N の次元については，定理４で示したように，

$$\dim(V/N)=\dim V-\dim N$$

が成り立つ．（V の基底 $\boldsymbol{e}_1, \cdots\cdots, \boldsymbol{e}_s, \boldsymbol{e}_{s+1}, \cdots\cdots, \boldsymbol{e}_n$ のうち，$\boldsymbol{e}_1$ から $\boldsymbol{e}_s$ までが N の基底であるとすると $\bar{\boldsymbol{e}}_{s+1}, \cdots\cdots, \bar{\boldsymbol{e}}_n$ が V/N の基底になる．）

したがって，上に述べたことより，

$$\dim(W_1+W_2)=\dim(W_1 \times W_2)-\dim N$$

となるが，核 N は実は写像：$\boldsymbol{x} \longmapsto (\boldsymbol{x}, -\boldsymbol{x})$ によって $W_1 \cap W_2$ に同型である．

したがって，$\dim N=\dim(W_1 \cap W_2)$ だから，定理７を考えに入れると，

定理８ $\dim(W_1+W_2)=\dim W_1+\dim W_2-\dim(W_1 \cap W_2)$

問11 同型 $N \cong W_1 \cap W_2$ をたしかめよ．

問12 有限個の部分線型空間 $W_1, \cdots\cdots, W_r$ の積から V への写像

$$f:(\boldsymbol{x}_1, \boldsymbol{x}_2, \cdots\cdots, \boldsymbol{x}_r) \longmapsto \boldsymbol{x}_1+\boldsymbol{x}_2+\cdots\cdots+\boldsymbol{x}_r=\sum_{i=1}^{r} \boldsymbol{x}_i$$

を考えて，部分線型空間の和を定義せよ．

【３】 部分線型空間の直和 とくに，$W_1 \cap W_2=\{\boldsymbol{0}\}$ の場合には，前項の写像 f は単射となり，和 W_1+W_2 と積 $W_1 \times W_2$ とは同型になる．だから，W_1+W_2 のベクトル $\boldsymbol{x}_1+\boldsymbol{x}_2\ (\boldsymbol{x}_i \in W_i)$ の表わし方は一意的である．すなわち，

$$\boldsymbol{x}_1+\boldsymbol{x}_2=\boldsymbol{y}_1+\boldsymbol{y}_2 \quad \text{なら，} \quad \boldsymbol{x}_1=\boldsymbol{y}_1, \boldsymbol{x}_2=\boldsymbol{y}_2.$$

---

*) V を核で割った $V/\overset{-1}{f}(\boldsymbol{0}) \cong f(V)$ というのが準同型定理．

このようなとき，和 W_1+W_2 は**直和**であるといい，とくに $W_1 \oplus W_2$ と書く．

定理9　和 W_1+W_2 が直和ならば，　$\dim(W_1 \oplus W_2) = \dim W_1 + \dim W_2$．$W_1$ の基底を $\boldsymbol{e}_1, \boldsymbol{e}_2, \cdots\cdots, \boldsymbol{e}_m$，$W_2$ の基底を $\boldsymbol{f}_1, \boldsymbol{f}_2, \cdots\cdots, \boldsymbol{f}_n$ とすると，この両者を合わせた $\boldsymbol{e}_1, \cdots\cdots, \boldsymbol{e}_m, \boldsymbol{f}_2, \cdots\cdots, \boldsymbol{f}_n$ が直和 $W_1 \oplus W_2$ の基底になる．

同様に r 個の部分線型空間 $W_1, W_2, \cdots\cdots, W_r$ は

$$W_i \cap (W_1 + \cdots\cdots + W_{i-1}) = \{\boldsymbol{0}\} \quad (i = 2, 3, \cdots\cdots, n)$$

が成り立つとき，またそのときにかぎって，問12の写像 f が単射となる．このとき，$W_1, W_2, \cdots\cdots, W_r$ の和は直和であるといい，

$$W_1 \oplus W_2 \oplus \cdots\cdots \oplus W_r, \qquad \text{または} \bigoplus_{i=1}^{r} W_i$$

と書く．

問13　このことを証明せよ．また，r 個の部分線型空間の直和の次元は，各部分線型空間の次元の和に等しいことを示せ．

§3　双対空間

【1】　線型写像の空間　線型空間 V から V' への線型写像 f, g があると，

$$(f+g)(\boldsymbol{x}) = f(\boldsymbol{x}) + g(\boldsymbol{x}), \qquad (\lambda f)(\boldsymbol{x}) = \lambda f(\boldsymbol{x}) \quad (\boldsymbol{x} \in V)$$

によって定義される写像 $f+g : \boldsymbol{x} \longmapsto f(\boldsymbol{x}) + g(\boldsymbol{x}), \lambda f : \boldsymbol{x} \longmapsto \lambda f(\boldsymbol{x})$ はまた，V から V' への線型写像である．この和とスカラー倍の定義によって，V から V' への線型写像の全体 $\mathcal{L}(V, V')$ はまた一つの線型空間になることが容易にたしかめられる．

問14　$\mathcal{L}(V, V')$ が線型空間となることをたしかめよ．

【2】　双対空間　とくに，線型空間 V から係数体 k への線型写像は，V 上の**線型形式**とか**線型関数**とよばれている．これは，V の基底を $\boldsymbol{e}_1, \boldsymbol{e}_2, \cdots\cdots, \boldsymbol{e}_n$ として，V のベクトルを $\boldsymbol{x} = \sum_{i=1}^{n} \boldsymbol{e}_i x_i$ と書くと，

$$f(\boldsymbol{x}) = \sum_{i=1}^{n} f(\boldsymbol{e}_i) x_i$$

だから，基底ベクトルに対する f の値を $a_i = f(\boldsymbol{e}_i)$ とおくと，

$$f(\boldsymbol{x})=\sum_{i=1}^{n}a_ix_i=a_1x_1+a_2x_2+\cdots\cdots+a_nx_n$$

と書けるためである．(この右辺の形の式をもともと線型形式とよんでいた.)

このV上の線型形式の作る線型空間 $\mathscr{L}(V,k)$ をとくに V の**双対空間**といい，V^* と書く．その元である線型形式を $\boldsymbol{x}',\boldsymbol{y}',\cdots\cdots$，$V$ のベクトル $\boldsymbol{x}$ に対するその値を $\langle\boldsymbol{x},\boldsymbol{x}'\rangle$ と書くことにする．すると，$\boldsymbol{x}'$ が線型写像であることは，

1) $\langle\boldsymbol{x}_1+\boldsymbol{x}_2,\boldsymbol{x}'\rangle=\langle\boldsymbol{x}_1,\boldsymbol{x}'\rangle+\langle\boldsymbol{x}_2,\boldsymbol{x}'\rangle,\quad \langle\lambda\boldsymbol{x},\boldsymbol{x}'\rangle=\lambda\langle\boldsymbol{x},\boldsymbol{x}'\rangle$

2) すべての $\boldsymbol{x}\in\boldsymbol{V}$ に対して $\langle\boldsymbol{x},\boldsymbol{x}'\rangle=0$ なら，$\boldsymbol{x}'=\boldsymbol{0}$

でまとめられる．また，V^* が線型空間をなすことは，

3) $\langle\boldsymbol{x},\boldsymbol{x}_1'+\boldsymbol{x}_2'\rangle=\langle\boldsymbol{x},\boldsymbol{x}_1'\rangle+\langle\boldsymbol{x},\boldsymbol{x}_2'\rangle,\quad \langle\boldsymbol{x},\lambda\boldsymbol{x}'\rangle=\lambda\langle\boldsymbol{x},\boldsymbol{x}'\rangle$

とまとめられる．

【3】 双対基底　V が n 次元であるとし，その基底を $\boldsymbol{e}_1,\boldsymbol{e}_2,\cdots\cdots,\boldsymbol{e}_n$ とすると，上に示したように，V^* の元 $\boldsymbol{x}'$，すなわち V 上の線型形式は，基底ベクトル $\boldsymbol{e}_i$ に対する値 $a_i=\langle\boldsymbol{e}_i,\boldsymbol{x}'\rangle$ で完全に定まる．しかも，この値 a_i は任意に与えることができることも明らかである．

とくに，各 i について，$a_i=1$，$a_k=0\ (k\neq i)$ にとったときの線型形式を $\boldsymbol{e}_i'$ と書くと*)，

$$\langle\boldsymbol{e}_i,\boldsymbol{e}_k'\rangle=\delta_{ik}$$

となっている．任意の線型形式 $\boldsymbol{x}'$ の $\boldsymbol{e}_i$ に対する値 $a_i=\langle\boldsymbol{e}_i,\boldsymbol{x}'\rangle$ を用いて，線型形式 $\boldsymbol{x}''=\sum_{k=1}^{n}\boldsymbol{e}_k'a_k$ を作ると，V の各基底ベクトル $\boldsymbol{e}_i$ に対して，

$$\langle\boldsymbol{e}_i,\boldsymbol{x}''\rangle=\langle\boldsymbol{e}_i,\sum_{k=1}^{n}\boldsymbol{e}_k'a_k\rangle=\sum_{k=1}^{n}\langle\boldsymbol{e}_i,\boldsymbol{e}_k'\rangle a_k=a_i=\langle\boldsymbol{e}_i,\boldsymbol{x}'\rangle$$

が成り立つから，V の任意のベクトル $\boldsymbol{x}$ に対して，

$$\langle\boldsymbol{x},\boldsymbol{x}''\rangle=\langle\boldsymbol{x},\boldsymbol{x}'\rangle$$

となり，前項の 2) より $\boldsymbol{x}''=\boldsymbol{x}'$ を得る．だから，V^* の任意の元 $\boldsymbol{x}'$ が $\boldsymbol{e}_1',\boldsymbol{e}_2',\cdots\cdots,\boldsymbol{e}_n'$ の線型結合 $\boldsymbol{x}'=\sum_{k=1}^{n}\boldsymbol{e}_k'a_k$ となる．とくに，$\boldsymbol{x}'=\boldsymbol{0}$ とすると，各 $a_k=\langle\boldsymbol{e}_k,\boldsymbol{x}'\rangle=0$ だから，$\boldsymbol{e}_1',\cdots\cdots,\boldsymbol{e}_n'$ は線型独立である．いいかえると，$\boldsymbol{e}_1',\cdots\cdots,$

*) δ_{ik} はクロネッカーの記号，すなわち $i=k$ なら1，$i\neq k$ なら0という値をとる記号である．

$\boldsymbol{e}_n'$ が双対空間 V^* の基底をなすことがわかる．これを，V の基底 $\boldsymbol{e}_i$ に対する**双対基底**という．とくに，有限次元の場合

定理10　$\dim V^* = \dim V$.

問15　n 次元の線型空間 V から m 次元の線型空間 V' への線型写像全体の作る線型空間 $\mathcal{L}(V, V')$ の次元は nm に等しいことを示せ．

【4】 双対定理　[2] 項の条件 3) は各 $\boldsymbol{x} \in V$ に対して，写像：$\boldsymbol{x}' \longmapsto \langle \boldsymbol{x}, \boldsymbol{x}' \rangle$ が線型空間 V^* 上の線型形式，つまり V^* の双対空間 V^{**} の元であることを示している．$\boldsymbol{x}$ とそれがひき起こすこの写像とを同一視すると，V は V^{**} の中に含まれることになる．

V が有限次元のときは，

$$V \subset V^{**}, \text{ かつ } \dim V = \dim V^* = \dim V^{**}$$

だから，$V = V^{**}$ でなければならない．すなわち，双対空間の双対空間はまたもとに戻る．これを，双対定理とよんでいる．

定理11　**（双対定理）**　$V^{**} = V$　（有限次元のとき）．

V の部分線型空間 W に対して，W 上で 0 になる V^* の元の全体を W° と書く．すなわち，

$$W^\circ = \{\boldsymbol{x}' | \boldsymbol{x}' \in V^*, \langle \boldsymbol{x}, \boldsymbol{x}' \rangle = 0 \quad (\boldsymbol{x} \in W)\}.$$

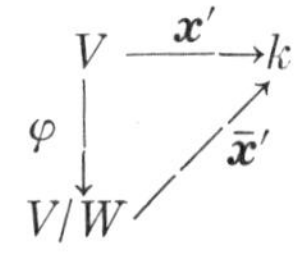

各 $\boldsymbol{x}' \in W^\circ$ は，§1 で述べたような意味で W と両立するから，V から商線型空間 V/W への標準写像を φ とするとき，

$$\boldsymbol{x}' = \bar{\boldsymbol{x}}' \circ \varphi$$

をみたすような，V/W から k への線型写像，つまり $(V/W)^*$ の元 $\bar{\boldsymbol{x}}'$ が存在する．そこで，W° の元 $\boldsymbol{x}'$ に $(V/W)^*$ の元 $\bar{\boldsymbol{x}}'$ を対応させる写像：$\boldsymbol{x}' \longmapsto \bar{\boldsymbol{x}}'$ が考えられるが，これは明らかに線型写像である．しかも，像が $(V/W)^*$ 全体に及ぶこと，すなわち，この写像が全射であることも明らかである．また，$\bar{\boldsymbol{x}}' = \boldsymbol{0}$ なら $\boldsymbol{x}' = \boldsymbol{0}$ だから単射でもある．いいかえると，W° は商線型空間 V/W の双対空間に同型である．

定理12　$W^\circ \cong (V/W)^*$.

とくにVの次元をn，Wの次元をrとすると，W°の次元は$n-r$に等しい．

次にV^*の元$\boldsymbol{x}'$，つまりV上の線型形式の定義域をWに限ると，明らかにW上のみで考えた$\boldsymbol{x}'$である$\boldsymbol{x}'|W$はW上の線型形式*)，つまりW^*の元である．写像

$$\boldsymbol{x}' \longmapsto \boldsymbol{x}'|W$$

は明らかにV^*からW^*への線型写像で，$\boldsymbol{x}'|W=\boldsymbol{0}$ということは$\boldsymbol{x}' \in W^\circ$と同じことだから，この線型写像の核は$W^\circ$である．したがって，準同型定理によって，$V^*/W^\circ$から$W^*$への同型が存在することになる．ところが，有限次元の場合には，V^*/W°の次元は，定理12から$n-(n-r)=r$に等しいから，W^*の次元と一致している．したがって，この同型はW^*の上への同型となる．

定理13 $V^*/W^\circ \cong W^*$.

問16 線型空間VからV'への線型写像fが与えられたとする．V'^*の元$\boldsymbol{y}'$，つまりV'からkへの線型写像$\boldsymbol{y}'$に対して，合成写像$\boldsymbol{y}'\circ f$はV^*の元となることを示せ．さらに，写像：$\boldsymbol{y}' \to \boldsymbol{y}'\circ f$は$V'^*$から$V^*$への線型写像であることを示せ．この線型写像を$f$の**双対写像**といい，${}^t f$で表わす．この写像は$\langle \boldsymbol{x}, {}^t f(\boldsymbol{y}') \rangle = \langle f(\boldsymbol{x}), \boldsymbol{y}' \rangle$で特徴づけられる．

§4 計量線型空間

【1】 内積とノルム **定義 10** 線型空間Vに，**内積**$(\boldsymbol{x}, \boldsymbol{y})$が与えられているとき，すなわち，$V \times V$から$k$への関数$(\boldsymbol{x}, \boldsymbol{y})$があって，

1° $(\boldsymbol{x}, \boldsymbol{y}) = (\boldsymbol{y}, \boldsymbol{x})$ (対称性)**)

2° $(\boldsymbol{x}_1 + \boldsymbol{x}_2, \boldsymbol{y}) = (\boldsymbol{x}_1, \boldsymbol{y}) + (\boldsymbol{x}_2, \boldsymbol{y})$，$(\lambda \boldsymbol{x}, \boldsymbol{y}) = \lambda(\boldsymbol{x}, \boldsymbol{y})$ (双線型性)

3° $(\boldsymbol{x}, \boldsymbol{x}) \geqq 0$，等号は$\boldsymbol{x}=\boldsymbol{0}$のときのみ． (正値性)

をみたすとき，とくにVを**計量線型空間**ということにする***)．

---

*) 集合Eから集合Fへの写像fは，Eの部分集合XをFへ写像する．このXからFへの写像を，fのXへの**制限**といい，$f|X$と書く．

**) kが複素数体$\boldsymbol{C}$のときは，エルミート性$(\boldsymbol{x}, \boldsymbol{y}) = \overline{(\boldsymbol{y}, \boldsymbol{x})}$ (共役複素数) にする．

***) $k=\boldsymbol{R}$ (実数体) のときはとくに**ユークリッド空間**，$k=\boldsymbol{C}$ (複素数体) のときは**ユニタリ空間**とよぶことがある．

3° により，$(\boldsymbol{x}, \boldsymbol{x})$ は負でないので，その負でない平方根を $\boldsymbol{x}$ の**ノルム**または**長さ**といい，一般に $\|\boldsymbol{x}\|$ で表わす．すなわち，

$$\|\boldsymbol{x}\| = \sqrt{(\boldsymbol{x}, \boldsymbol{x})}.$$

また，二つのベクトル $\boldsymbol{x}, \boldsymbol{y}$ は $(\boldsymbol{x}, \boldsymbol{y}) = 0$ のとき**直交**するという．

問17　ベクトルのノルムについて，次の関係を証明せよ．

4°　$\|\boldsymbol{x}\| \geqq 0$，等号は $\boldsymbol{x} = \boldsymbol{0}$ のときのみ．　　（正値性）

5°　$\|\lambda \boldsymbol{x}\| = |\lambda| \cdot \|\boldsymbol{x}\|$

6°　$|(\boldsymbol{x}, \boldsymbol{y})| \leqq \|\boldsymbol{x}\| \cdot \|\boldsymbol{y}\|$　　（シュワルツの不等式）

　　$\|\boldsymbol{x}+\boldsymbol{y}\| \leqq \|\boldsymbol{x}\| + \|\boldsymbol{y}\|$　　（三角不等式）

計量線型空間のベクトル $\boldsymbol{e}_1, \boldsymbol{e}_2, \cdots\cdots, \boldsymbol{e}_n$ は，それらのうちどの二つも直交するとき，**直交系**といい，どれも長さ1のとき**正規**であるという．したがって，正規直交系とは，

$$(\boldsymbol{e}_i, \boldsymbol{e}_k) = \delta_{ik}$$

をみたすベクトルの系のことである．

定理14　有限次元の計量線型空間は正規直交基底をもつ．

証明　基底 $\boldsymbol{a}_1, \boldsymbol{a}_2, \cdots\cdots, \boldsymbol{a}_n$ があることは，第2章，§1ですでに証明ずみ．

$$\boldsymbol{b}_1 = \boldsymbol{a}_1,$$

$$\boldsymbol{b}_2 = \boldsymbol{a}_2 - \frac{(\boldsymbol{a}_2, \boldsymbol{b}_1)}{\|\boldsymbol{b}_1\|^2}\boldsymbol{b}_1, \cdots\cdots$$

$$\boldsymbol{b}_k = \boldsymbol{a}_k - \frac{(\boldsymbol{a}_k, \boldsymbol{b}_1)}{\|\boldsymbol{b}_1\|^2}\boldsymbol{b}_1 - \cdots\cdots - \frac{(\boldsymbol{a}_k, \boldsymbol{b}_{k-1})}{\|\boldsymbol{b}_{k-1}\|^2}\boldsymbol{b}_{k-1} \quad (k = 3, \cdots\cdots, n)$$

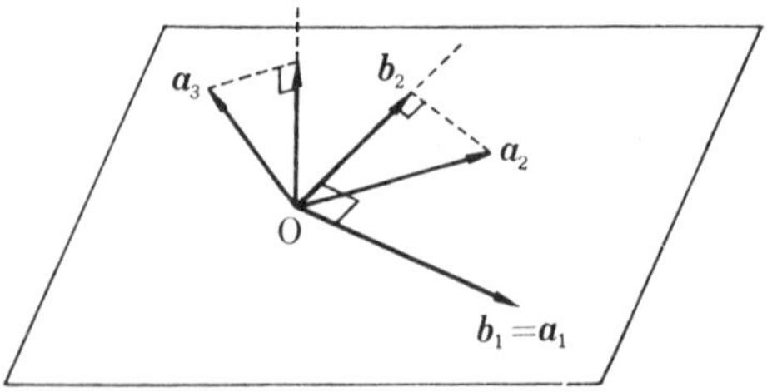

とおくと，$\boldsymbol{b}_1,\cdots\cdots,\boldsymbol{b}_n$ は直交系であることがたしかめられる．したがって，$\boldsymbol{e}_i=\boldsymbol{b}_i/\|\boldsymbol{b}_i\|\ (i=1,2,\cdots\cdots,n)$ とおけば，$\boldsymbol{e}_1,\cdots\cdots,\boldsymbol{e}_n$ が正規直交系になる*). $\boldsymbol{a}_i$ が $\boldsymbol{e}_k$ の線型結合になるから，$\boldsymbol{e}_k$ が V を生成すること明らか．したがって，これが求める正規直交基底である．

問18 直交系 $\boldsymbol{a}_1,\cdots\cdots,\boldsymbol{a}_r$ は線型独立であることを示せ．

問19 $\boldsymbol{a}_1,\boldsymbol{a}_2,\cdots\cdots,\boldsymbol{a}_r$ が直交系のとき，$\|\boldsymbol{a}_1+\boldsymbol{a}_2+\cdots\cdots+\boldsymbol{a}_r\|^2=\|\boldsymbol{a}_1\|^2+\|\boldsymbol{a}_2\|^2+\cdots\cdots+\|\boldsymbol{a}_r\|^2$ (ピタゴラスの定理)の成り立つことを示せ．

【2】 直交補空間 さて，計量線型空間 V においては，部分線型空間 W に対して，W のどのベクトルとも直交するベクトルの全体

$$W^{\perp}=\{\boldsymbol{y}\mid \boldsymbol{y}\in V,(\boldsymbol{x},\boldsymbol{y})=0\ (\boldsymbol{x}\in W)\}$$

は内積の性質 2° よりまた V の部分線型空間になる．これを W の**直交補空間**という．

W の正規直交基底を $\boldsymbol{e}_1,\boldsymbol{e}_2,\cdots\cdots,\boldsymbol{e}_r$ とし，これを含む V の基底を考え(そのようなものは確かに存在する)，それを定理14の方法で直交化すると，$\boldsymbol{e}_1,\cdots\cdots,\boldsymbol{e}_r$ を含む V の正規直交基底 $\boldsymbol{e}_1,\cdots\cdots,\boldsymbol{e}_r,\boldsymbol{e}_{r+1},\cdots\cdots,\boldsymbol{e}_n$ を得る．$\boldsymbol{e}_i\ (r<i\leqslant n)$ は $\boldsymbol{e}_1,\cdots\cdots,\boldsymbol{e}_r$ に直交，したがって W の任意のベクトル $\sum_{i=1}^{r}x_i\boldsymbol{e}_i$ に直交するから，$W^{\perp}$ に含まれる．逆に $W^{\perp}$ のベクトル $\boldsymbol{x}=\sum_{i=1}^{n}x_i\boldsymbol{e}_i$ をとると，これは W の基底 $\boldsymbol{e}_1,\cdots\cdots,\boldsymbol{e}_r$ に直交するから，$1\leqslant i\leqslant r$ に対して

$$x_i=(\boldsymbol{x},\boldsymbol{e}_i)=0$$

が成り立つ．したがって，$\boldsymbol{x}$ は $\boldsymbol{e}_{r+1},\cdots\cdots,\boldsymbol{e}_n$ の線型結合となる．つまり，

定理15 $\dim W^{\perp}=n-r$.

いいかえると，$V=W\oplus W^{\perp}$ となる($W\cap W^{\perp}=\{\boldsymbol{0}\}$ は明らかだから)このような直和をとくに**直交和**という．

【3】 計量線型空間の双対性 計量線型空間 V においては，各 $\boldsymbol{y}\in V$ に対して，$\varphi(\boldsymbol{y}):\boldsymbol{x}\longmapsto(\boldsymbol{x},\boldsymbol{y})$ は一つの線型形式だから，双対空間 V^* の元 $\varphi(\boldsymbol{y})$ を定める．V の元 $\boldsymbol{y}$ に V^* の元 $\varphi(\boldsymbol{y})$ を対応させる写像 $\varphi:\boldsymbol{y}\longmapsto\varphi(\boldsymbol{y})$ は内積の性

---

*) このような正規直交系の作り方を**シュミット** (Schmidt) の**直交化**という．

質から明らかに線型写像である．$\varphi(\boldsymbol{y})=\boldsymbol{0}$ とするとすべての $\boldsymbol{x}\in V$ に対して，$(\boldsymbol{x},\boldsymbol{y})=0$，とくに $\boldsymbol{x}=\boldsymbol{y}$ ととると，$(\boldsymbol{y},\boldsymbol{y})=0$ より $\boldsymbol{y}=\boldsymbol{0}$ となるから，この線型写像 φ は単射（1対1）である．したがって，φ は V から V^* への同型である．V が有限 n 次元のときは，$\varphi(V)$ も V^* も n 次元だから，この両者は一致しなければならない．

定理16　V が計量線型空間なら $V\cong V^*$.

有限次元の計量線型空間 V では，したがって，V の双対空間 V^* をこの同型によって V と同一視することができ，$\langle\boldsymbol{x},\varphi(\boldsymbol{y})\rangle$ を内積 $(\boldsymbol{x},\boldsymbol{y})$ と同一視することができる．したがって，部分線型空間 W に対して，$W^\circ=W^\perp$ が成り立つ．

問20　一般の有限次元線型空間 V の部分線型空間 W について，W° の線型形式で $\boldsymbol{0}$ となる V のベクトルの全体 $W^{\circ\circ}=W$ となることを示せ．

問21　有限次元の計量線型空間 V の部分線型空間 W について，$W^{\perp\perp}=W$ を示せ．

第 6 章　固有値問題

線型空間からそれ自身への線型写像を把えるには，その線型写像で変わらない何かをつかまえればよい．固有ベクトルはその一つである．ここから，固有値問題が自然に起こってくる．

§1　固有値問題とは？　半単純の場合

【1】　線型写像の姿　線型空間Vからそれ自身への線型写像(とくに**線型変換**とか，Vの**自己準同型**とかいう)を問題としよう．このような線型写像uには，Vの基底$\boldsymbol{e}_1, \boldsymbol{e}_2, \cdots, \boldsymbol{e}_n$をとると，

$$(u(\boldsymbol{e}_1)\ u(\boldsymbol{e}_2)\cdots\cdots u(\boldsymbol{e}_n)) = (\boldsymbol{e}_1\boldsymbol{e}_2\cdots\cdots\boldsymbol{e}_n)A \quad \cdots\cdots\cdots\cdots\cdots\cdots\cdots (1)$$

によって*，正方行列Aが対応し(Aをuの表現行列というのであった)，Vの任意のベクトル$\boldsymbol{x} = \sum_{i=1}^{n} \boldsymbol{e}_i x_i$に対する像$\boldsymbol{x}' = \sum_{i=1}^{n} \boldsymbol{e}_i x_i'$の座標$x_i'$は

$$x_i' = \sum_{k=1}^{n} a_{ik} x_k, \quad \text{または} \quad \tilde{\boldsymbol{x}}' = A\tilde{\boldsymbol{x}} \quad \cdots\cdots\cdots\cdots\cdots\cdots\cdots\cdots (2)$$

から求められるのであった**．

まず，例として，$n=2, V=\boldsymbol{R}^2, \boldsymbol{e}_1=(1,0), \boldsymbol{e}_2=(0,1)$として表現行列が

$$A = \begin{pmatrix} 5/4 & 1/2 \\ 1/4 & 1 \end{pmatrix}$$

で与えられる線型変換uを考えてみよう．座標変換の式(2)

$$\begin{cases} x_1' = \dfrac{5}{4}x_1 + \dfrac{1}{2}x_2 \\ x_2' = \dfrac{1}{4}x_1 + x_2 \end{cases}$$

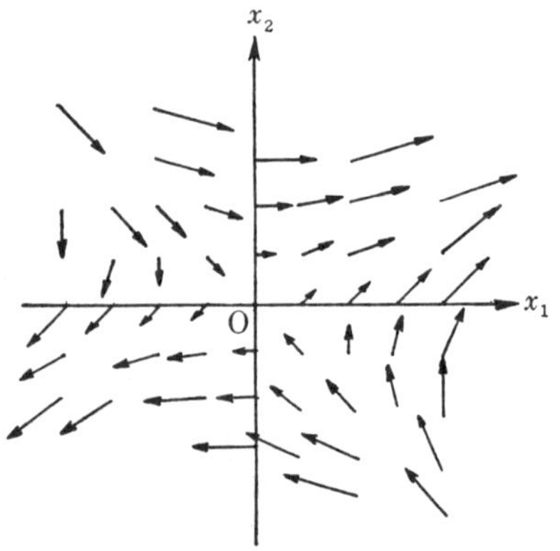

によって，いくつかの点(x_1, x_2)をとってそれがどのように移るかを調べてみると，右の図のようになる．

ちょうど，第1象限や第3象限では原点から次第に遠ざかるようであり，逆に第2象限や第4象限では原点に近

---

*) これは $u(\boldsymbol{e}_k) = \sum_{i=1}^{n} \boldsymbol{e}_i a_{ik}$　$(k=1,2,\cdots,n)$ の略記．

**) $\boldsymbol{x}$の座標の列ベクトル $\begin{pmatrix} x_1 \\ x_2 \\ \vdots \\ x_n \end{pmatrix}$ を$\tilde{\boldsymbol{x}}$ と書いている．(第2章，§1参照)

づくかのようである．水が，第2象限や第4象限へ流れ込んで，第1象限や第3象限から流れ出ていくようすに似ている．

そのうちに，いくつかの方向は変わらないことに気がつく．それは要するに，

$$u(\boldsymbol{x}) = \lambda \boldsymbol{x}, \quad \text{あるいは} \quad A\tilde{\boldsymbol{x}} = \lambda\tilde{\boldsymbol{x}} \quad \cdots\cdots\cdots\cdots\cdots\cdots (3)$$

となるようなベクトル $\boldsymbol{x}$ に他ならない．今の例で，このように不変な方向を求めてみる．単位行列を I と書くと，(3)は

$$(A-\lambda I)\tilde{\boldsymbol{x}} = \boldsymbol{0} \quad \cdots\cdots\cdots\cdots\cdots\cdots (4)$$

となるが，$\tilde{\boldsymbol{x}}$ に関するこの斉次1次方程式が $\tilde{\boldsymbol{x}} \neq \boldsymbol{0}$ なる解をもつためには，係数の行列式 $|A-\lambda I| = 0$ なることが必要十分である*)．今の場合

$$|A-\lambda I| = 0 \quad \cdots\cdots\cdots\cdots\cdots\cdots (5)$$

にあたるのは

$$\begin{vmatrix} \frac{5}{4}-\lambda & \frac{1}{2} \\ \frac{1}{4} & 1-\lambda \end{vmatrix} = 0$$

$$\left(\frac{5}{4}-\lambda\right)(1-\lambda)-\frac{1}{4}\times\frac{1}{2} = 0, \quad 8\lambda^2-18\lambda+9 = (2\lambda-3)(4\lambda-3) = 0$$

となるから，このようなベクトル $\tilde{\boldsymbol{x}} \neq \boldsymbol{0}$ が存在するようなスカラー $\boldsymbol{\lambda}$ の値として，

$$\alpha = \frac{3}{2} \qquad \beta = \frac{3}{4}$$

の二つが得られる．方程式

$$(A-\alpha I)\tilde{\boldsymbol{x}} = \boldsymbol{0}$$

すなわち，

$$\begin{pmatrix} -\frac{1}{4} & \frac{1}{2} \\ \frac{1}{4} & -\frac{1}{2} \end{pmatrix}\begin{pmatrix} x_1 \\ x_2 \end{pmatrix} = \begin{pmatrix} 0 \\ 0 \end{pmatrix}, \quad \text{すなわち} \quad x_1-2x_2 = 0$$

---

*) 線型写像 $u-\lambda\cdot 1$（1は恒等写像）の核が $\boldsymbol{0}$ 以外のベクトルを含む．いいかえれば，$u-\lambda\cdot 1$ が正則でないといってもよい．第3章，定理13参照．

を解いて，たとえば，$\boldsymbol{l}_1=\begin{pmatrix}2\\1\end{pmatrix}$が得られる．同様に，$(A-\beta I)\tilde{\boldsymbol{x}}=\boldsymbol{0}$ より，$\boldsymbol{l}_2=\begin{pmatrix}-1\\1\end{pmatrix}$が得られる．つまり方向比 2：1 の方向では，この線型変換は λ 倍，つまり 3/2 倍の拡大になっていて，方向比 −1：1 の方向では，3/4 倍の拡大(つまり縮小)になっていることがわかる．

そこで，基底を $\boldsymbol{l}_1, \boldsymbol{l}_2$に変換すると*)，

$$(\boldsymbol{l}_1\,\boldsymbol{l}_2)=(\boldsymbol{e}_1\,\boldsymbol{e}_2)\begin{pmatrix}2 & -1\\1 & 1\end{pmatrix}$$

となり，u の表現行列は

$$(u(\boldsymbol{l}_1)\,u(\boldsymbol{l}_2))=(\boldsymbol{l}_1\,\boldsymbol{l}_2)\begin{pmatrix}3/2 & 0\\0 & 3/4\end{pmatrix}$$

より，

$$D=\begin{pmatrix}3/2 & 0\\0 & 3/4\end{pmatrix}$$

の形になる．

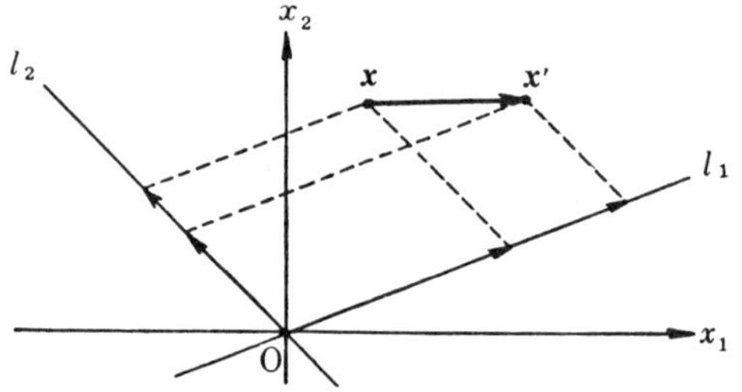

これを利用すれば，与えられたベクトル $\boldsymbol{x}$ の像 $\boldsymbol{x}'$ は容易に作図される．すなわち，$\boldsymbol{x}$ を $\boldsymbol{l}_1$ 方向と $\boldsymbol{l}_2$ 方向の成分に分け，それらをそれぞれ 3/2 倍，3/4 倍に拡大して，のち和を作ればよい．すなわち，

$$\boldsymbol{x}=y_1\boldsymbol{l}_1+y_2\boldsymbol{l}_2 \quad \text{より，}\quad \boldsymbol{x}'=u(\boldsymbol{x})=\left(\frac{3}{2}y_1\right)\boldsymbol{l}_1+\left(\frac{3}{4}y_2\right)\boldsymbol{l}_2.$$

【2】 固有値と固有ベクトル　この実例からわかるように，線型空間 V の線

---

*) $\boldsymbol{l}_1=\boldsymbol{e}_1\cdot 2+\boldsymbol{e}_2\cdot 1 \quad \boldsymbol{l}_2=\boldsymbol{e}_1\cdot(-1)+\boldsymbol{e}_2\cdot 1$ の略記．

型変換uを把えるには，u によって方向の変わらないベクトルを探せばよい．一般に，(3)をみたすベクトル $\boldsymbol{x}$ を u（およびその表現行列 A）の**固有ベクトル**といい，$\boldsymbol{x} \neq \boldsymbol{0}$ なら，($\boldsymbol{x}$ によって定まる) スカラー λ をu(および A) の**固有値**という．

uの固有値λに対して，λに対応する固有ベクトルの全体

$$V_\lambda = \{\boldsymbol{x} | u(\boldsymbol{x}) = \lambda \boldsymbol{x}\}$$

は $\{\boldsymbol{0}\}$ でない部分線型空間である*)．実際，$\boldsymbol{x}_1, \boldsymbol{x}_2 \in V_\lambda$ とすると，

$$u(\boldsymbol{x}_1 + \boldsymbol{x}_2) = u(\boldsymbol{x}_1) + u(\boldsymbol{x}_2) = \lambda \boldsymbol{x}_1 + \lambda \boldsymbol{x}_2 = \lambda(\boldsymbol{x}_1 + \boldsymbol{x}_2),$$

$$u(c\boldsymbol{x}_1) = cu(\boldsymbol{x}_1) = c(\lambda \boldsymbol{x}_1) = \lambda(c\boldsymbol{x}_1)$$

より，和 $\boldsymbol{x}_1 + \boldsymbol{x}_2$ もスカラー倍 $c\boldsymbol{x}_1$ も λ に対応する固有ベクトルとなるからである．これをuの（あるいはAの）λ に対する**固有空間**という．

固有値を求めるには，方程式(5)を解けばよいのだが，これをu(およびA)の**固有方程式**といい，その左辺と符号だけで違う多項式

$$\chi_u(X) = |X \cdot I - A| \quad \cdots\cdots\cdots\cdots (6)$$

を u（および A）の**固有多項式**とよぶ**)．　この多項式は，線型変換uのみによって定まり．その表現行列にはよらない．なぜなら，他の基底

$$(\boldsymbol{e}_1' \boldsymbol{e}_2' \cdots\cdots \boldsymbol{e}_n') = (\boldsymbol{e}_1 \boldsymbol{e}_2 \cdots\cdots \boldsymbol{e}_n) P$$

をとったとすると．uの新しい表現行列は，$P^{-1}AP$ になるが，

$$|X \cdot I - P^{-1}AP| = |P^{-1}(X \cdot I - A)P| = |P|^{-1} \cdot |X \cdot I - A| \cdot |P| = |X \cdot I - A|$$

となるからである．だから，(6)を線型変換uの固有多項式とか，方程式(5)をuの固有方程式とかいうことが許される．(5)を成分で書くと

$$(-1)^n \chi_u(\lambda) = \begin{vmatrix} a_{11} - \lambda & a_{12} & \cdots\cdots a_{1n} \\ a_{21} & a_{22} - \lambda & \cdots\cdots a_{2n} \\ \cdots\cdots & \cdots\cdots & \cdots\cdots \\ a_{n1} & a_{n2} & \cdots\cdots a_{nn} - \lambda \end{vmatrix} = 0 \quad \cdots\cdots\cdots\cdots (7)$$

となるが，これを行列 A の**永年方程式**とよぶこともある***)．

---

*) $\{\boldsymbol{0}\}$ でないことは固有値の定義より．

**) I(単位行列) と A は行列，Xは不定元である．

***) 惑星の軌道の問題からこの名が由来している．

この(7)の形からわかるように，固有多項式 $\chi_u(X)$ の定数項は $(-1)^n|A|$ で，X^{n-1} の係数は

$$a_{11}+a_{22}+\cdots\cdots+a_{nn}$$

の符号を変えたものである．これを $T_r(A)$ と書き A の**トレース**，**スプール**などという．すなわち，

$$\chi_u(X)=X^n-T_r(A)X^{n-1}+\cdots\cdots+(-1)^n|A|$$

$T_r(A)$ や行列式 $|A|$ は，A を相似な行列 $P^{-1}AP$ に変えても変わらない．

【3】 半単純の場合　前の例では，u に二つの固有ベクトルがあってそれらは線型独立であった．一般に，線型変換 u がちょうど n 個の線型独立な固有ベクトル

$$\boldsymbol{l}_1,\ \boldsymbol{l}_2,\ \cdots\cdots,\ \boldsymbol{l}_n$$

を持っていたとすると，

$$u(\boldsymbol{l}_i)=\lambda_i\boldsymbol{l}_i \qquad (i=1,2,\cdots,n) \cdots\cdots\cdots\cdots\cdots\cdots\cdots\cdots\cdots (8)$$

となるから，この $\boldsymbol{l}_i$ を V の基底にとると，u の表現行列は

$$D=\begin{pmatrix}\lambda_1 & & & \\ & \lambda_2 & & \\ & & \ddots & \\ & & & \lambda_n\end{pmatrix}$$

という**対角型**になる．

逆に，線型変換 u の表現行列が上のような対角型になれば，それを与える基底ベクトル $\boldsymbol{l}_i$ は(8)をみたすからすべて u の固有ベクトルでなければならない．

このような線型変換 u（および，その表現行列 A）を**半単純**という*)．前にあげた例の線型変換 u や A は半単純であった．半単純線型変換とは，線型独立な n 個の固有ベクトルをもつような線型変換だといってもよいし，対角型の表現行列をもつ線型変換だといってもよい．また，半単純な行列 A とは，対角型行列に相似な行列のことである．

与えられた線型変換（あるいは行列）が対角型に直せるかどうか．つまり半単純かどうか，直せるとしたら，どのような手続きで直したらよいか，それが，

---

*) **対角化可能**ともいう．

固有値問題である．

ところで，u の固有ベクトル $\boldsymbol{l}_1, \boldsymbol{l}_2, \cdots, \boldsymbol{l}_r$ が異なった固有値 $\lambda_1, \lambda_2, \cdots, \lambda_r$ に対応するときは，それらは線型独立でなければならない．このことを r についての数学的帰納法で示そう．$r=1$ なら $\boldsymbol{l}_1 \neq \boldsymbol{0}$ より明らかである．$r-1$ までは成り立つものとする．$\boldsymbol{l}_1, \boldsymbol{l}_2, \cdots, \boldsymbol{l}_r$ が線型関係

$$c_1\boldsymbol{l}_1 + c_2\boldsymbol{l}_2 + \cdots\cdots + c_r\boldsymbol{l}_r = \boldsymbol{0}$$

を満足させたとし，これに u をほどこすと，

$$c_1\lambda_1\boldsymbol{l}_1 + c_2\lambda_2\boldsymbol{l}_2 + \cdots\cdots + c_r\lambda_r\boldsymbol{l}_r = \boldsymbol{0}$$

となるが，上の式に λ_r をかけて下の式からひくと，

$$c_1(\lambda_1 - \lambda_r)\boldsymbol{l}_1 + c_2(\lambda_2 - \lambda_r)\boldsymbol{l}_2 + \cdots\cdots + c_{r-1}(\lambda_{r-1} - \lambda_r)\boldsymbol{l}_{r-1} = \boldsymbol{0}$$

となる．仮定により，$\lambda_i - \lambda_r \neq 0$ だから，$\boldsymbol{l}_1, \boldsymbol{l}_2, \cdots, \boldsymbol{l}_{r-1}$ が線型独立なら，$c_1 = \cdots\cdots = c_{r-1} = 0$ でなければならない．したがって，$c_r\boldsymbol{l}_r = 0$ より $c_r = 0$ である．つまり，$\boldsymbol{l}_1, \boldsymbol{l}_2, \cdots\cdots, \boldsymbol{l}_r$ は線型独立である．したがって，u の異なった固有値 $\lambda_1, \lambda_2, \cdots, \lambda_r$ に対する固有空間を，$W_1, W_2, \cdots, W_r$ とすると，和 $W_1 + W_2 + \cdots + W_r$ は直和でなければならない*)．

n 次元空間 V の線型変換 u の固有多項式は n 次だから，複素数体 $\boldsymbol{C}$ においては，重複度を含めて n 個の根をもつ．これらの根がすべて異なれば，つまり，固有方程式 $\chi_u(X) = 0$ が単根のみをもっているときには，それらに対応する n 個の固有ベクトル $\boldsymbol{l}_1, \boldsymbol{l}_2, \cdots, \boldsymbol{l}_n$ は上記により線型独立であるから，u は半単純ということになる．

定理 1　u の固有方程式が単根のみをもてば，u は半単純である．

u の固有方程式が重根をもつと，かならずしもこれは成り立たないが，異った根 $\lambda_1, \lambda_2, \cdots, \lambda_r$ に属する固有空間を $W_1, W_2, \cdots, W_r$ とするとき，その和が V 全体になるならば，W_i のそれぞれの中から線型独立な基底を選んでやれば，それらは合わさって固有ベクトルから成る V の基底となるから，u は半単純に

*) W_i のベクトル $\boldsymbol{l}_i$ によって，$\boldsymbol{0} = \boldsymbol{l}_1 + \boldsymbol{l}_2 + \cdots + \boldsymbol{l}_r$ と表わせたとすると，上の線型独立性によって，すべての $\boldsymbol{l}_i = \boldsymbol{0}$ でなければならない．

なる.

各根 λ_i の重複度を n_i とすると，複素数体 $\boldsymbol{C}$ では，重複度を込めた根の数は n に等しいから，

$$n_1+n_2+\cdots\cdots+n_r=n$$

が成り立っている．そこで，各固有空間 W_i の次元がこの重複度 n_i にそれぞれ等しければ，たしかに，和 $W_1+W_2+\cdots+W_r$ は直和だったから，その次元は n_i の和，つまり n に等しくなり，この和は V 全体に一致する．すなわち

$$W_1\oplus W_2\oplus\cdots\cdots\oplus W_r=V$$

となり，u は半単純である.

定理2　u の各固有値に対応する固有空間の次元が，固有方程式の根としての重複度に等しければ，u は半単純である.

では，どんな場合に，固有空間の次元が固有値のこの重複度 n_i に等しくなるか，それが次の問題である.

【4】 数値的実例

例1

$$A=\begin{pmatrix}6&-3&-7\\-1&2&1\\5&-3&-6\end{pmatrix},\ \chi_A(X)=\begin{vmatrix}X-6&3&7\\1&X-2&-1\\-5&3&X+6\end{vmatrix}=(X-1)(X-2)(X+1)$$

固有値は, 1, 2, −1 の 3 個で異なるから, Aは半単純で, 対角型に相似となる. $\lambda=1,2,-1$ に対して，それぞれ $A\boldsymbol{x}=\boldsymbol{x}$, $A\boldsymbol{x}=2\boldsymbol{x}$, $A\boldsymbol{x}=-\boldsymbol{x}$ を解いて，固有ベクトル：

$$\boldsymbol{l}_1=\begin{pmatrix}2\\1\\1\end{pmatrix},\qquad \boldsymbol{l}_2=\begin{pmatrix}1\\-1\\1\end{pmatrix},\qquad \boldsymbol{l}_3=\begin{pmatrix}1\\0\\1\end{pmatrix}$$

を得る．$(\boldsymbol{l}_1\,\boldsymbol{l}_2\,\boldsymbol{l}_3)=(\boldsymbol{e}_1\,\boldsymbol{e}_2\,\boldsymbol{e}_3)\begin{pmatrix}2&1&1\\1&-1&0\\1&1&1\end{pmatrix}$だから,

$P=(\boldsymbol{l}_1\,\boldsymbol{l}_2\,\boldsymbol{l}_3)=\begin{pmatrix}2&1&1\\1&-1&0\\1&1&1\end{pmatrix}$が変換行列で,

$$P^{-1}AP=\begin{pmatrix}1&0&0\\0&2&0\\0&0&-1\end{pmatrix}.$$

例 2

$$A=\begin{pmatrix}1&2&1\\-1&4&1\\2&-4&0\end{pmatrix},\quad \chi_A(X)=\begin{vmatrix}X-1&-2&-1\\1&X-4&-1\\-2&4&X\end{vmatrix}=(X-2)^2(X-1)$$

2に対する固有空間は行列 $A-2I=\begin{pmatrix}-1&2&1\\-1&2&1\\2&-4&-2\end{pmatrix}$ の階数が1だから，二つの線型独立なベクトル

$$\boldsymbol{l}_1=\begin{pmatrix}1\\1\\-1\end{pmatrix},\qquad \boldsymbol{l}_2=\begin{pmatrix}-1\\-2\\3\end{pmatrix}$$

を含む．1に対する固有ベクトル $\boldsymbol{l}_3=\begin{pmatrix}-1\\-1\\2\end{pmatrix}$ だから，$P=\begin{pmatrix}1&-1&-1\\1&-2&-1\\-1&3&2\end{pmatrix}$ によって，

$$P^{-1}AP=\begin{pmatrix}2&0&0\\0&2&0\\0&0&1\end{pmatrix}.$$

例 3

$$A=\begin{pmatrix}0&-1&1\\-1/2&-1/2&3/2\\1/2&-1/2&3/2\end{pmatrix},\quad \chi_A(X)=\begin{vmatrix}X&1&-1\\\frac{1}{2}&X+\frac{1}{2}&-\frac{3}{2}\\-\frac{1}{2}&\frac{1}{2}&X-\frac{3}{2}\end{vmatrix}=(X+1)(X-1)^2$$

-1 に対する固有ベクトルは $\boldsymbol{l}_1=\begin{pmatrix}1\\1\\0\end{pmatrix}$，1に対する固有ベクトルを求めるために $\begin{pmatrix}-1&-1&1\\-1/2&-3/2&3/2\\1/2&-1/2&1/2\end{pmatrix}\boldsymbol{x}=\boldsymbol{0}$ を解くと，係数行列 $A-I$ の階数が2だから，

線型独立な固有ベクトルは，$\boldsymbol{l}_2=\begin{pmatrix}0\\1\\1\end{pmatrix}$一つしか求まらない．したがって，定理2の基準にはずれる．この行列は実は対角型には直せないのである．

問1　次の行列の固有多項式，固有値および固有ベクトルを求め，対角型に直せるものは直せ．

(1) $\begin{pmatrix}3&2&2\\1&4&1\\-2&-4&-1\end{pmatrix}$　(2) $\begin{pmatrix}2&1&1\\1&2&1\\1&1&2\end{pmatrix}$　(3) $\begin{pmatrix}6&-3&-2\\4&-1&-2\\3&-2&0\end{pmatrix}$

(4) $\begin{pmatrix}0&2&1\\-4&6&2\\4&-4&0\end{pmatrix}$　(5) $\begin{pmatrix}-1&-4&-2&-2\\-4&-1&-2&-2\\2&2&1&4\\2&2&4&1\end{pmatrix}$　(6) $\begin{pmatrix}0&&&&1\\&&&1&\\&&1&&\\&1&&&\\1&&&&0\end{pmatrix}$

§2　線型写像の多項式

【1】　線型写像の環　線型空間Vからそれ自身への線型写像u, v（Vの自己準同型）が与えられたとき，

$$\begin{cases}(u+v)(\boldsymbol{x})=u(\boldsymbol{x})+v(\boldsymbol{x}),\quad (\lambda u)(\boldsymbol{x})=\lambda\cdot u(\boldsymbol{x})\\(u\circ v)(\boldsymbol{x})=u(v(\boldsymbol{x}))\end{cases}$$

によって，それらの和とスカラー倍と積を定義することができる*)．Vの基底$\boldsymbol{e}_1, \boldsymbol{e}_2, \cdots, \boldsymbol{e}_n$に関する$u$の表現行列を$A$, vの表現行列をBとすると，$u+v$の表現行列は行列の和$A+B$で，λuの表現行列はλA，積$u\circ v$の表現行列は行列の積ABである．

たとえば，最後のことは，第2章§4でも示したが，念のためたしかめると，

$$\begin{aligned}((u\circ v)(\boldsymbol{e}_1)\cdots\cdots(u\circ v)(\boldsymbol{e}_n))&=(u(v(\boldsymbol{e}_1))\cdots\cdots u(v(\boldsymbol{e}_n)))\\&=(u(\boldsymbol{e}_1)\cdots\cdots u(\boldsymbol{e}_n))B\\&=((\boldsymbol{e}_1\,\boldsymbol{e}_2\cdots\cdots\boldsymbol{e}_n)A)B\\&=(\boldsymbol{e}_1\,\boldsymbol{e}_2\cdots\cdots\boldsymbol{e}_n)(AB)\end{aligned}$$

*)　つまり，線型空間Vの自己準同型全体は，一つの環を作る．積は線型写像の合成の特別な場合にすぎない．

となるからである[*)].

【2】 線型写像の多項式 したがって，一般の環におけると同様に，一つの線型写像の u の巾を

$$u^0=1 \quad (\text{恒等写像}), \qquad u^n=u^{n-1}\circ u \quad (n\geqq 1)$$

によって定義することができ，さらに，任意の多項式 f に対して，$f(X)=\sum_{i=0}^{m}a_iX^i$ のとき，

$$f(u)=\sum_{i=0}^{m}a_iu^i$$

によって，線型写像 $f(u)$ を定義することができる．

このとき上のことより明らかに，

(1) 線型写像 u の二つの多項式 $f(u), g(u)$ は交換できる．とくに，$f(u)$ と u は交換できる．

(2) u の表現行列を A とすると，$f(u)$ の表現行列は $f(A)$ である．

が成り立つ．

さて，線型写像 u の多項式 $f(u)$ は V からそれ自身への線型写像であるから，その核

$$N_f=\{\boldsymbol{x}|f(u)(\boldsymbol{x})=\boldsymbol{0}\}$$

は V の部分線型空間である．二つの多項式 f, g に対して，$\boldsymbol{x}_1\in N_f, \boldsymbol{x}_2\in N_g$ とすると[**)],

$$(f(u)\circ g(u))(\boldsymbol{x}_1+\boldsymbol{x}_2)=g(u)(f(u)(\boldsymbol{x}_1))+f(u)(g(u)(\boldsymbol{x}_2))=\boldsymbol{0}$$

だから，$N_f+N_g\subset N_{fg}$ が成り立っている[***)].

ところで，二つの多項式 f と g が互いに素であると[****)]，よく知られた整数論の定理から，

---

*) 第2段への変形は $v(e_k)=\sum_i e_ib_{ik}$ の両辺に u をほどこして $u(v(e_k))=\sum_i u(e_i)b_{ik}$ となることを意味している．

**) $f(u)$ と $g(u)$ の交換可能性がきいている．

***) 部分線型空間 W_1, W_2 のベクトルの和 $\boldsymbol{x}_1+\boldsymbol{x}_2$ の全体を W_1+W_2 と書くことに注意．

****) 二つの多項式の最大公約式が1のとき，互いに素であるという．

$$h_1 f + h_2 g = 1$$

を成り立たせるような多項式 h_1, h_2 が存在する*). だから，このときは，任意のベクトル $\boldsymbol{x}$ に対して，

$$h_1(u)(f(u)(\boldsymbol{x})) + h_2(u)(g(u)(\boldsymbol{x})) = \boldsymbol{x} \quad \cdots\cdots\cdots\cdots\cdots\cdots\cdots\cdots (1)$$

が成り立つ．したがってとくに，$\boldsymbol{x} \in N_{fg}$ とすると，$\boldsymbol{x}_1 = h_2(u)(g(u)(\boldsymbol{x})) \in N_f$, $\boldsymbol{x}_2 = h_1(u)(f(u)(\boldsymbol{x})) \in N_g$ であるから，$\boldsymbol{x} = \boldsymbol{x}_1 + \boldsymbol{x}_2$, $\boldsymbol{x}_1 \in N_f$, $\boldsymbol{x}_2 \in N_g$ が成り立つ．いいかえると，$N_{fg} \subset N_f + N_g$ である．しかも，$N_f \cap N_g \in \boldsymbol{x}$ とすると，上式 (1) で，$f(u)(\boldsymbol{x}) = g(u)(\boldsymbol{x}) = \boldsymbol{0}$ だから，$\boldsymbol{x} = \boldsymbol{0}$ となり，$N_f \cap N_g = \{\boldsymbol{0}\}$ となる．いいかえると，和 $N_f + N_g$ は直和となる．

定理 3　二つの多項式 f, g が互いに素であれば，

$$N_{fg} = N_f \oplus N_g$$

系 1　$f_1, f_2, \cdots, f_r$ が二つずつ素な多項式であれば，

$$N_{f_1 f_2 \cdots f_r} = N_{f_1} \oplus N_{f_2} \oplus \cdots\cdots \oplus N_{f_r}$$

証明　定理1を最初 f_1 と $f_2 \cdots f_r$ について適用し，$N_{f_1 f_2 \cdots f_r} = N_{f_1} \oplus N_{f_2 \cdots f_r}$ とし，次に定理1を f_2 と $f_3 \cdots f_r$ に適用して $N_{f_2 \cdots f_r}$ を分解してゆけばよい．

問 2　u の表現行列を A, v の表現行列を B とするとき，$u+v$, λu の表現行列がそれぞれ $A+B$, λA となることを示せ．

問 3　$f_1, f_2, \cdots, f_r$ が二つずつ素な多項式であれば，$f_1(u)(\boldsymbol{x}_1) = \boldsymbol{0}, \cdots\cdots$, $f_r(u)(\boldsymbol{x}_r) = \boldsymbol{0}$ をみたす r 個の ($\boldsymbol{0}$でない) ベクトル $\boldsymbol{x}_1, \cdots, \boldsymbol{x}_r$ は線型独立であることを示せ．

【3】 ハミルトン・ケイリーの定理　線型写像 u の (ある基底 $\boldsymbol{e}_1, \boldsymbol{e}_2, \cdots, \boldsymbol{e}_n$ に関する) 表現行列を A とするとき，

*) 一般に任意の多項式 f, g に対して，$h_1 f + h_2 g$ の形の多項式の全体を J と書くと，J の中の二つの多項式の一方を他方で割った余りがまた J に属することに注意する．J の中で次数が最小のものを d とすると，$f = 1 \cdot f + 0 \cdot g \in J$ より f を d で割った余りは J に属していてしかも d より次数が低いから，実は0でなくてはならない．したがって，f は d で割り切れる．g についても同様だから，d は f と g の公約式である．ところが，f と g の公約式は明らかに $h_1 f + h_2 g$ の形の多項式を割り切るから，d をも割り切る．つまり，d は f と g の最大公約式に他ならない．だから，f と g の最大公約式は $h_1 f + h_2 g$ の形に表わされる．

$$\chi_u(X) = |X\cdot I - A|$$

をuの固有多項式というのであった．これについて，次の重要な定理が成り立つ．

定理 4 （ハミルトン・ケイリー） $\chi_u(u) = 0$

証明 $B(X) = X\cdot I - A = (\beta_{ij}(X))$ とおく（これは X の多項式を成分とする行列となる）．

$B(X)$ の余因子行列を $C(X) = (\gamma_{ij}(X))$ とおくと，

$$B(X)\,C(X) = |B(X)|\cdot I = \chi_u(X)\cdot I$$

が成り立つ．これを成分に分けて書き直すと，

$$\sum_{k=1}^{n} \beta_{ik}(X)\gamma_{kj}(X) = \chi_u(X)\delta_{ij}$$

すなわち，

$$\sum_{k=1}^{n} \beta_{ij}(u)\gamma_{kj}(u) = \chi_u(u)\delta_{ij}$$

となる．uの表現行列が $A = (\alpha_{ij})$ だから，$u(\boldsymbol{e}_j) = \sum_{i=1}^{n} \boldsymbol{e}_i\alpha_{ij}$，したがって

$$\sum_{i=1}^{n} (\delta_{ij}u - \alpha_{ij}\cdot 1)(\boldsymbol{e}_i) = \mathbf{0} \quad (1 \leqslant j \leqslant n)$$

ところが，$\beta_{ij}(X) = \delta_{ij}X - \alpha_{ij}$ だから，

$$\sum_{i=1}^{n} \beta_{ij}(u)(\boldsymbol{e}_i) = \mathbf{0} \quad (1 \leqslant j \leqslant n)$$

ここで，j を k に変え，$\gamma_{kj}(u)$ を両辺にほどこして，k について加えると，

$$\mathbf{0} = \sum_{k=1}^{n} \gamma_{kj}(u)\left(\sum_{i=1}^{n} \beta_{ik}(u)(\boldsymbol{e}_i)\right) = \sum_{i=1}^{n}\left(\sum_{k=1}^{n} \beta_{ik}(u)\gamma_{kj}(u)(\boldsymbol{e}_i)\right)$$

$$= \sum_{i=1}^{n} \delta_{ij}\chi_u(u)(\boldsymbol{e}_i) = \chi_u(u)(\boldsymbol{e}_j) \quad (1 \leqslant j \leqslant n)$$

$\boldsymbol{e}_j$ はかってな基底ベクトルだから，実は任意のベクトルについて，$\chi_u(u)(\boldsymbol{x}) = \mathbf{0}$を得る．つまり，$\chi_u(u) = 0$ が成り立つ．

例 4 2次の行列 $A = \begin{pmatrix} \alpha & \beta \\ \gamma & \delta \end{pmatrix}$に対しては，

$$\chi_A(X)=|X\cdot I-A|=\begin{vmatrix} X-\alpha & \beta \\ \gamma & X-\delta \end{vmatrix}=X^2-(\alpha+\delta)X+(\alpha\delta-\beta\gamma),$$

$$\chi_A(A)=\begin{pmatrix} \alpha & \beta \\ \gamma & \delta \end{pmatrix}^2-(\alpha+\delta)\begin{pmatrix} \alpha & \beta \\ \gamma & \delta \end{pmatrix}+(\alpha\delta-\beta\gamma)\begin{pmatrix} 1 & 0 \\ 0 & 1 \end{pmatrix}$$

$$=\begin{pmatrix} \alpha^2+\beta\gamma & \beta(\alpha+\delta) \\ \gamma(\alpha+\delta) & \beta\gamma+\delta^2 \end{pmatrix}-\begin{pmatrix} \alpha^2+\alpha\delta & \beta(\alpha+\delta) \\ \gamma(\alpha+\delta) & \alpha\delta+\delta^2 \end{pmatrix}+\begin{pmatrix} \alpha\delta-\beta\gamma & 0 \\ 0 & \alpha\delta-\beta\gamma \end{pmatrix}=0$$

【4】 一般固有空間　複素数の範囲内では，固有多項式 χ_u は

$$\chi_u(X)=\prod_{i=1}^{r}(X-\lambda_i)^{m_i} \quad\cdots\cdots\cdots\cdots (2)$$

のように1次因数に分解され，各根の重複度の和は χ_u の次数に等しい：

$$m_1+m_2+\cdots\cdots+m_r=n \quad\cdots\cdots\cdots\cdots (3)$$

そこで，[2] 項の定理3の系をこの場合に適用してみよう．ハミルトン・ケイリーの定理によって，V のすべてのベクトル $\boldsymbol{x}$ について $\chi_u(u)(\boldsymbol{x})=\boldsymbol{0}$ が成り立つから，χ_u の核 N_{χ_u} は V 全体に他ならない．χ_u の各因数 $f_i(X)=(X-\lambda_i)^{m_i}$ の核 N_i は

$$N_i=\{\boldsymbol{x}\,|\,(u-\lambda_i\cdot 1)^{m_i}(\boldsymbol{x})=\boldsymbol{0}\}$$

で，$f_1, f_2, \cdots, f_r$ は二つずつ素であるから，V はこれらの部分線型空間 N_i の直和となる：

$$V=N_1\oplus N_2\oplus\cdots\cdots\oplus N_r \quad\cdots\cdots\cdots\cdots (4)$$

χ_u の根 $\lambda_1, \lambda_2, \cdots, \lambda_r$ は u の異なった固有値で，λ_i に対応する固有空間

$$W_i=\{\boldsymbol{x}\,|\,(u-\lambda_i\cdot 1)(\boldsymbol{x})=\boldsymbol{0}\}$$

は明らかに N_i に含まれている：

$$W_i\subset N_i \quad\cdots\cdots\cdots\cdots (5)$$

$v(\boldsymbol{x})=\boldsymbol{0}$ なら $v^m(\boldsymbol{x})=\boldsymbol{0}$　$(m\geqq 1)$ だからである．

u の固有空間を少し広げたこの部分線型空間 N_i を u の**一般固有空間**といい，それに属するベクトルを u の**一般固有ベクトル**ということにしよう．異なった固有空間 $W_1, W_2, \cdots, W_r$ をもってきただけでは，その和は前節で示したように(あるいは上の (5) からわかるように) 直和にはなるが，空間 V 全体には一般に

は及ばないのである．それより幾分広い一般固有空間をもってくれば，たしかに空間 V 全体に及ぶわけである．

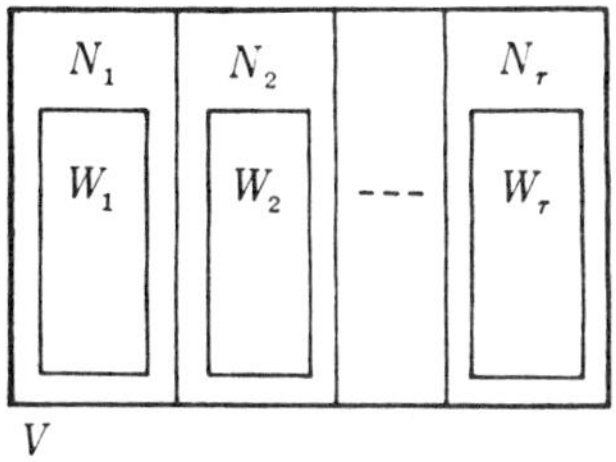

しかし，N_i が固有空間 W_i と一致しなければ，W_i のすべてのベクトル $\boldsymbol{x}$ については，たしかに

$$u(\boldsymbol{x}) = \lambda_i \boldsymbol{x}$$

が成り立つが，N_i のどのベクトルについてもこれが成り立つわけではない．

$N_i \ni \boldsymbol{x}$ をとると，$(u-\lambda_i)^{m_i}$ と u が交換可能なることより，$(u-\lambda_i)^{m_i}(u(\boldsymbol{x})) = u((u-\lambda_i)^{m_i}(\boldsymbol{x})) = u(\boldsymbol{0}) = \boldsymbol{0}$ だから，$u(\boldsymbol{x}) \in N_i$ となる．つまり，N_i は u によって安定な部分線型空間である．u を N_i に制限したものを u_i と書くと，少なくとも次のことはいえる．

定理 5 N_i のそれ自身への線型写像 u_i の固有値は λ_i のみである．

証明 u_i が λ_i 以外の固有値 λ' を持ったとすると，$u_i(\boldsymbol{x}) = \lambda' \boldsymbol{x}$ をみたす $\boldsymbol{x} \in N_i$，$\boldsymbol{x} \neq \boldsymbol{0}$ が存在する．したがって，$(u_i-\lambda_i)(\boldsymbol{x}) = u_i(\boldsymbol{x}) - \lambda_i \boldsymbol{x} = \lambda' \boldsymbol{x} - \lambda_i \boldsymbol{x} = (\lambda'-\lambda_i)\boldsymbol{x} \neq \boldsymbol{0}$ で，これをくり返すと，

$$(u-\lambda_i)^{m_i}(\boldsymbol{x}) = (u_i-\lambda_i)^{m_i}(\boldsymbol{x}) = (\lambda'-\lambda_i)^{m_i} \cdot \boldsymbol{x} \neq \boldsymbol{0}$$

が得られる．しかし，これは $\boldsymbol{x} \in N_i$ に反する．

したがって，N_i の次元を m_i' とすると，u_i の固有多項式は $\chi_{u_i}(X) = (X-\lambda_i)^{m_i'}$ の形でなければならないことがわかる．そこで，N_1 の基底，N_2 の基底，……，N_r の基底をこの順に並べて V の基底を作ると（V は N_i の直和だから，たしかにそうできる），u の表現行列は

$$A=\begin{pmatrix} A_1 & & & \\ & A_2 & & \\ & & \ddots & \\ & & & A_r \end{pmatrix}$$

の形になる．ここで，A_i は u の N_i への制限 u_i の表現行列になっている．したがって，

$$\chi_u(X)=|I\cdot X-A|=\prod_{i=1}^{r}|I\cdot X-A_i|=\prod_{i=1}^{r}(X-\lambda_i)^{m_i'}$$

が得られる．(2) と比較して，$m_i'=m_i$, つまり

$$\dim N_i=m_i \quad\cdots\cdots\cdots\cdots\cdots\cdots\cdots\cdots\cdots\cdots\cdots\cdots \quad (6)$$

が成り立つ．いいかえると，

定理6　一般固有空間の次元は，対応する固有値の固有多項式中での重複度に等しい．とくに，固有空間の次元は固有値の重複度を超えない．

問4　λ が u の固有値ならば，任意の多項式 f について，$f(\lambda)$ は $f(u)$ の固有値であることを示せ．

【5】 最小多項式　ハミルトン・ケイリーの定理によって，u はたしかに $\chi_u(u)=0$ をみたす．つまり u は χ_u の根であるが，u を根にする多項式はこの固有多項式のみとは限らない．$\varphi(u)=0$ をみたす多項式 φ のうちで次数が最も小さく，最高次の係数が1であるものを u の**最小多項式**という．

$f(u)=0$ をみたす任意の多項式 f はこの最小多項式 φ で割り切れる*)．実際，f を φ で割って商 q，余り r を得たとすると，$f=\varphi q+r$ より，

$$f(u)=\varphi(u)\cdot q(u)+r(u)$$

したがって，$f(u)=0, \varphi(u)=0$ より $r(u)=0$ でなければならない．r は φ より低次だから，実は0でなければならない．つまり $f=\varphi\cdot q$ で，f は φ で割り切れる．

とくに，固有多項式は最小多項式で割り切れる．

したがって，最小多項式の根 λ は固有多項式の根，つまり固有値である．逆

*)　$f\longmapsto f(u)$ は多項式環 $k[X]$ から環 $k[u]$ の上への準同型写像である．その核は $k[X]$ のイデアルだから，ある多項式 φ から生成され，(φ) の形をしている．最高次の係数を1にとった φ が最小多項式にほかならない．

に，λ を u の任意の固有値とすると，$u(\boldsymbol{x}) = \lambda\boldsymbol{x}$ をみたすベクトル $\boldsymbol{x} \neq \mathbf{0}$ が存在するから，任意の多項式 f に対して，$f(u)(\boldsymbol{x}) = f(\lambda)\boldsymbol{x}$ が成り立つ．とくに，f として最小多項式 φ をとると，

$$\varphi(\lambda)\boldsymbol{x} = \varphi(u)(\boldsymbol{x}) = \mathbf{0}.$$

$\boldsymbol{x} \neq \mathbf{0}$ であったから，$\varphi(\lambda) = 0$ でなければならない．つまり λ は φ の根である．

以上から，最小多項式は固有値全部を根として持っているから，

$$\varphi(X) = \prod_{i=1}^{r} (X-\lambda_i)^{l_i} \quad (1 \leqslant l_i \leqslant m_i) \cdots\cdots\cdots\cdots\cdots\cdots\cdots\cdots \text{(7)}$$

の形でなければならない[*]．

そこで，[2] 項の定理 3 の系をこの場合にも適用することができる．つまり，$\varphi(u) = 0$ だから，$\varphi(u)$ の核は V 全体で，各因数 $g_i(X) = (X-\lambda_i)^{l_i}$ の核は

$$N_i' = \{\boldsymbol{x} \mid (u-\lambda_i\cdot 1)^{l_i}(\boldsymbol{x}) = \mathbf{0}\}$$

で，g_i は二つずつ素だから，V はこれらの部分線型空間の直和となり，

$$V = N_1' \oplus N_2' \oplus \cdots\cdots \oplus N_r'$$

明らかに，$N_i' \subset N_i$ $(1 \leqslant i \leqslant r)$ が成り立っている．これを (4) と比較して，

$$N_i' = N_i \quad (1 \leqslant i \leqslant r) \cdots\cdots\cdots\cdots\cdots\cdots\cdots\cdots \text{(8)}$$

を得る．

固有多項式の場合と同じように，u を N_i に制限したものを u_i と書き，u_i の N_i における最小多項式を φ_i とおくと，N_i 上ではたしかに $(u_i-\lambda_i\cdot 1)^{l_i} = 0$ だから，$(X-\lambda_i)^{l_i}$ は φ_i で割り切れなければならない．したがって，$\varphi_i(X) = (X-\lambda_i)^{l_i'}$ $(1 \leqslant l_i' \leqslant l_i)$ の形でなければならない．もし，$l_i' < l_i$ とすると，多項式

$$\phi(X) = \varphi_i(X)\prod_{j \neq i} (X-\lambda_j)^{l_j}$$

は $\varphi(X)$ より次数が低く，しかも V のすべてのベクトル

$$\boldsymbol{x} = \boldsymbol{x}_1 + \boldsymbol{x}_2 + \cdots\cdots + \boldsymbol{x}_r, \quad \boldsymbol{x}_i \in N_i \quad (1 \leqslant i \leqslant r)$$

に $\phi(u) = \varphi_i(u)\prod_{j \neq i} (u-\lambda_i\cdot 1)^{l_j}$ をほどこすと $\mathbf{0}$ になる．したがって，$\phi(u) = 0$,

---

[*] だから，λ が u の固有値であること，固有多項式 χ_u の根であること，最小多項式 φ の根であること，これらは同値である．またこの事実は $\varphi \mid \chi_u \mid \varphi^s$ と表わしてもよい．$\mid$ は整除記号．

これはφがuの最小多項式であることに反する．したがって，u_iの最小多項式は$(X-\lambda_i)^{l_i}$である．

したがって，u_iの固有値はλ_iのみとなり，定理5がふたたび証明されたことになる．

【6】 半単純性の条件　前節では，u_iの異なった固有値に対応する固有空間W_iの和がV全体になれば，つまり，

$$V = W_1 \oplus W_2 \oplus \cdots\cdots \oplus W_r$$

という分解が成り立てば，uが半単純，つまり対角型に直せるのであった．uが対角型に直せれば，固有ベクトルから成る基底がとれるから，逆にVは固有空間の和となる．そのためには，固有空間が一般固有空間に一致すればよい．すなわち

$$W_i = N_i,\ \text{つまり}\quad N_i = \{\boldsymbol{x} \mid (u-\lambda_i\cdot 1)(\boldsymbol{x}) = \boldsymbol{0}\}$$

で，このときはuのN_iへの制限u_iの最小多項式は$\varphi_i(X) = X-\lambda_i$となり，$u$の最小多項式は

$$\varphi(X) = (X-\lambda_1)(X-\lambda_2)\cdots\cdots(X-\lambda_r)$$

となる．すなわち，最小多項式は重根をもたない．以上から

定理7　線型写像uについての次の条件は同値である．

(1)　uは対角化できる(半単純である)．

(2)　Vはuの固有空間の和に分解される．

(3)　uの最小多項式は重根を持たない．

系　uの固有多項式が重根を持たなければ，uは半単純である．

例5　次の行列の最小多項式を求めよ．

(1) $\begin{pmatrix} 6 & -3 & -7 \\ -1 & 2 & 1 \\ 5 & -3 & -6 \end{pmatrix}$　　(2) $\begin{pmatrix} 1 & 2 & 1 \\ -1 & 4 & 1 \\ 2 & -4 & 0 \end{pmatrix}$

(3) $\begin{pmatrix} 6 & -3 & -2 \\ 4 & -1 & -2 \\ 3 & -2 & 0 \end{pmatrix}$　　(4) $\begin{pmatrix} 0 & 2 & 1 \\ -4 & 6 & 2 \\ 4 & -4 & 0 \end{pmatrix}$

解 (1) 固有多項式は，$\chi_A(X)=(X-1)(X-2)(X+1)$ (§1，例1参照). 単根のみだから，最小多項式は $\varphi(X)=(X-1)(X-2)(X+1)$，固有値 1, 2, -1 に対応する固有空間 W_1, W_2, W_3 はそれぞれ1次元で和が全空間になる.

(2) 固有多項式は $\chi_A(X)=(X-1)(X-2)^2$ (§1，例2). $(A-I)(A-2I)$ を計算してみると，O となるから，最小多項式は $\varphi(X)=(X-1)(X-2)$. 固有値 1, 2 に対応する固有空間 W_1, W_2 はそれぞれ 1, 2 次元で．和は全空間になる.

(3) 固有多項式は $\chi_A(X)=(X-1)(X-2)^2$ (§1，問1(3)). $(A-I)(A-2I)$ を計算してみると，O にならないから，最小多項式は，$\varphi(X)=(X-1)(X-2)^2$. 固有値 1, 2 に対応する固有空間 W_1, W_2 はいずれも1次元で一般固有空間 N_1, N_2 はそれぞれ 1, 2 次元となる.

(4) 固有多項式は $\chi_A(X)=(X-2)^3$ (§1，問1(4)). $(A-2I)$ と $(A-2I)^2$ を計算してみると，$A-2I\neq O$，$(A-2I)^2=O$ となるので，最小多項式は $\varphi(X)=(X-2)^2$. 固有値2に対する固有空間 W は2次元，一般固有空間は3次元である.

問5 線型写像 u が $u^k=1$ (恒等写像) をみたせば，u は半単純であることを示せ.

§3 巾零の場合

【1】 巾零写像 さて，一般固有空間 N_i の上では $v=u-\lambda_i\cdot 1$ は，$v^{m_i}=0$ をみたす．一般に，線型空間 V からそれ自身への線型写像 u が，ある巾指数 m について，

$$u^m=0$$

をみたすとき，**巾零**であるという．このときは，u の最小多項式は $\varphi(X)=X^l$ の形になる．したがって，u の固有多項式は $\chi(X)=X^n$ の形で，u の固有値は0のみになる．最小多項式の巾指数 l は，$u^m=0$ をみたす最小の整数で，これを u の**零化指数**ということにする.

以上をまとめると，

定理8　線型写像uについての次の条件は同値である．

(1)　uは巾零である（あるmについて，$u^m=0$となる）．

(2)　$u^n=0$　（nはVの次元）

(3)　uの固有値は0のみ．

一般固有空間N_iを調べるには，巾零写像を調べてみなければならない．

問6　巾零写像uは半単純でないことを示せ．

【2】 巾零写像の構造

巾零写像uの零化指数をlとする．lは$u^m=0$となる最小指数だから，Vのすべてのベクトル$\boldsymbol{x}$について，$u^l(\boldsymbol{x})=\mathbf{0}$だが，一方$u^{l-1}\neq 0$，つまり

$$u^{l-1}(\boldsymbol{x})\neq \mathbf{0}$$

となるベクトル$\boldsymbol{x}(\neq \mathbf{0})$が存在する．

一般に，Vのベクトル$\boldsymbol{x}$について，$u^m(\boldsymbol{x})=\mathbf{0}$となる最小の指数（したがって，$u^{m-1}(\boldsymbol{x})\neq\mathbf{0}$）を，ベクトル$\boldsymbol{x}$の**高さ**と仮称することにする．零化指数$l$の定義から，$V$のすべてのベクトルは高さ$l$以下であるが，ちょうど高さ$l$のベクトルも存在するわけである．

今$k\geqq 0$に対して，

$$W_k=\{\boldsymbol{x}|u^k(\boldsymbol{x})=\mathbf{0}\}$$

とおくと，$W_0=\{\mathbf{0}\}$, W_1はちょうどuの固有空間で，W_lは空間全体Vと一致し，上の注意から，$W_{l-1}\neq W_l$で，しかも

$$\{\mathbf{0}\}=W_0\subset W_1\subset\cdots\cdots\subset W_{l-1}\subset W_l=V$$

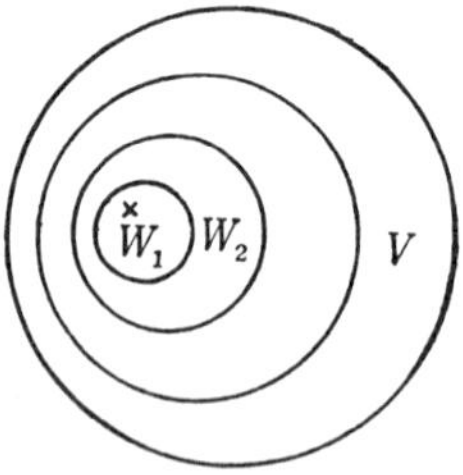

となっている*)．W_lが一般固有空間であった．各部分線型空間W_kがuに対し

*)　$u^k(\boldsymbol{x})=\mathbf{0}$なら，$u^{k+1}(\boldsymbol{x})=u(u^k(\boldsymbol{x}))=u(\mathbf{0})=\mathbf{0}$.

て安定なことは明らかである*). こうして, u について V は1種の**殻構造**をもっていることになる.

では, この部分線型空間の列について, 基底をとっていけば, u が簡単な形になるかというと, そうはいかない. 各 W_k が u について安定な部分線型空間として, かならずしも直和因子にならないからである.

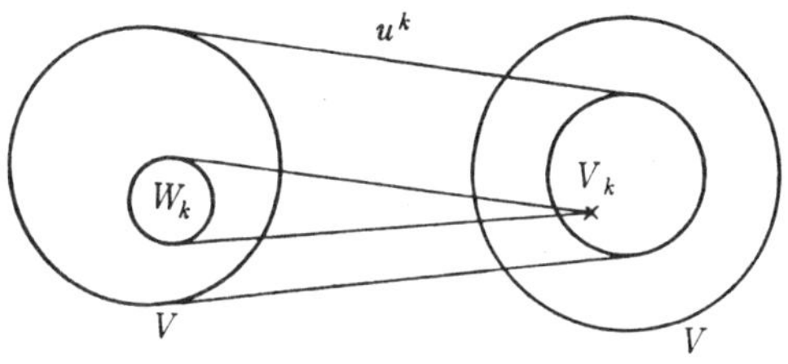

【3】 ジョルダン基底 そこで, もう一つの自然な殻構造を考える. つまり $k \geqq 0$ について

$$V_k = \{\boldsymbol{x} \mid \text{ある } \boldsymbol{y} \in V \text{ について } \boldsymbol{x} = u^k(\boldsymbol{y})\}$$

とおくのである. 線型写像 u^k について前の W_k が核であるとすれば. V_k はその像に他ならない. ただし今度は大きさが逆で,

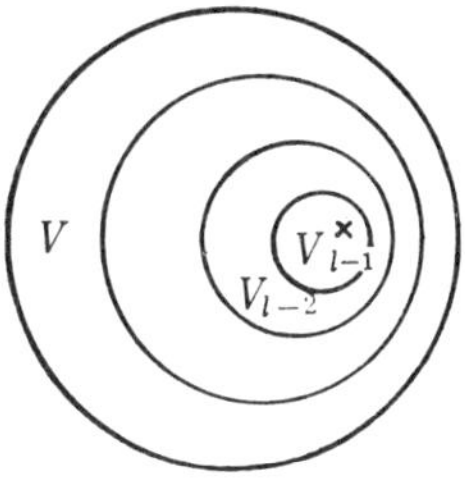

$$V = V_0 \supset V_1 \supset \cdots\cdots \supset V_{l-1} \supset V_l = \{\boldsymbol{0}\}$$

となっている. $u^{l-1}(\boldsymbol{x}) \neq \boldsymbol{0}$ なる $\boldsymbol{x}$ があるから, やはり $V_{l-1} \neq V_l$ である. 各部分線型空間 V_k は u に対して安定である**).

さて, この新しい殻構造について, 小さい方から基底をとっていく. まず,

*) $u^k(\boldsymbol{x}) = \boldsymbol{0}$ なら, $u^k(u(\boldsymbol{x})) = u(u^k(\boldsymbol{x})) = u(\boldsymbol{0}) = \boldsymbol{0}$.

**) $\boldsymbol{x} = u^k(\boldsymbol{y})$ なら, $u(\boldsymbol{x}) = u^{k+1}(\boldsymbol{y}) = u^k(u(\boldsymbol{y}))$ となるから.

V_{l-1} の基底であるが，これは V_{l-1} の定義から，

$$u^{l-1}(\boldsymbol{e}_1), u^{l-1}(\boldsymbol{e}_2), \cdots, u^{l-1}(\boldsymbol{e}_{s_1}) \quad (s_1 = \dim V_{l-1})$$

のようにとれる．次に，写像 u を一つはずした $u^{l-2}(\boldsymbol{e}_1), \cdots, u^{l-2}(\boldsymbol{e}_{s_1})$ は線型独立なベクトルの原像だから明らかに線型独立であるが，さらに強く，V_{l-1} を法としてもそうである．実際，

$$\sum c_i u^{l-2}(\boldsymbol{e}_i) \equiv \boldsymbol{0} \pmod{V_{l-1}}$$

とすると，$\sum c_i u^{l-2}(\boldsymbol{e}_i) = u^{l-1}(\boldsymbol{z})$ と書けるので，u をほどこして，$\sum c_i u^{l-1}(\boldsymbol{e}_i) = u^l(\boldsymbol{z}) = \boldsymbol{0}$ となるから，$u^{l-1}(\boldsymbol{e}_i)$ のとり方から，すべての $c_i = 0$ が得られる．

そこで，さらにベクトルを追加して，

$$u^{l-2}(\boldsymbol{e}_1), \cdots, u^{l-2}(\boldsymbol{e}_{s_1}), u^{l-2}(\boldsymbol{e}_{s_1+1}), \cdots, u^{l-2}(\boldsymbol{e}_{s_2}) \ (s_2 = \dim(V_{l-2}/V_{l-1}))$$

が V_{l-2} の，V_{l-1} を法とする基底となるようにする．すると，あとの方のベクトル $u^{l-2}(\boldsymbol{e}_j)$ $(s_1 < j \leqslant s_2)$ は，u をほどこすと，V_{l-1} にはいり $u^{l-1}(\boldsymbol{e}_i)$ $(1 \leqslant i \leqslant s_1)$ の線型結合になる：

$$u(u^{l-2}(\boldsymbol{e}_j)) = \sum c_{ji} u^{l-1}(\boldsymbol{e}_i), \qquad u^{l-1}(\boldsymbol{e}_j - \sum c_{ji}\boldsymbol{e}_i) = \boldsymbol{0}$$

そこで，$\boldsymbol{e}_j' = \boldsymbol{e}_j - \sum c_{ji}\boldsymbol{e}_i$ $(s_1 < j \leqslant s_2)$ とおくと，$u^{l-2}(\boldsymbol{e}_1), \cdots, u^{l-2}(\boldsymbol{e}_{s_1})$, $u^{l-2}(\boldsymbol{e}_{s_1+1}'), \cdots, u^{l-2}(\boldsymbol{e}_{s_2}')$ も V_{l-1} を法とした V_{l-2} の基底になっていて*)，しかも，あとの $\boldsymbol{e}_j'$ は $u^{l-1}(\boldsymbol{e}_j') = 0$，つまり高さ $l-1$ であるようにとれる．したがって，初めから，$\boldsymbol{e}_j (s_1 < j \leqslant s_2)$ はそうなっているものとする．

今と同じく，u を一つはずした，$u^{l-3}(\boldsymbol{e}_1), \cdots, u^{l-3}(\boldsymbol{e}_{s_2})$ は V_{l-3} の中にあって，V_{l-2} を法として線型独立である．したがって，これにさらに $u^{l-3}(\boldsymbol{e}_j)$ の形のベクトル（$\boldsymbol{e}_j$ は高さ $l-2$）を追加して**)，V_{l-3} の，V_{l-2} を法とする基底を作る．

これを繰り返していくと，$u(\boldsymbol{e}_1), \cdots, u(\boldsymbol{e}_{s_{l-1}})$ が V_1 の基底（法 V_2 の）となり，最後に，高さ1のベクトル $\boldsymbol{e}_j$ $(s_{l-1} < j \leqslant s_l)$ を追加して $\boldsymbol{e}_1, \boldsymbol{e}_2, \cdots, \boldsymbol{e}_{s_{l-1}}, \cdots, \boldsymbol{e}_{s_l}$ が V_1 を法とする V の基底となるようにできる．以上作られたすべてのベクトル

---

*) 念のためたしかめておくこと．

**) $u(u^{l-3}(\boldsymbol{e}_j)) \equiv \sum c_{ji} u^{l-2}(\boldsymbol{e}_i) \pmod{V_{l-1}}$ より $u^{l-2}(\boldsymbol{e}_j - \sum c_{ji}\boldsymbol{e}_i - \sum d_{ji} u(\boldsymbol{e}_i)) = \boldsymbol{0}$ なる c_{ji}, d_{ji} がとれる．このかっこの中を $\boldsymbol{e}_j'$ とおくと，$u^{l-2}(\boldsymbol{e}_j') = \boldsymbol{0}$ で，$\boldsymbol{e}_i, \boldsymbol{e}_j'$ を合わせてやはり V_{l-2} の基底になる．

$$
\begin{array}{llllll}
\boldsymbol{e}_1 & u(\boldsymbol{e}_1) & \cdots\cdots & u^{l-2}(\boldsymbol{e}_1) & u^{l-1}(\boldsymbol{e}_1) & \\
\boldsymbol{e}_2 & u(\boldsymbol{e}_2) & \cdots\cdots & \cdots\cdots\cdots & \cdots\cdots\cdots & \\
\cdots & \cdots\cdots & \cdots\cdots & \cdots\cdots\cdots & u^{l-1}(\boldsymbol{e}_{s_1}) & \cdots\cdots\cdots\cdots\cdots\cdots\cdots\cdots\cdots (1) \\
\cdots & \cdots\cdots & \cdots\cdots & u^{l-2}(\boldsymbol{e}_{s_2}) & & \\
\cdots & u(\boldsymbol{e}_{s_{l-1}}) & & & & \\
\boldsymbol{e}_{s_l} & & & & &
\end{array}
$$

を並べると，V の基底になる．実際，V の任意のベクトル $\boldsymbol{x}$ は V_1 を法として，$\boldsymbol{e}_i$ の線型結合になるが，$\boldsymbol{x}$ からその線型結合をひいた差 $\boldsymbol{x}_1$ は V_1 のベクトルだから，V_2 を法として $u(\boldsymbol{e}_i)$ の線型結合になり，それをまた $\boldsymbol{x}_1$ からひくと，差 $\boldsymbol{x}_2$ は V_2 に属し，V_3 を法として $u^2(\boldsymbol{e}_i)$ の線型結合になる．そしてけっきょく，

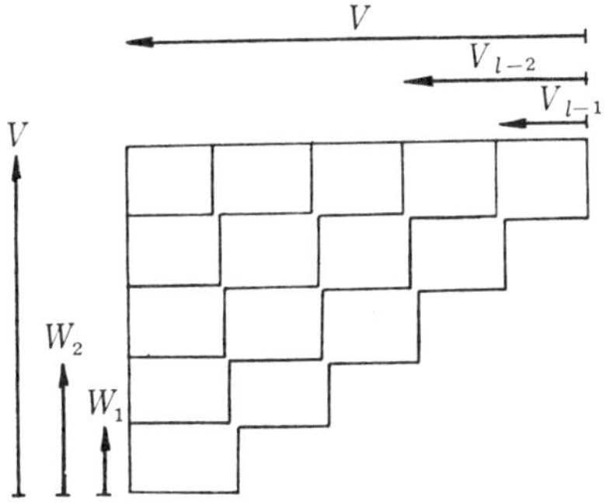

$$\boldsymbol{x}=\sum c_i^{(1)}\boldsymbol{e}_i+\sum c_i^{(2)}u(\boldsymbol{e}_i)+\cdots\cdots+\sum c_i^{(l)}u^{l-1}(\boldsymbol{e}_i)$$

と表わされる．だから，これらのベクトル $u^k(\boldsymbol{e}_i)$は V を生成する．ここでもし $\boldsymbol{x}=\boldsymbol{0}$ とすると，$\boldsymbol{e}_i$ は V_1 を法として線型独立であったから，$\sum c_i^{(1)}\boldsymbol{e}_i\equiv\boldsymbol{0}\ (\mathrm{mod.}\ V_1)$ より，すべての $c_i^{(1)}=0$ を得，$\sum c_i^{(2)}u(\boldsymbol{e}_i)+\cdots+\sum c_i^{(l)}u^{l-1}(\boldsymbol{e}_i)=\boldsymbol{0}$ となる．したがって，$u(\boldsymbol{e}_i)$ が V_2 を法として線型独立であったことより，$\sum c_i^{(2)}u(\boldsymbol{e}_i)\equiv\boldsymbol{0}\ (\mathrm{mod.}\,V_2)$ から，すべての $c_i^{(2)}=0$ を得る．以下同様に繰り返せば，すべての $c_i^{(k)}=0$ を得て，ベクトル $u^k(\boldsymbol{e}_i)$ は線型独立となる．この形の V の基底 (1) を u の**ジョルダン基底**という．

作り方から，ベクトル $\boldsymbol{e}_1,\boldsymbol{e}_2,\cdots,\boldsymbol{e}_{s_l}$ は最初の s_1 個が高さ l，次の s_2-s_1 個が高さ $l-1,\cdots$, 最後の s_l-s_{l-2} 個が高さ 1 になっている．したがって，$\boldsymbol{e}_i$ の最後

の s_l-s_{l-1} 個，$u(\boldsymbol{e}_i)$ の最後の $s_{l-1}-s_{l-2}$ 個,…, $u^{l-2}(\boldsymbol{e}_i)$ の最後の s_2-s_1 個，s_1 個の $u^{l-1}(\boldsymbol{e}_i)$ が，すべて高さ1で，固有空間 $W=W_1$の基底となっている．

したがってとくに，

$$s_l=(s_l-s_{l-1})+\cdots+(s_2-s_1)+s_1=\dim W_1=r$$

となっている．

また，$\boldsymbol{e}_i$の $s_{l-2}+1$ 番目から s_{l-1} 番目まで，$u(\boldsymbol{e}_i)$ の $s_{l-3}+1$ 番目から s_{l-2} 番目まで,…, $u^{l-2}(\boldsymbol{e}_i)(1\leqslant i\leqslant s_1)$ はすべて高さ2で，W_1 を法とする W_2 の基底となっている．以下同様で，$\boldsymbol{e}_1,\cdots,\boldsymbol{e}_{s_l}$ は W_{l-1} を法とする $V=W_l$ の基底となっている．したがって，次元については

$$\begin{aligned}s_{l-1}&=(s_{l-1}-s_{l-2})+\cdots+(s_2-s_1)+s_1=\dim W_2-\dim W_1\\&\cdots\cdots\cdots\cdots\cdots\cdots\cdots\cdots\\s_1&=\dim V-\dim W_{l-1}\end{aligned}$$

【4】 **巾零写像の標準形**　さて，上記のジョルダン基底のベクトル(1)を今度は横割りにみて，$\boldsymbol{e}_1, u(\boldsymbol{e}_1),\cdots, u^{l-1}(\boldsymbol{e}_1)$ で張られる V の部分線型空間を U_1, $\boldsymbol{e}_2$, $u(\boldsymbol{e}_2),\cdots, u^{l-1}(\boldsymbol{e}_2)$ で張られる部分線型空間を $U_2,\cdots$，として，最後に $\boldsymbol{e}_{s_l}$ から生成される部分線型空間を U_{s_l} とおく．これらの部分線型空間は明らかに u に関して安定である*)．(1)のベクトルは V の基底をなすから，全空間 V はこれらの部分線型空間の直和となる：

$$V=U_1\oplus U_2\oplus\cdots\cdots\oplus U_{s_l}.$$

この順にベクトル(1)を並べて，u の表現行列を作ってみよう．

U_1 の基底を $u^{l-1}(\boldsymbol{e}_1), u^{l-2}(\boldsymbol{e}_1),\cdots, u(\boldsymbol{e}_1), \boldsymbol{e}_1$ と並べて，u の表現行列を作ると，これらのベクトルはそれぞれ，$\boldsymbol{0}, u^{l-1}(\boldsymbol{e}_1),\cdots, u^2(\boldsymbol{e}_1), u(\boldsymbol{e}_1)$ となるから，

$$(\boldsymbol{0}\ u^{l-1}(\boldsymbol{e}_1)\cdots u^2(\boldsymbol{e}_1)\ u(\boldsymbol{e}_1))=(u^{l-1}(\boldsymbol{e}_1)\ u^{l-2}(\boldsymbol{e}_1)\cdots u(\boldsymbol{e}_1)\ \boldsymbol{e}_1)\begin{pmatrix}0&1&&0\\&0&1&\\&&\ddots&\ddots\\&&&1\\0&&&0\end{pmatrix}$$

より，

*) たとえば，$u(u^{l-1}(e_i))=u^l(e_i)=\boldsymbol{0}$ など．

$$N_l = \left(\begin{array}{ccccc} 0 & 1 & & & 0 \\ & 0 & 1 & & \\ & & \ddots & \ddots & \\ & & & \ddots & 1 \\ 0 & & & & 0 \end{array}\right)\Bigg\} l \quad\cdots\cdots\cdots\cdots\cdots\cdots \quad (2)$$

の形になる．U_2 以下の基底ベクトルも同じように並べて u の表現行列を作ると，対角線上に，N_l の形の行列が s_1 個，N_{l-1} の形の行列が s_2-s_1 個，…，N_1 の形の行列が s_l-s_{l-1} 個並んだ

$$A = \left(\begin{array}{cccc} N_l & & & \\ & N_l & & 0 \\ & & \ddots & \\ 0 & & & N_1 \end{array}\right) \quad\cdots\cdots\cdots\cdots\cdots\cdots \quad (3)$$

の形の行列が得られる．

この (3) の形を巾零写像の表現行列の**標準形**という．ここで，l は u の最小多項式の次数で，N_l の個数 s_1, N_{l-1} の個数 $s_2-s_1,\cdots$, N_1 の個数 s_l-s_{l-1} の和 s_l は，固有空間 $W=W_1$ の次元 r に等しい：

$$\left.\begin{array}{l} 0 < s_1 \leqslant s_2 \leqslant \cdots \leqslant s_l, \quad s_l = r = \dim W \\ s_1+s_2+\cdots+s_l = n = \dim V \end{array}\right\} \quad\cdots\cdots\cdots\cdots \quad (4)$$

§4　一般の場合

【1】 一般の線型写像の標準形　u を線型空間 E からそれ自身への一般な線型写像（E の自己準同型）とする．前に示したように，u の固有多項式

$$\chi_u(X) = |I\cdot X - A| = \prod_{i=1}^{r}(X-\lambda_i)^{n_i} \quad (A \text{ は } u \text{ の任意の表現行列})$$

と，最小多項式

$$\varphi(X) = \prod_{i=1}^{r}(X-\lambda_i)^{l_i}$$

が定義され，各固有値 λ_i に対して固有空間 $W_i = \{\boldsymbol{x} | u(\boldsymbol{x}) = \lambda_i \boldsymbol{x}\}$ を含む一般固有空間

$$V_i = \{\boldsymbol{x} \,|\, (u-\lambda_i\cdot 1)^{l_i}(\boldsymbol{x}) = \boldsymbol{0}\}$$

が作れ，これら一般固有空間の直和が空間全体Vになるのであった：

$$V = V_1 \oplus V_2 \oplus \cdots\cdots \oplus V_r.$$

$u-\lambda_i\cdot 1$ の一般固有空間 V_i への制限を u_i とすると，u_i は V_i 上で巾零写像であって，その固有多項式は，X^{n_i} で，最小多項式は X^{l_i} になるのであった．

前節により，V_i の基底（ジョルダン基底）を適当にとると，u_i の表現行列は前節 (3) の形になる．したがってもとの写像uはV_i 上で $u_i+\lambda_i\cdot 1$ と同じであることに注意すると，V_i のこれらの基底に関する表現行列は

$$A_i = \begin{pmatrix} A(\lambda_i, l) & & & \\ & A(\lambda_i, l) & & \\ & & \ddots & \\ & & & A(\lambda_i, 1) \end{pmatrix},\quad A(\lambda_i, l) = \begin{pmatrix} \lambda_i & 1 & & 0 \\ & \lambda_i & 1 & \\ & & \ddots & \ddots \\ & & & 1 \\ 0 & & & \lambda_i \end{pmatrix} \quad\cdots\cdots\cdots \text{(1)}$$

の形となることがわかる．各 V_i 上に今述べたような u_i のジョルダン基底を選ぶと，u の表現行列は

$$A = \begin{pmatrix} A_1 & & & \\ & A_2 & & \\ & & \ddots & \\ & & & A_r \end{pmatrix} \quad\cdots\cdots\cdots\cdots\cdots\cdots\cdots\cdots\cdots\cdots\cdots \text{(2)}$$

の形になる．この形の u の表現行列を**ジョルダン標準形**といい，各 A_i を構成している $A(\lambda, l)$ の形の行列を**ジョルダン細胞**という．

これによって，第5章，§1の終わりに提起した問題に完全な解答を与えることができる．二つの正方行列 A, A' は，正則行列 P によって，

$$A' = P^{-1}AP$$

という関係にあるとき，相似というのであった．ところで，上記の結果によれば，どんな正方行列も，適当な P で変換することによって，(2) の形のジョルダン標準形に直すことができるのであり，二つのジョルダン標準形は，ジョルダン細胞の順序の違いを除いて一致するとき，そのときに限って相似であるから，

定理9　二つの正方行列は，それらのジョルダン標準形が，ジョルダン細胞

の順序の違いを除いて一致するとき，そのときに限って相似である．

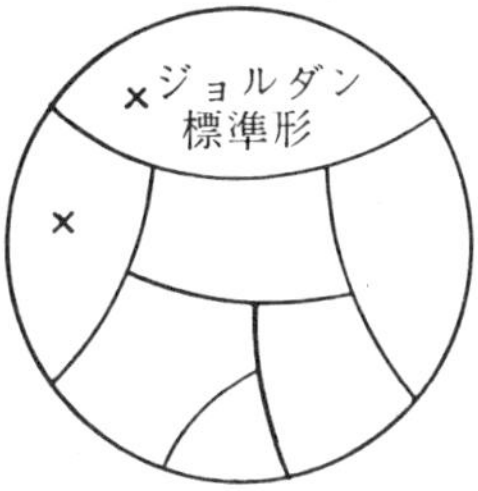

【2】 数値的実例

例6

$$A=\begin{pmatrix}3&1&-3\\-4&-2&6\\-1&-1&3\end{pmatrix}\quad をジョルダン標準形に直せ．$$

解　固有多項式 $\chi_A(X)=\begin{vmatrix}X-3&-1&3\\4&X+2&-6\\1&1&X-3\end{vmatrix}=X(X-2)^2$，固有値 0，2（重複度 2）．$A(A-2I)\neq O$ だから，A の最小多項式 $\varphi(X)=X(X-2)^2$，したがって，A は半単純ではない（対角化できない）．0 に対する固有ベクトルは $A\boldsymbol{x}=\boldsymbol{0}$ を解いて，たとえば*)，$\boldsymbol{a}=(0,3,1)$．2 に対する固有ベクトルは $(A-2I)\boldsymbol{x}=\boldsymbol{0}$ を解いて，$\boldsymbol{f}=(1,-1,0)$，固有空間 W は 1 次元である．一般固有空間 V は，$(A-2I)^2\boldsymbol{x}=\begin{pmatrix}0&0&0\\6&6&-6\\2&2&-2\end{pmatrix}\begin{pmatrix}x_1\\x_2\\x_3\end{pmatrix}=\boldsymbol{0}$ を解いて，$x_1+x_2-x_3=0$ を得る．つまり $V=\{\boldsymbol{x}|x_1+x_2-x_3=0\}$．$V_1=(A-2I)(V)$ は当然固有空間 W と一致するはずだが，実際，$\boldsymbol{x}\in V$ に $A-2I$ をほどこすと，$(-2x_3,2x_3,0)=(-2x_3)(1,-1,0)=(-2x_3)\boldsymbol{f}$ を得る．したがって，$-2x_3=1, x_3=-1/2$，$x_1=0$ とすると，$\boldsymbol{e}=(0,-1/2,-1/2)$，$(A-2I)\boldsymbol{e}=\boldsymbol{f}$ となる．$\boldsymbol{f},\boldsymbol{e}$ が一般固

*)　スペースのつごうで行ベクトルの形に書いておく．読者は列ベクトルに直して考えられたい．

有空間のジョルダン基底となる．したがって，

$$P=(\boldsymbol{a}\boldsymbol{f}\boldsymbol{e})=\begin{pmatrix}0 & 1 & 0\\ 3 & -1 & -1/2\\ 1 & 0 & -1/2\end{pmatrix}\text{とおくと，}\ P^{-1}AP=\begin{pmatrix}0 & 0 & 0\\ 0 & 2 & 1\\ 0 & 0 & 2\end{pmatrix}$$

例 7

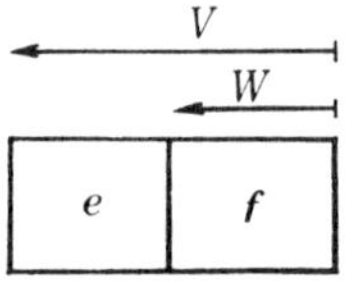

$$A=\begin{pmatrix}0 & 2 & 1\\ -4 & 6 & 2\\ 4 & -4 & 0\end{pmatrix}$$ をジョルダン標準形に直せ．

解　固有多項式 $\chi_A(X)=|I\cdot X-A|=(X-2)^3$，最小多項式 $\varphi(X)=(X-2)^2$，したがって対角化できない．$A-2I$ の表わす線型写像 u は巾零写像で，一般固有空間は全空間 V と一致する．$u(V)=V_1$ を求めるために，$\boldsymbol{x}=(x_1,x_2,x_3)$ に u をほどこすと，$u(\boldsymbol{x})=(-2x_1+2x_2+x_3,\ -4x_1+4x_2+2x_3,\ 4x_1-4x_2-2x_3)=(-2x_1+2x_2+x_3)(1,\ 2,\ -2)$ の形となるから，V_1 は1次元でその基底ベクトルは $\boldsymbol{f}=(1,2,-2)$．したがって，V の殻構造は，$V\supset V_1\supset\{\boldsymbol{0}\}$ で，V の V_1 を法とする基底を探せばよい．上記の $u(\boldsymbol{x})$ の形から，$u(\boldsymbol{e}_1)=\boldsymbol{f}$ なるベクトル $\boldsymbol{e}_1$ として，たとえば $(0,0,1)$．もう一つの基底ベクトル $\boldsymbol{e}_2$ は，$u(\boldsymbol{e}_2)=\boldsymbol{0}$ でしかも，$\boldsymbol{f},\boldsymbol{e}_1,\boldsymbol{e}_2$ が線型独立になるように選べばよい．$\boldsymbol{e}_2=(\alpha,\beta,\gamma)$ とすると，$u(\boldsymbol{e}_2)=\boldsymbol{0}$ より，$\gamma=2\alpha-2\beta$，次に行列式

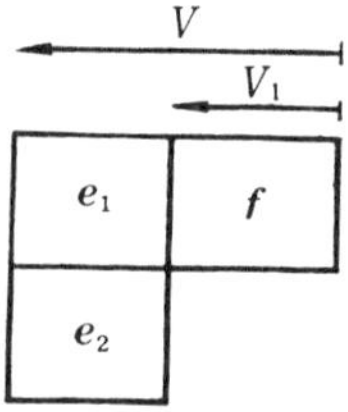

$$|\boldsymbol{f}\boldsymbol{e}_1\boldsymbol{e}_2|=\begin{vmatrix}1 & 0 & \alpha\\ 2 & 0 & \beta\\ -2 & 1 & 2\alpha-2\beta\end{vmatrix}=2\alpha-\beta\neq 0$$ なるように，たとえば，$\alpha=1$，

$\beta=0$ とすると，$\boldsymbol{e}_2=(1,0,2)$．$\boldsymbol{f},\boldsymbol{e}_1,\boldsymbol{e}_2$ が u のジョルダン基底となる．したがって，

$$P=\begin{pmatrix}1 & 0 & 1\\ 2 & 0 & 0\\ -2 & 1 & 2\end{pmatrix}\text{とおくと，}\ P^{-1}AP=\begin{pmatrix}2 & 1 & 0\\ 0 & 2 & 0\\ 0 & 0 & 2\end{pmatrix}$$

例 8

$$A=\begin{pmatrix}3&1&-1\\-1&1&2\\0&0&2\end{pmatrix}$$ をジョルダンの標準形に直せ.

解 固有多項式 $\chi_A(X)=|I\cdot X-A|=(X-2)^3, (A-2I)^2=\begin{pmatrix}0&0&1\\0&0&-1\\0&0&0\end{pmatrix}\neq O$ だから，最小多項式は $\varphi(X)=(X-2)^3$. $A-2I$ の表わす線型写像 u は巾零写像である. $\boldsymbol{x}=(x_1,x_2,x_3)$ に対して， $u(\boldsymbol{x})=(x_1+x_2-x_3, -x_1-x_2+2x_3, 0)$, $u^2(\boldsymbol{x})=(x_3,-x_3,0)=x_3(1,-1,0)$ だから， $V_2=u^2(V)$ は 1 次元の部分線型空間で，その基底ベクトルは $\boldsymbol{g}=(1,-1,0)$. V の殻構造は $V\supset V_1\supset V_2\supset\{\boldsymbol{0}\}$ となる. V_2 を法とする V_1 の基底 (1 個) を求めるには, $u(\boldsymbol{x})=\boldsymbol{g}$ なる $\boldsymbol{x}=(\alpha,\beta,\gamma)$ を探せばよい. $\alpha+\beta-\gamma=1$, $-\alpha-\beta+2\gamma=-1$ より $\gamma=0$, $\alpha+\beta=1$, たとえば, $\alpha=0$, $\beta=1$ とおくと, $\boldsymbol{f}=(0,1,0)$ を得る. $\boldsymbol{f}$ と

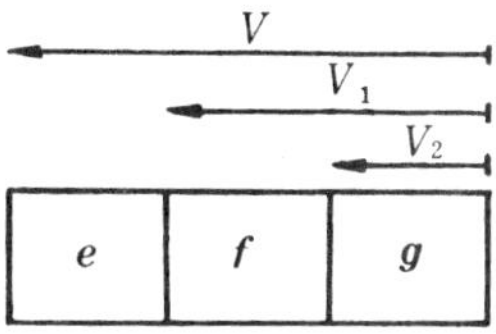

$\boldsymbol{g}$ で, V_1 が張られる, $u(\boldsymbol{x})=\boldsymbol{f}$ なる $\boldsymbol{x}$ を求めるには, $\alpha+\beta-\gamma=0$, $-\alpha-\beta+2\gamma=1$ を解く. $\gamma=1$, $\alpha+\beta=1$ で, たとえば, $\boldsymbol{e}=(0,1,1)$ とおく.

$\boldsymbol{g},\boldsymbol{f},\boldsymbol{e}$ がジョルダン基底で, $P=\begin{pmatrix}1&0&0\\-1&1&1\\0&0&1\end{pmatrix}$ によって,

$$P^{-1}AP=\begin{pmatrix}2&1&0\\0&2&1\\0&0&2\end{pmatrix}$$

問 7 巾零写像 u について, $V/W_k\cong V_k$ を証明せよ. これからとくに, $\dim W_k=\dim V-\dim V_k$ を示せ.

問 8　次の行列をジョルダンの標準形に直せ.

(1) $\begin{pmatrix} 5 & -3 & 2 \\ 6 & -4 & 4 \\ 4 & -4 & 5 \end{pmatrix}$　(2) $\begin{pmatrix} 7 & -12 & 6 \\ 10 & -19 & 10 \\ 12 & -24 & 13 \end{pmatrix}$　(3) $\begin{pmatrix} 1 & -3 & 4 \\ 4 & -7 & 8 \\ 6 & -7 & 7 \end{pmatrix}$　(4) $\begin{pmatrix} 2 & 6 & -15 \\ 1 & 1 & -5 \\ 1 & 2 & -6 \end{pmatrix}$

(5) $\begin{pmatrix} 1 & -3 & 3 \\ -2 & -6 & 13 \\ -1 & -4 & 8 \end{pmatrix}$ (6) $\begin{pmatrix} 1 & -3 & 0 & 3 \\ -2 & -6 & 0 & 13 \\ 0 & -3 & 1 & 3 \\ -1 & -4 & 0 & 8 \end{pmatrix}$ (7) $\begin{pmatrix} 3 & -4 & 0 & 2 \\ 4 & -5 & -2 & 4 \\ 0 & 0 & 3 & -2 \\ 0 & 0 & 2 & -1 \end{pmatrix}$ (8) $\begin{pmatrix} 3 & -1 & 0 & 0 \\ 1 & 1 & 0 & 0 \\ 3 & 0 & 5 & -3 \\ 4 & 1 & 3 & -1 \end{pmatrix}$

問 9　$n=2,3,4$ について，固有多項式と最小多項式の型，および関係式 (4) を利用して，線型写像を分類せよ.

§5　正規写像の固有値問題

【1】 転置写像　線型空間 V から W への線型写像を f とし，V, W の双対空間をそれぞれ V^*, W^* とする．V のベクトル $\boldsymbol{x}$ の f による像 $f(\boldsymbol{x})$ は W のベクトルだから，W 上の線型形式，つまり W^* の元 $\boldsymbol{y}'$ による値 $\langle f(\boldsymbol{x}), \boldsymbol{y}'\rangle$ を考えることができる．このとき V から係数体 k への写像：

$$\boldsymbol{x} \longmapsto \langle f(\boldsymbol{x}), \boldsymbol{y}'\rangle \quad \cdots\cdots\cdots\cdots (1)$$

は V 上の線型形式であることがすぐに示せる.

問 10　(1) が V 上の線型形式であることを示せ.

この線型形式は，$\boldsymbol{y}'$ に依存するので，$g(\boldsymbol{y}')$ と書くことができる．$g(\boldsymbol{y}')$ は V 上の線型形式だから，V^* の元に他ならない．そこで W^* から V^* への写像：

$$\boldsymbol{y}' \longmapsto g(\boldsymbol{y}') \quad \cdots\cdots\cdots\cdots (2)$$

は線型写像であることが容易に示せる.

問 11　(2) が線型写像であることを示せ.

$$\begin{array}{ccc} V & \xrightarrow{\ f\ } & W \\ V^* & \xleftarrow[\ {}^t f\ ]{} & W^* \end{array}$$

この W^* から V^* への線型写像を f の**転置写像**といい，${}^t f$ と書く．以上をまとめると，$g(\boldsymbol{y}')(\boldsymbol{x}) = \langle \boldsymbol{x}, g(\boldsymbol{y}')\rangle$ と書けるのだから，f と ${}^t f$ は，すべての $\boldsymbol{x} \in V, \boldsymbol{y}' \in W^*$ に対して，

$$\langle f(\boldsymbol{x}), \boldsymbol{y}'\rangle = \langle \boldsymbol{x}, {}^t f(\boldsymbol{y}')\rangle \quad \cdots\cdots\cdots\cdots (3)$$

を恒等的にみたすという関係で結びつけられている．

次に，V の基底 $\boldsymbol{e}_1, \boldsymbol{e}_2, \cdots, \boldsymbol{e}_n$，$W$ の基底 $\boldsymbol{f}_1, \boldsymbol{f}_2, \cdots, \boldsymbol{f}_m$ をとり，これらに関する線型写像 f の表現行列を A とする．双対空間 V^*, W^* における，これらの双対基底をそれぞれ $\boldsymbol{e}_1', \boldsymbol{e}_2', \cdots \boldsymbol{e}_n'$；$\boldsymbol{f}_1', \boldsymbol{f}_2', \cdots, \boldsymbol{f}_m'$ とし，転置写像 ${}^tf$ のこれに関する表現行列を B とすると，

$$f(\boldsymbol{e}_k) = \sum_{i=1}^{m} \boldsymbol{f}_i a_{ik}, \qquad {}^tf(\boldsymbol{f}_l') = \sum_{j=1}^{n} \boldsymbol{e}_j' b_{jl}$$

である[*]．そこで，恒等式(3)で，$\boldsymbol{x} = \boldsymbol{e}_k, \boldsymbol{y}' = \boldsymbol{f}_l'$ とおくと，

$$\text{左辺} = \langle f(\boldsymbol{e}_k), \boldsymbol{f}_l' \rangle = \sum_{i=1}^{m} \langle \boldsymbol{f}_i, \boldsymbol{f}_l' \rangle a_{ik} = a_{lk}$$

$$\text{右辺} = \langle \boldsymbol{e}_k, {}^tf(\boldsymbol{f}_l') \rangle = \sum_{j=1}^{n} \langle \boldsymbol{e}_k, \boldsymbol{e}_j' \rangle b_{jl} = b_{kl}$$

だから，すべての，k, l について，$b_{kl} = a_{lk}$ が得られる．つまり，B は A の行と列を入れ換えて得られる転置行列 ${}^tA$ に他ならない．

問 12　f が U から V への線型写像，g が V から W への線型写像とするとき，${}^t(g \circ f) = {}^tf \circ {}^tg$ を証明せよ．

【2】 共役写像　次に，とくに V を n 次元複素計量線型空間（ユニタリ空間）とする．線型形式 $\boldsymbol{x} \longmapsto (\boldsymbol{x}, \boldsymbol{y})$ を $\varphi(\boldsymbol{y})$ と書くと，φ は V とその双対空間 V^* との間の（標準的な）同型を与えるが，ただ，$\varphi(\lambda \boldsymbol{y}) = \bar{\lambda}\varphi(\boldsymbol{y})$ となる点に注意しなければならない．この φ については，

$$\langle \boldsymbol{x}, \varphi(\boldsymbol{y}) \rangle = (\boldsymbol{x}, \boldsymbol{y}) \quad \cdots\cdots\cdots\cdots\cdots\cdots\cdots\cdots\cdots\cdots\cdots \quad (4)$$

が，すべての $\boldsymbol{x} \in V, \boldsymbol{y} \in V$ に対して成り立つ．

問 13　φ が V と V^* の間の同型を与えることを示せ．

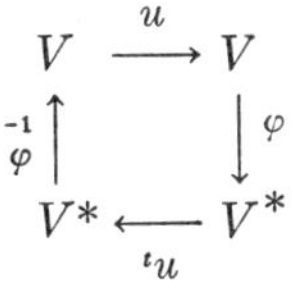

さて，u を V から V への線型写像（V の自己準同型写像）とするとき，

$$u^* = \overset{-1}{\varphi} \circ {}^tu \circ \varphi$$

は，また V の自己準同型写像となる．$(u^*(\lambda \boldsymbol{y}) = \overset{-1}{\varphi}({}^tu(\varphi(\lambda \boldsymbol{y}))) = \overset{-1}{\varphi}({}^tu(\bar{\lambda}\varphi(\boldsymbol{y}))) =$

[*]　$A = (a_{ij})$，$B = (b_{ij})$ とした．

$\overset{-1}{\varphi}(\bar{\lambda}{}^t u(\varphi(\boldsymbol{y}))) = \lambda\overset{-1}{\varphi}({}^t u(\varphi(\boldsymbol{y}))) = \lambda u(\boldsymbol{y})$ に注意する.）これを u の**共役写像**または**随伴写像**といい，u^* で表わす．(3) より，

$$\langle u(\boldsymbol{x}), \varphi(\boldsymbol{y})\rangle = \langle \boldsymbol{x}, {}^t u(\varphi(\boldsymbol{y}))\rangle = \langle \boldsymbol{x}, \varphi(u^*(\boldsymbol{y}))\rangle$$

だから，(4) を考慮すると，

$$(u(\boldsymbol{x}), \boldsymbol{y}) = (\boldsymbol{x}, u^*(\boldsymbol{y})) \quad \cdots\cdots (5)$$

がすべての $\boldsymbol{x} \in V$, $\boldsymbol{y} \in V$ に対して成り立っている．これは，(3) の特殊化である．

V の正規直交基底を $\boldsymbol{e}_1, \boldsymbol{e}_2, \cdots, \boldsymbol{e}_n$ とすると，$\langle \boldsymbol{e}_i, \varphi(\boldsymbol{e}_j)\rangle = (\boldsymbol{e}_i, \boldsymbol{e}_j) = \delta_{ij}$ だから，$\varphi(\boldsymbol{e}_1), \varphi(\boldsymbol{e}_2), \cdots, \varphi(\boldsymbol{e}_n)$ が V^* における双対基底である．したがって，転置写像の表現行列が転置行列になることから，u の表現行列を $A = (a_{ij})$ とすると，前項の $\boldsymbol{e}_j'$ の代わりに $\varphi(\boldsymbol{e}_j)$ を用いて，${}^t u(\varphi(\boldsymbol{e}_j)) = \sum_{i=1}^{n} \varphi(\boldsymbol{e}_i) a_{ji}$ となり，これより $\overset{-1}{\varphi}(\lambda \boldsymbol{x}') = \bar{\lambda}\overset{-1}{\varphi}(\boldsymbol{x}')$ に注意して $\overset{-1}{\varphi}$ をほどこすと，$u^*(\boldsymbol{e}_j) = \sum_{i=1}^{n} \boldsymbol{e}_i \bar{a}_{ji}$ が得られる．したがって，

$$A^* = (\bar{a}_{ji})$$

を A の**随伴行列**ということにすると，u^* の表現行列は，u の表現行列の随伴行列 A^* になる．

問 14　$(u+v)^* = u^*+v^*$, $(\alpha u)^* = \bar{\alpha}u^*$, $(v\circ u)^* = u^*\circ v^*$, $u^{**} = u$ を示せ．

【3】　正規写像　V の自己準同型写像 u が，その共役写像 u^* と可換のとき，つまり

$$u^*\circ u = u\circ u^*$$

が成り立つとき，**正規写像**という．その表現行列は $A^*A = AA^*$ をみたすが，このような行列を**正規行列**という．

u が正規写像なら，$u-\lambda\cdot 1$ の形の線型写像も正規である．

$$\begin{aligned}(u-\lambda\cdot 1)^*\circ(u-\lambda\cdot 1) &= (u^*-\bar{\lambda}\cdot 1)\circ(u-\lambda\cdot 1) = u^*\circ u-\bar{\lambda}u-\lambda u^*+\lambda\bar{\lambda} \\ &= (u-\lambda\cdot 1)\circ(u^*-\bar{\lambda}\cdot 1) = (u-\lambda\cdot 1)\circ(u-\lambda\cdot 1)^*\end{aligned}$$

したがって，任意の複素数 $\lambda \in \boldsymbol{C}$ とベクトル $\boldsymbol{x} \in V$ について，

$$((u-\lambda\cdot 1)(\boldsymbol{x}), (u-\lambda\cdot 1)(\boldsymbol{x})) = (\boldsymbol{x}, (u-\lambda\cdot 1)^*\circ(u-\lambda\cdot 1)\boldsymbol{x})$$
$$= (\boldsymbol{x}, (u-\lambda\cdot 1)\circ(u-\lambda\cdot 1)^*\boldsymbol{x})$$
$$= ((u-\lambda\cdot 1)^*\boldsymbol{x}, (u-\lambda\cdot 1)^*\boldsymbol{x})$$

が成り立つ．とくに，$(u-\lambda\cdot 1)(\boldsymbol{x}) = \boldsymbol{0}$ と $(u-\lambda\cdot 1)^*(\boldsymbol{x}) = \boldsymbol{0}$ とは同値である．すなわち，

(*) 任意の λ について，$u-\lambda\cdot 1$ の核と $(u-\lambda\cdot 1)^* = u^*-\bar{\lambda}\cdot 1$ の核とは一致する．

このことが，正規写像を特徴づける特色であることがのちにわかる．

(*) から，$\boldsymbol{x}$ が u の固有値 λ に属する固有ベクトル $\neq \boldsymbol{0}$ であると，$u(\boldsymbol{x}) = \lambda\boldsymbol{x}$，つまり，$\boldsymbol{x}$ は $u-\lambda\cdot 1$ の核に属するから，$\boldsymbol{x}$ は $u^*-\bar{\lambda}\cdot 1$ の核に属する．つまり，$u^*(\boldsymbol{x}) = \bar{\lambda}\boldsymbol{x}$，したがって，$u^*$ は固有値 $\bar{\lambda}$ をもち，$\boldsymbol{x}$ はそれに属する固有ベクトルになる．

とくに，(*) を $\lambda = 0$ に適用すれば，u の核 N と u^* の核 N^* とは一致する．今，$\boldsymbol{y} \in N = N^*$, $u(\boldsymbol{x}) \in u(V)$ を任意にとると，$u^*(\boldsymbol{y}) = \boldsymbol{0}$ だから，

$$(u(\boldsymbol{x}), \boldsymbol{y}) = (\boldsymbol{x}, u^*(\boldsymbol{y})) = (\boldsymbol{x}, \boldsymbol{0}) = 0$$

が成り立つ．いいかえると，

(**) u の核 $N = \overset{-1}{u}(\boldsymbol{0})$ と u の像 $u(V)$ とは直交する．

これから，$u \neq 0$ なら，u が巾零写像ではありえないことが導かれる．なぜなら，もし $m > 1$ に対して，$u^m = 0$，$u^{m-1} \neq 0$ とすると，$u^{m-1}(\boldsymbol{x}) \neq \boldsymbol{0}$ なるベクトル $\boldsymbol{x}$ が存在するが，$\boldsymbol{y} = u^{m-1}(\boldsymbol{x})$ は $u(\boldsymbol{y}) = u^m(\boldsymbol{x}) = \boldsymbol{0}$, $\boldsymbol{y} = u(u^{m-2}(\boldsymbol{x}))$ より，$\boldsymbol{y}$ は u の核 N にも像 $u(V)$ にも属する．ところが，(**) より N と $u(V)$ とは直交するから，そのようなベクトルは $\boldsymbol{0}$ しかありえない：$\boldsymbol{y} = \boldsymbol{0}$．これは矛盾である．

【4】 正規写像の固有値　この事実から，正規写像 u の固有値についていちじるしい事実が導き出される．u の異なった固有値を $\lambda_1, \lambda_2, \cdots, \lambda_r$，それらに属する固有空間を $W_1, W_2, \cdots, W_r$，一般固有空間を $N_1, N_2, \cdots, N_r$ とする．すでに示したように，一般に $W_i \subset N_i$ で

$$N_1 \oplus N_2 \oplus \cdots\cdots \oplus N_r = V$$

であった．ところが，N_i の元 $\boldsymbol{x}$ は $(u-\lambda_i\cdot 1)^{m_i}(\boldsymbol{x})=\boldsymbol{0}$ なる元だが，u が正規なら，$u-\lambda_i\cdot 1$ も正規で (**) をみたす写像だから，上に証明したことより，巾零ではありえず，$m_i=1$ でなければならない．換言すれば，$N_i=W_i$で なければならない．だから，

$$W_1 \oplus W_2 \oplus \cdots\cdots \oplus W_r = V \quad \cdots\cdots\cdots\cdots\cdots\cdots\cdots\cdots\cdots\cdots \text{(6)}$$

で，Vは固有空間の直和となるのだから，u は半単純で，固有ベクトルを並べて基底を作れば対角行列で表現される．

ところが，u の異なった固有値 λ, μ に属する固有ベクトルを $\boldsymbol{x}, \boldsymbol{y}$ とすると，$\boldsymbol{y}$ は $\bar{\mu}$ に属する u^* の固有ベクトルであったから，

$$\lambda(\boldsymbol{x}, \boldsymbol{y}) = (\lambda\boldsymbol{x}, \boldsymbol{y}) = (u(\boldsymbol{x}), \boldsymbol{y}) = (\boldsymbol{x}, u^*(\boldsymbol{y})) = (\boldsymbol{x}, \bar{\mu}\boldsymbol{y}) = \mu(\boldsymbol{x}, \boldsymbol{y})$$

$$\therefore \quad (\lambda-\mu)(\boldsymbol{x}, \boldsymbol{y}) = 0$$

これより，$(\boldsymbol{x}, \boldsymbol{y})=0$，つまり，

(***) u の異なった固有値に属する固有ベクトルは直交する．つまり，(6) は直交和である．したがって，(6) で，各 W_i の中に正規直交基底をとれば，それらを並べたものが V の正規直交基底となり，それによって，u は対角化される．

定理 10　V の正規な自己準同型写像 u は，正規直交基底によって対角型

$$H = \begin{pmatrix} \lambda_1 & & & \\ & \lambda_2 & & \\ & & \ddots & \\ & & & \lambda_n \end{pmatrix} \qquad (\lambda_i \in \boldsymbol{C})$$

に直せる．

逆に，対角行列 A_0 は明らかに正規行列だから，この性質は，正規写像を特徴づけるものである．また，定理10は実は，正規写像の性質 (*) のみを用いて導かれたので，性質 (*) は正規写像を特徴づけることもわかった*).

問 15　次の条件は同値であることを示せ．

(1)　u は正規写像

*)　正規 ⇒ (*) ⇒ 定理 10 ⇒ 正規

(2) すべての $\boldsymbol{x}, \boldsymbol{y}$ について，$(u(\boldsymbol{x}), u(\boldsymbol{y})) = (u^*(\boldsymbol{x}), u^*(\boldsymbol{y}))$.

(3) すべての $\boldsymbol{x}$ について，$\|u(\boldsymbol{x})\| = \|u^*(\boldsymbol{x})\|$.

問 16 正規写像 u の表現行列が対角型 $(\lambda_i\delta_{ij})$ なら，共役写像 u^* の表現行列は $(\bar{\lambda}_i\delta_{ij})$ となることを示せ.

【5】 エルミート写像とユニタリ写像 線型空間 V から V への線型写像 u は，$u = u^*$ をみたすとき，**エルミート写像**といい，$u \circ u^* = 1$ $(u^* \circ u = 1)$ をみたすとき，**ユニタリ写像**という．どちらも正規写像の一種である.

定理 11 エルミート写像の固有値はすべて実数である．また，ユニタリ写像の固有値はすべて絶対値 1 の複素数である．このことは逆も成り立つ.

証明 前項での説明から，正規写像 u の固有値 λ に属する固有ベクトル $\boldsymbol{x} \neq \boldsymbol{0}$ は，共役写像 u^* の固有値 $\bar{\lambda}$ に属する固有ベクトルであるから，

$$u(\boldsymbol{x}) = \lambda\boldsymbol{x}, \qquad u^*(\boldsymbol{x}) = \bar{\lambda}\boldsymbol{x}$$

が成り立つ．$u = u^*$ なら，これより，$\lambda\boldsymbol{x} = \bar{\lambda}\boldsymbol{x}$, $(\lambda - \bar{\lambda})\boldsymbol{x} = \boldsymbol{0}$, $\boldsymbol{x} \neq \boldsymbol{0}$ より $\bar{\lambda} = \lambda$ で，λ は実数でなければならない．$u \circ u^* = 1$ なら，第 2 式より，$(u \circ u^*)(\boldsymbol{x}) = u(u^*(\boldsymbol{x})) = \bar{\lambda}u(\boldsymbol{x}) = \bar{\lambda}\lambda\boldsymbol{x} = \boldsymbol{x}$, $(|\lambda|^2 - 1)\boldsymbol{x} = \boldsymbol{0}$ で $\boldsymbol{x} \neq \boldsymbol{0}$ だから，$|\lambda| = 1$ を得る．逆は明白.

したがって，エルミート写像 u は，正規直交基底 $\boldsymbol{e}_1, \boldsymbol{e}_2, \cdots, \boldsymbol{e}_n$ を適当にとると，

$$H = \begin{pmatrix} \lambda_1 & & & \\ & \lambda_2 & & \\ & & \ddots & \\ & & & \lambda_n \end{pmatrix} \qquad (\lambda_i : \text{実数}) \cdots\cdots\cdots\cdots\cdots\cdots \quad (7)$$

の形の表現行列をもつ.

ユニタリ写像 u では，この対角成分 λ_i がすべて $e^{\theta_i\sqrt{-1}}$ の形の絶対値 1 の複素数となる.

写像 u の表現行列を $A = (a_{ij})$ とすると，共役写像 u^* の表現行列は随伴行列 $A^* = (\bar{a}_{ji})$ であったから，

$$u : \text{エルミート} \iff A = A^* \quad (a_{ij} = \bar{a}_{ji})$$

$$u : \text{ユニタリ} \quad \iff AA^* = A^*A = I \quad \left(\sum_{k=1}^{n} a_{ik}\bar{a}_{jk} = \delta_{ij}\right)$$

が成り立つ．このような行列をそれぞれ，**エルミート行列**，**ユニタリ行列**という．

とくに，実数体上の行列 A がエルミートのときは，$a_{ij}=a_{ji}$，つまり**対称行列**になる．また，実係数の行列 A がユニタリのときは，$A{}^{t}A={}^{t}A\cdot A=I$ または，$\sum_{k=1}^{n} a_{ik}a_{jk}=\delta_{ij}$，つまり，$A$ の行は正規直交ベクトルをなす(列も同様)．このような行列を**直交行列**という．

問 17　以下の性質は同値であることを示せ．

(1)　u はユニタリ写像．

(2)　すべての $\boldsymbol{x},\boldsymbol{y}$ に対し，$(u(\boldsymbol{x}),u(\boldsymbol{y}))=(\boldsymbol{x},\boldsymbol{y})$.

(3)　すべての $\boldsymbol{x}$ に対し，$\|u(\boldsymbol{x})\|=\|\boldsymbol{x}\|$.

(4)　u は正規直交基底を正規直交基底に移す．

【6】 エルミート写像の固有値問題　さて，エルミート行列 A があると，ある正規直交基底 $\boldsymbol{e}_1,\boldsymbol{e}_2,\cdots,\boldsymbol{e}_n$ によって，それが表わすエルミート写像 u が作れる．適当な正規直交基底 $\boldsymbol{e}_1',\boldsymbol{e}_2',\cdots,\boldsymbol{e}_n'$ をとると，u の表現行列として，(7) の形の実対角行列 H がとれる．基底変換の行列

$$(\boldsymbol{e}_1'\boldsymbol{e}_2'\cdots\boldsymbol{e}_n')=(\boldsymbol{e}_1\boldsymbol{e}_2\cdots\boldsymbol{e}_n)U$$

は，問 17(4) によってユニタリ行列である．したがって，

定理 12　エルミート行列 A は，ユニタリ行列 U によって，実対角行列 H に直せる：

$$U^{-1}AU=H=\begin{pmatrix}\lambda_1 & & & \\ & \lambda_2 & & \\ & & \ddots & \\ & & & \lambda_n\end{pmatrix}\qquad(\lambda_i：実数)$$

【7】 実の場合　一般に，A が正規行列のときは，λ_i が複素数となるのであった．

変換行列 U を求めるには，各固有値 λ_i に対して，連立1次方程式

$$(A-\lambda_i I)\boldsymbol{x}=\boldsymbol{0}\quad\cdots\cdots\cdots\cdots\quad(8)$$

を解いて，(これは，根 λ_i の重複度に等しいだけの線型独立な解ベクトルをも

つことがわかっている)*) その解ベクトルを並べれば，新しい基底を得，それをシュミットの直交化（第5章，定理14）によって正規直交基底に直し，それを列ベクトルに並べてやればよい．

A の成分が実数のときは，(8) は実係数の連立1次方程式だから，その解ベクトルはすべて実ベクトルにとれる（クラーメルの公式）．また，シュミットの直交化によっても，そのことは変わらないから，変換行列 U は実行列に選べる．だから，A が対称行列なら，U は直交行列 T にとれる．

定理 13 対称行列 A は直交行列 T によって，実対角行列に直せる．

さらに，一般に与えられた正規行列 A の成分が実数のとき（実正規行列）を詳しく考えてみよう．固有値は，固有方程式：

$$\chi_u(X) = |X\cdot I - A| = 0 \quad \cdots\cdots\cdots\cdots\cdots\cdots (9)$$

の根であるが，今の場合これは実係数の代数方程式だから，複素共役になっている虚根 $\lambda_1, \cdots, \lambda_{2s}$ と実根 $\lambda_{2s+1}, \cdots, \lambda_n$ とをもつ．今虚根の方を二つずつ $\lambda_{2j} = \bar{\lambda}_{2j-1} (j = 1, 2, \cdots, s)$ と共役の対にしておく．λ_{2j-1} に属する固有ベクトルは，$i = 2j-1$ としたときの方程式 (8) の解ベクトル $\boldsymbol{x}$ であるから，$\lambda_{2j} = \bar{\lambda}_{2j-1}$ に属する固有ベクトルは，その共役 $\bar{\boldsymbol{x}}$ にとれる．したがって，A の固有ベクトルから成る正規直交基底を $\boldsymbol{e}_{2j} = \bar{\boldsymbol{e}}_{2j-1}$ $(j = 1, 2, \cdots, s)$，$\boldsymbol{e}_k =$ 実 $(2s+1, \cdots, n)$ にとっておく．ついで，

$$\boldsymbol{f}_{2j-1} = \frac{\boldsymbol{e}_{2j-1} + \boldsymbol{e}_{2j}}{\sqrt{2}}, \quad \boldsymbol{f}_{2j} = \frac{\boldsymbol{e}_{2j-1} - \boldsymbol{e}_{2j}}{\sqrt{-2}} \quad (j = 1, 2, \cdots s),$$

$$\boldsymbol{f}_k = \boldsymbol{e}_k \quad (k = 2s+1, \cdots, n)$$

にとると，これらは実ベクトルで，やはり正規直交基底をなす．

$\lambda_{2j} = a_j + \sqrt{-1} b_j \ (j = 1, 2, \cdots, s)$ とおくと，

$$A\boldsymbol{f}_{2j-1} = a_j \boldsymbol{f}_{2j-1} + b_j \boldsymbol{f}_{2j}, \qquad A\boldsymbol{f}_{2j} = -b_j \boldsymbol{f}_{2j-1} + a_j \boldsymbol{f}_{2j} \quad \cdots\cdots\cdots (10)$$

となる．したがって，$T = (\boldsymbol{f}_1 \boldsymbol{f}_2 \cdots \boldsymbol{f}_n)$ は直交行列で

*) 根 λ_i の重複度 m_i は，一般固有空間 N_i の次元に等しく，方程式 (8) の線型独立な解ベクトルの数は固有空間 W_i の次元に等しいのであった．

$$T^{-1}AT = \begin{pmatrix} a_1 & -b_1 & & & & & & & \\ b_1 & a_1 & & & & & & & \\ & & a_2 & -b_2 & & & & & \\ & & b_2 & a_2 & & & & & \\ & & & & \ddots & & & & \\ & & & & & a_s & -b_s & & \\ & & & & & b_s & a_s & & \\ & & & & & & & \lambda_{2s+1} & \\ & & & & & & & & \ddots \\ & & & & & & & & & \lambda_n \end{pmatrix} \cdots\cdots\cdots\cdots (11)$$

の形に直せる．

とくに，A が対称行列の場合には，虚根がない $(s=0)$ から再び定理 13 を得るが，A が直交行列の場合には，固有値 λ_i の絶対値が 1 だから，

$$\lambda_{2j} = \cos\theta_j + \sqrt{-1}\sin\theta_j \ (j = 1, 2, \cdots, s), \quad \lambda_k = \pm 1 \ (k = 2s+1, \cdots, n)$$

となる．したがって，

定理 14　直交行列 A は，直交行列 T によって，

$$T^{-1}AT = \begin{pmatrix} \cos\theta_1 & -\sin\theta_1 & & & & & \\ \sin\theta_1 & \cos\theta_1 & & & & & \\ & & \ddots & & & & \\ & & & \cos\theta_s & -\sin\theta_s & & \\ & & & \sin\theta_s & \cos\theta_s & & \\ & & & & & \pm 1 & \\ & & & & & & \ddots \\ & & & & & & & \pm 1 \end{pmatrix} \cdots\cdots\cdots (12)$$

の形に変換される．

第 7 章　固有値問題の応用

固有値問題の応用は実に広い．ほとんどの線型問題がこれで解けるといってもよいくらいである．そのうち，線型差分方程式と線型微分方程式の解法や2次図形の分類などを取り上げてみる．

§1 行列の巾

【1】 行列の標準分解 任意の行列 A は，正則行列 P によって，ジョルダン標準形

$$P^{-1}AP = J = \begin{pmatrix} A_1 & & & \\ & A_2 & & \\ & & \ddots & \\ & & & A_r \end{pmatrix}, \quad A_i = \begin{pmatrix} A(\lambda_i, l_i) & & & \\ & A(\lambda_i, l_i) & & \\ & & \ddots & \\ & & & A(\lambda_i, 1) \end{pmatrix},$$

$$A(\lambda_i, l_i) = \left.\begin{pmatrix} \lambda_i & 1 & & \\ & \lambda_i & 1 & \\ & & \ddots & 1 \\ & & & \lambda_i \end{pmatrix}\right\} l_i$$

に変換されるのであった．各 A_i は A の異なった固有値 $\lambda_i\,(1 \leqslant i \leqslant r)$ に対応するもので，さらにそれを構成している $A(\lambda_i, l)$ をジョルダン細胞というのであった．

そこで，J の対角成分のみを取り出して並べた対角行列を D, J の対角成分をすべてそっくり 0 で置き換え，その他の成分は変えないで作った行列を N とすると，

$$J = D + N \quad \cdots\cdots\cdots\cdots\cdots\cdots\cdots\cdots\cdots \quad (1)$$

となる．N はそれ自身ジョルダン標準形でその対角成分がすべて 0 だから，固有値は 0 のみ，したがって巾零行列である*)．N の次数（したがって，元の行列 A の次数）を n とすると，$N^n = 0$ だが，実はジョルダン細胞の最大次数を l とすると，すでに $N^l = 0$ となっている．

したがって，$A = PJP^{-1} = PDP^{-1} + PNP^{-1}$ となり，

$$S = PDP^{-1}, \qquad R = PNP^{-1}$$

とおくと，行列 S は対角型に直せる行列，いいかえれば半単純行列で，$R^n = PN^nP^{-1} = POP^{-1} = O$ だから，R は巾零行列となる．

しかも，各ジョルダン細胞については，

---

*) 固有値すべて 0 なら，固有多項式 X^n で，ケイリーの定理より $N^n=0$ となる．

$$\begin{pmatrix}\lambda_i & & \\ & \ddots & \\ & & \lambda_i\end{pmatrix}\begin{pmatrix}0 & 1 & & \\ & 0 & 1 & \\ & & \ddots & 1\\ & & & 0\end{pmatrix}=\begin{pmatrix}0 & \lambda_i & & \\ & 0 & \lambda_i & \\ & & \ddots & \lambda_i\\ & & & 0\end{pmatrix}=\begin{pmatrix}0 & 1 & & \\ & 0 & 1 & \\ & & \ddots & 1\\ & & & 0\end{pmatrix}\begin{pmatrix}\lambda_i & & \\ & \ddots & \\ & & \lambda_i\end{pmatrix}$$

のように交換可能だから，全体についても，D と N は交換可能である．したがって，それらを変換した S, R についても，

$$SR=PDNP^{-1}=PNDP^{-1}=RS$$

のように交換可能である．以上をまとめると，

定理 1　任意の正方行列 A は半単純行列 S と巾零行列 R の和に分解される*)：

$$A=S+R, \quad SR=RS \quad \cdots\cdots (2)$$

例 1　行列　$A=\begin{pmatrix}6 & -3 & -2\\ 4 & -1 & -2\\ 3 & -2 & 0\end{pmatrix}$ を半単純行列と巾零行列の和に分解せよ．

解　この行列の標準形への還元はすでに前に扱った（第 6 章，問 1 (3)）．念のためくり返せば，$\chi_A(X)=|XI-A|=(X-1)(X-2)^2$，固有値 $\lambda_1=1$，$\lambda_2=2$, $(A-I)(A-2I)\neq O$ だから，最小多項式 $\varphi(X)=(X-1)(X-2)^2$，故に A は半単純ではない．$\lambda_1=1$ に対しては $(A-I)\boldsymbol{x}=\boldsymbol{0}$ を解いて**)，$\boldsymbol{x}=\boldsymbol{e}={}^t(1, 1, 1)$，$\lambda_2=2$ に対しては，$(A-2I)\boldsymbol{x}=\boldsymbol{0}$ を解いて，$\boldsymbol{x}=\boldsymbol{f}={}^t(2, 2, 1)$，$(A-2I)\boldsymbol{x}=\boldsymbol{f}$ を解いて***)，$\boldsymbol{x}=\boldsymbol{y}={}^t(1, 0, 1)$．よって，

$$P=\begin{pmatrix}1 & 2 & 1\\ 1 & 2 & 0\\ 1 & 1 & 1\end{pmatrix},\ P^{-1}=\begin{pmatrix}-2 & 1 & 2\\ 1 & 0 & -1\\ 1 & -1 & 0\end{pmatrix}\text{ によって，}P^{-1}AP=J=\begin{pmatrix}1 & 0 & 0\\ 0 & 2 & 1\\ 0 & 0 & 2\end{pmatrix},$$

$$D=\begin{pmatrix}1 & 0 & 0\\ 0 & 2 & 0\\ 0 & 0 & 2\end{pmatrix},\ N=\begin{pmatrix}0 & 0 & 0\\ 0 & 0 & 1\\ 0 & 0 & 0\end{pmatrix},\ S=PDP^{-1}=\begin{pmatrix}4 & -1 & -2\\ 2 & 1 & -2\\ 2 & -1 & 0\end{pmatrix},$$

---

*)　この分解の仕方は実は一意的で，S を A の**半単純成分**，R を**巾零成分**という．

**)　最小多項式が単純根のみなら，すべての $l_j=1$ だから，$J=D$ となる．またそのときに限って，A は半単純になる．

***)　${}^t(1, 0, 1)=\begin{pmatrix}1\\ 0\\ 1\end{pmatrix}$ スペースのつごうで列ベクトルを行ベクトルの形に書いておく．

$$R=\begin{pmatrix}2 & -2 & 0\\ 2 & -2 & 0\\ 1 & -1 & 0\end{pmatrix}.$$

問 1　次の行列を半単純行列と巾零行列の和に分解せよ．

(1) $\begin{pmatrix}1 & -3 & 2\\ 2 & -10 & 14\\ 1 & -6 & 9\end{pmatrix}$　(2) $\begin{pmatrix}0 & 2 & 1\\ -4 & 6 & 2\\ 4 & -4 & 0\end{pmatrix}$　(3) $\begin{pmatrix}2 & 1 & 1\\ 1 & 2 & 1\\ 1 & 1 & 2\end{pmatrix}$　(4) $\begin{pmatrix}3 & -2 & -1\\ 3 & -2 & -1\\ 2 & -1 & -1\end{pmatrix}$

【2】 行列の巾　分解 (1) や (2) を利用すると，行列の巾を計算することができる．すなわち，(1) で D と N は交換できるから，二項定理

$$(x+y)^k=x^k+kx^{k-1}y+\cdots\cdots+\binom{k}{i}x^{k-i}y^i+\cdots\cdots+y^n$$

が適用できて*)，

$$J^k=(D+N)^k=D^k+kD^{k-1}N+\cdots\cdots+\binom{k}{i}D^{k-i}N^i+\cdots\cdots \qquad \cdots\cdots (3)$$

となるわけだが，N が巾零行列であることが利いて，この展開はたかだか $\binom{k}{n-1}D^{k-n+1}N^{n-1}$ の項までの n 個の項しか現われてこない．しかも，D は対角行列だから，その巾は対角成分を k 乗したものとする．

一般の行列の場合には，$P^{-1}AP=J$ とジョルダン標準形に直し，$A=PJP^{-1}$ より，

$$A^n=PJ^nP^{-1}$$

とすることを利用すればよい．

例 2　$A=\begin{pmatrix}6 & -3 & -2\\ 4 & -1 & -2\\ 3 & -2 & 0\end{pmatrix}$ のとき，A^n を求めよ．

解　例1の分解で，$N^2=0$ だから，$J^n=D^n+nD^{n-1}N$ となる．

$$D^n=\begin{pmatrix}1 & 0 & 0\\ 0 & 2^n & 0\\ 0 & 0 & 2^n\end{pmatrix}=\begin{pmatrix}1 & 0 & 0\\ 0 & 0 & 0\\ 0 & 0 & 0\end{pmatrix}+2^n\begin{pmatrix}0 & 0 & 0\\ 0 & 1 & 0\\ 0 & 0 & 1\end{pmatrix},$$

---

*) $\binom{k}{i}={}_kC_i=\dfrac{k!}{i!\,(k-i)!}$ は2項係数．

$$nD^{n-1}N = n\begin{pmatrix}1 & 0 & 0\\ 0 & 2^{n-1} & 0\\ 0 & 0 & 2^{n-1}\end{pmatrix}\begin{pmatrix}0 & 0 & 0\\ 0 & 0 & 1\\ 0 & 0 & 0\end{pmatrix} = n\cdot 2^{n-1}\begin{pmatrix}0 & 0 & 0\\ 0 & 0 & 1\\ 0 & 0 & 0\end{pmatrix}$$

だから，$A^n = PJ^nP^{-1} = \begin{pmatrix}-2 & 1 & 2\\ -2 & 1 & 2\\ -2 & 1 & 2\end{pmatrix} + 2^n\begin{pmatrix}3 & -1 & -2\\ 2 & 0 & -2\\ 2 & -1 & -1\end{pmatrix} + n\cdot 2^{n-1}\begin{pmatrix}2 & -2 & 0\\ 2 & -2 & 0\\ 1 & -1 & 0\end{pmatrix}$.

問 2 次の行列について，A^n を求めよ．

(1) $\begin{pmatrix}1 & -3 & 2\\ 2 & -10 & 14\\ 1 & -6 & 9\end{pmatrix}$ (2) $\begin{pmatrix}0 & 2 & 1\\ -4 & 6 & 2\\ 4 & -4 & 0\end{pmatrix}$ (3) $\begin{pmatrix}2 & 1 & 1\\ 1 & 2 & 1\\ 1 & 1 & 2\end{pmatrix}$ (4) $\begin{pmatrix}3 & 1 & -1\\ -1 & 1 & 2\\ 0 & 0 & 2\end{pmatrix}$

【3】 線型差分方程式 行列の巾の計算は，線型差分方程式の解法と密接なつながりがある．線型差分方程式とは，自然数変数のベクトル値関数

$$n \longmapsto \boldsymbol{x}(n) \quad (n = 0, 1, 2, \cdots)$$

で，次のステップの値 $\boldsymbol{x}(n+1)$ が一つ手前の値 $\boldsymbol{x}(n)$ によって線型に表わされる：

$$\boldsymbol{x}(n+1) = A\boldsymbol{x}(n) \quad \cdots\cdots\cdots\cdots (4)$$

となるものを求めることである．A は与えられた正方行列である．

(4) をくり返して適用すると，$\boldsymbol{x}(n) = A\boldsymbol{x}(n-1) = A^2\boldsymbol{x}(n-2) = \cdots\cdots = A^n\boldsymbol{x}(0)$ となるから，最初の値 $\boldsymbol{x}(0)$ を与えれば*)，(4) の解は

$$\boldsymbol{x}(n) = A^n\boldsymbol{x}(0) \quad \cdots\cdots\cdots\cdots (5)$$

で与えられる．だから，問題は行列 A の巾を計算することに帰着されるのである．

例 3 $\begin{cases}x_{n+1} = 6x_n - 3y_n - 2z_n\\ y_{n+1} = 4x_x - y_n - 2z_n\\ z_{n+1} = 3x_n - 2y_n\end{cases}$ を解け．

解 $\boldsymbol{x}(n) = {}^t(x_n, y_n, z_n)$ とおくと，これは $A = \begin{pmatrix}6 & -3 & -2\\ 4 & -1 & -2\\ 3 & -2 & 0\end{pmatrix}$ として (4) を解

*) $\boldsymbol{x}(0)$ の値を初期条件という．なお $n-1$ の場合，$x(n+1) = ax(n)$ の解は，$x(n) = a^nx(0)$ となることを思い起こそう．

くことに他ならない．したがって，解は例2より，

$$\begin{pmatrix} x_n \\ y_n \\ z_n \end{pmatrix} = -2x_0+y_0+z_0+2^n\begin{pmatrix} 3 & -1 & -2 \\ 2 & 0 & -2 \\ 2 & -1 & -1 \end{pmatrix}\begin{pmatrix} x_0 \\ y_0 \\ z_0 \end{pmatrix}+n\cdot 2^{n-1}\begin{pmatrix} 2 & -2 & 0 \\ 2 & -2 & 0 \\ 1 & -1 & 0 \end{pmatrix}\begin{pmatrix} x_0 \\ y_0 \\ z_0 \end{pmatrix}.$$

初期条件として，$\boldsymbol{x}(0)$ に標準基底ベクトル $\boldsymbol{e}_1, \boldsymbol{e}_2, \boldsymbol{e}_3$ を与えれば，線型独立な基本解が得られる．

問3　次の線型差分方程式を解け．

(1) $\begin{cases} x_{n+1} = 2x_n+y_n-z_n \\ y_{n+1} = -x_n+2y_n+3z_n \\ z_{n+1} = 3x_n+4y_n+z_n \end{cases}$　　(2) $\begin{cases} x_{n+1} = 2y_n+z_n \\ y_{n+1} = -4x_n+6y_n+2z_n \\ z_{n+1} = 4x_n-4y_n \end{cases}$

(3) $x_{n+3} = 3x_{n+2}-4x_n$　　(4) $x_{n+2} = 2x_{n+1}-x_n$

((3) では $x_n = x_n$，$y_n = x_{n+1}$，$z_n = x_{n+2}$ とおけ)

§2　行列の巾級数

【1】 行列巾級数　n 次の正方行列 $X=(x_{ij})$ について，成分の絶対値の最大のもの

$$\|X\| = \max|x_{ij}|$$

を**ノルム**ということがある*)．行列の≪列≫ $\{X_k\}$ が行列 A に収束するというのは，このノルムの意味での収束，つまり，

$$\|X_k-A\| \longrightarrow 0 \quad (k\to\infty)$$

ということである．$A=(a_{ij})$，$X_k=(x_{ij}^{(k)})$ とすると，これはすべての i, j について，

$$|x_{ij}^{(k)}-a_{ij}| \longrightarrow 0 \quad (k\to\infty).$$

すなわち，すべての $x_{ij}{}^{(k)}$ が a_{ij} に収束することにほかならない．

例4　行列 A の固有値の絶対値がすべて1より小なら，$A^k\to 0\,(k\to\infty)$ である．

*)　これは n 次の正方行列を n^2 次元の線型空間と考えたときの，ノルムの一つである．何も $\max|x_{ij}|$ でなくても $\left(\sum_{i,j}|x_{ij}|^2\right)^{1/2}$ でも $\sum_{i,j}|x_{ij}|$ でもよい．

解 Aをジョルダンの標準形$P^{-1}AP=J$に直す．$J^k\to 0$を示せばよい．ところが，前節の(3)によりJ^kは$\binom{k}{i}D^{k-i}N^i$（Dは対角行列）の形のn個の行列の和に等しい．だから，$k\to\infty$のとき$\binom{k}{i}D^{k-i}\to 0$をいえばよい．ところが，これは，対角成分$\binom{k}{i}\lambda^{k-i}$の対角行列で，仮定により固有値$|\lambda|<1$だから，$\binom{k}{i}\lambda^{k-i}\to 0\ (k\to\infty)$となるから．

【2】 収束・発散 行列の**巾級数**：

$$\sum_{k=0}^{\infty}a_kX^k=a_0I+a_1X+a_2X^2+\cdots\cdots \qquad \cdots\cdots(1)$$

の収束性とは，したがって，$X^k=(x_{ij}^{(k)})$とするときn^2個の各成分のなす級数$\sum_{k=0}^{\infty}a_kx_{ij}^{(k)}$がすべての$i,j$について収束することである．今，(1)に対応する普通の巾級数

$$\sum_{k=0}^{\infty}a_kx^k=a_0+a_1x+a_2x^2+\cdots\cdots \qquad \cdots\cdots(2)$$

の収束半径をρとすると*)，行列巾級数の収束性について，次の定理が成り立つ．

定理2 行列巾級数(1)はXのすべての固有値の絶対値がρより小なら収束し，一つでも固有値の絶対値がρを超えれば発散する．

証明 (a) Xが対角行列$(\delta_{ij}\lambda_i)$の場合．Xの固有値は$\lambda_1,\cdots,\lambda_n$で，$X^k=(\delta_{ij}\lambda_i{}^k)$だから，(1)の収束は$n$個の普通の巾級数$\sum_{k=0}^{\infty}a_k\lambda_i{}^k$の収束性に帰着される．だから，すべての$|\lambda_i|<\rho$なら収束し，一つでも$|\lambda_i|>\rho$であれば発散する．

(b) Xがジョルダン行列Jの場合．$J=D+N$（D：対角行列，N：巾零行列）と書けるから，前節の(3)によって，(1)は結局

$$N^i\cdot\sum_{k=i}^{\infty}\binom{k}{i}a_kD^{k-1} \qquad \cdots\cdots(3)$$

の形のn個の巾級数の和となる．ところが，$\sum_{k=i}^{\infty}\binom{k}{i}a_kD^{k-i}$に対応する普通

*) 巾級数では，一定の数$\rho\ (0\leqq\rho\leqq\infty)$があって，$|x|<\rho$なら収束，$|x|>\rho$なら発散となる．

の巾級数 $\sum_{k=i}^{\infty}\binom{k}{i}a_k x^{k-i}$ は(2)を i 回微分したものに他ならず，その収束半径はやはり ρ に等しい*)．Dは対角行列だから，すべての固有値 $|\lambda_i|<\rho$ なら(3)は収束し，一つでも $|\lambda_i|>\rho$ なら発散する．

(c)　一般の場合には，Pによって，ジョルダン標準形 $P^{-1}XP=J$ に直す．

$$P^{-1}\left(\sum_{k=0}^{m}a_k X^k\right)P=\sum_{k=0}^{m}a_k(P^{-1}XP)^k$$

がすべての m について成り立つから，(1)が収束すれば，$\sum_{k=0}^{\infty}a_k(P^{-1}XP)^k$ も収束して，その和は $P^{-1}AP$ になる．Pの代わりに P^{-1}，Xの代わりに $P^{-1}XP$ を考えれば，この二つの行列巾級数の収束は相伴うことがわかる．したがって，XとJの固有値が一致することから，この場合にも定理は成り立つ．

例5　Xのすべての固有値の絶対値が1より小なら，

$$\sum_{k=0}^{\infty}X^k=I+X+X^2+\cdots\cdots=(I-X)^{-1}$$

解　$\sum_{k=0}^{\infty}x_k$ の収束半径は1だから，Xのすべての固有値につき $|\lambda_i|<1$ なら $\sum_{k=0}^{\infty}X^k$ は収束する．

$$(I+X+\cdots\cdots+X^{m-1})(I-X)=I-X^m$$

で，$m\to\infty$ とすると，例4より $X^m\to 0$ だから，$\left(\sum_{k=0}^{\infty}X^k\right)(I-X)=I$ となるから．

【3】 行列の指数関数　とくに，巾級数 $\sum_{k=0}^{\infty}x^k/k!\,(=e^x)$ の収束半径は ∞ だから，任意の行列 Xに対して，$\sum_{k=0}^{\infty}\frac{1}{k!}X^k$ は収束する．これを，

$$\sum_{k=0}^{\infty}\frac{1}{k!}X^k=I+X+\frac{1}{2!}X^2+\cdots\cdots=\exp X$$

と書き，Xの**指数関数**という．

二つの行列 X,Yが交換可能なら，普通の数の指数関数と同じように，

---

*)　(2)を項別微分して得られる，$\sum_{k=0}^{\infty}ka_kx^{k-1}$ の収束半径はやはり ρ に等しい．

$$\exp(X+Y)=\exp X\cdot\exp Y \quad\cdots\cdots\cdots\cdots\cdots\cdots\cdots\cdots\cdots\quad (4)$$

が成り立つ．それをみるには，

$$\exp(X+Y)=\sum_{k=0}^{\infty}\frac{1}{k!}(X+Y)^k=\sum_{k=0}^{\infty}\frac{1}{k!}\sum_{r+s=k}\binom{k}{r}X^rY^s=\sum_{k=0}^{\infty}\sum_{r+s=k}\frac{1}{r!\,s!}X^rY^s$$

$$\exp X\cdot\exp Y=\sum_{r=0}^{\infty}\frac{1}{r!}X^r\sum_{s=0}^{\infty}\frac{1}{s!}Y^s$$

を項別にくらべてみればよい．

指数関数を計算するには，$P^{-1}XP=J$ とジョルダン標準形に直し，$J=D+N$（D：対角行列，N：巾零行列）と分け，

$$\exp J=\exp D\cdot\exp N=(\delta_{ij}e^{\lambda_i})\left(I+N+\frac{1}{2!}N^2+\cdots+\frac{1}{(n-1)!}N^{n-1}\right)$$

を利用する．あとは，$\exp X=P(\exp J)P^{-1}$ で元へ戻せばよい．

例 6 $A=\begin{pmatrix}6&-3&-2\\4&-1&-2\\3&-2&0\end{pmatrix}$ のとき，$\exp A$ を求めよ．

解 例1より，続けて，$\exp D=\begin{pmatrix}e&0&0\\0&e^2&0\\0&0&e^2\end{pmatrix}=e\begin{pmatrix}1&0&0\\0&0&0\\0&0&0\end{pmatrix}+e^2\begin{pmatrix}0&0&0\\0&1&0\\0&0&1\end{pmatrix}$,

$\exp N=I+N=\begin{pmatrix}1&0&0\\0&1&1\\0&0&1\end{pmatrix}$ だから，$\exp J=e\begin{pmatrix}1&0&0\\0&0&0\\0&0&0\end{pmatrix}+e^2\begin{pmatrix}0&0&0\\0&1&1\\0&0&1\end{pmatrix}$,

$$\exp A=e\begin{pmatrix}-2&1&2\\-2&1&2\\-2&1&2\end{pmatrix}+e^2\begin{pmatrix}5&-3&-2\\4&-2&-2\\3&-2&-1\end{pmatrix}.$$

問 4 問2の行列 A について，$\exp A$ を計算せよ．

問 5 $\exp(-X)=(\exp X)^{-1}$，また X が交代行列（${}^tX=-X$）なら，$\exp X$ は直交行列となることを示せ．

問 6 $X=(x_{ij})$ のとき $|\exp X|=\exp(x_{11}+x_{22}+\cdots+x_{nn})$ を示せ．

【4】 線型微分方程式 行列の指数関数は，線型微分方程式の解法と密接なつ

ながりがある．なぜなら，t を実変数として，$X(t)=\exp tA$ という関数を考えると，

$$(\exp tA)'=\left(\sum_{k=0}^{\infty}\frac{t^k}{k!}A^k\right)'=\sum_{k=0}^{\infty}\frac{t^{k-1}}{(k-1)!}A^k=A\exp tA$$

だから，$\exp tA$ は行列微分方程式

$$X'(t)=AX(t) \quad\cdots\cdots\cdots\cdots\cdots\cdots (5)$$

の解である．だから，線型微分方程式

$$\boldsymbol{x}'(t)=A\boldsymbol{x}(t) \quad\cdots\cdots\cdots\cdots\cdots\cdots (5')$$

の解は，

$$\boldsymbol{x}(t)=(\exp tA)\boldsymbol{x}(0) \quad\cdots\cdots\cdots\cdots\cdots\cdots (6)$$

で与えられるのである*)．だから，問題は指数関数 $\exp tA$ を計算することに帰着される．

例7　微分方程式 $\begin{cases}x'=6x-3y-2z\\ y'=4x-y-2z\\ z'=3x-2y\end{cases}$ を解け．

解　$A=\begin{pmatrix}6&-3&-2\\4&-1&-2\\3&-2&0\end{pmatrix}$ として，$\exp tA$ を計算すればよい．

$\exp tD=\begin{pmatrix}e^t&0&0\\0&e^{2t}&0\\0&0&e^{2t}\end{pmatrix}=e^t\begin{pmatrix}1&0&0\\0&0&0\\0&0&0\end{pmatrix}+e^{2t}\begin{pmatrix}0&0&0\\0&1&0\\0&0&1\end{pmatrix}$，　$\exp tN=I+tN=$ $\begin{pmatrix}1&0&0\\0&1&t\\0&0&1\end{pmatrix}$，$\exp tJ=e^t\begin{pmatrix}1&0&0\\0&0&0\\0&0&0\end{pmatrix}+e^{2t}\begin{pmatrix}0&0&0\\0&1&t\\0&0&1\end{pmatrix}$，$\exp tA=e^t\begin{pmatrix}-2&1&2\\-2&1&2\\-2&1&2\end{pmatrix}$ $+e^{2t}\begin{pmatrix}3+2t&-1-2t&-2\\2+2t&-2t&-2\\2+t&-1-t&-1\end{pmatrix}$ より，

*)　$n=1$ の場合常微分方程式 $x'=ax$ の解が，$x=x(0)e^{at}$ となることを思い起こそう．

$$\begin{pmatrix} x \\ y \\ z \end{pmatrix} = e^t(-2x(0)+y(0)+2z(0)) + e^{2t}\begin{pmatrix} 3+2t & -1-2t & -2 \\ 2+2t & -2t & -2 \\ 2+t & -1-t & -1 \end{pmatrix}\begin{pmatrix} x(0) \\ y(0) \\ z(0) \end{pmatrix}.$$

初期条件として，$\boldsymbol{x}(0)$ に標準基底ベクトルを与えれば，線型独立な基本解を得る．

問 7 次の線型微分方程式を解け．

(1) $\begin{cases} x' = 2x+y-z \\ y' = -x+2y+3z \\ z' = 3x+4y+z \end{cases}$ (2) $\begin{cases} x' = 2y+z \\ y' = -4x+6y+2z \\ z' = 4x-4y \end{cases}$

(3) $x''' = 3x''-4x$ (4) $x'' = 2x'-x$

§3 二次形式への応用

【1】 二次形式 固有値問題の応用としてもっともよく引かれるのは，二次形式への応用であろう．**二次形式**とは，n 個の変数 $x_1, x_2, \cdots, x_n$ に関する斉次 2 次式のことで，一般に項 x_ix_j の係数を a_{ij} と書くと，

$$F(x_1, x_2, \cdots\cdots, x_n) = \sum_{i,j} a_{ij}x_ix_j$$

の形に書くことができる．a_{ii} は x_i^2 の係数だから，一意的に定まるが，$x_ix_j = x_jx_i$ だから，a_{ij} $(i \neq j)$ は一意にはきまらない．そこで，a_{ij} と a_{ji} の平均値*) をあらためて a_{ij} とすれば，

$$a_{ij} = a_{ji}$$

と仮定してよいことになる．

そこで，列ベクトル ${}^t(x_1, x_2, \cdots\cdots, x_n)$ を $\boldsymbol{x}$，係数行列 (a_{ij}) を A とすると，A は対称行列で，

$$F(x_1, x_2, \cdots\cdots, x_n) = F(\boldsymbol{x}) = {}^t\boldsymbol{x}A\boldsymbol{x} \quad \cdots\cdots\cdots\cdots\cdots\cdots\cdots\cdots \ (1)$$

の形に書ける．

変数 $\boldsymbol{x}$ に

---

*) $\dfrac{1}{2}(a_{ij}+a_{ji})$ をあらためて a_{ij} とするわけ．

$$\boldsymbol{x} = P\boldsymbol{y} \quad \cdots\cdots (2)$$

のような線型変換をほどこしたときに，上記の二次形式がどうなるかを考える．(2)が $\boldsymbol{y}$ についてまた解けるために，P は正則行列であるとしてよい．

$$F(\boldsymbol{x}) = F(P\boldsymbol{y}) = {}^t(P\boldsymbol{y})A(P\boldsymbol{y}) = {}^t\boldsymbol{y}({}^tPAP)\boldsymbol{y}$$

であるから，これは変数 $y_1, y_2, \cdots\cdots, y_n$ に関するやはり二次形式である．これを $G(\boldsymbol{y})$ とおくと，

$$G(\boldsymbol{y}) = {}^t\boldsymbol{y}B\boldsymbol{y}, \qquad B = {}^tPAP \quad \cdots\cdots (3)$$

となる．

問8　このようなとき，二つの二次形式 F と G は同値であるということにし，$F \sim G$ と書くと，関係～は同値律

(1) $F \sim F$，(2) $F \sim G$，なら $G \sim F$，(3) $F \sim G$，$G \sim H$ なら，$F \sim H$

をみたすことを示せ．

そこで，適当な変数変換(2)をやって，二次形式(1)をできるだけ単純な形に直そうという問題が起こる．ところが，この点について，第6章最後の対称写像の固有値問題から，対称行列は直交行列 T によって，対角行列に直せるのであった．すなわち*)，

$$T^{-1}AT = A_0 = \begin{pmatrix} \lambda_1 & & & \\ & \lambda_2 & & \\ & & \ddots & \\ & & & \lambda_n \end{pmatrix}.$$

ところが，T は直交行列だから，$T^{-1} = {}^tT$ で，この T によって変数変換 $\boldsymbol{x} = T\boldsymbol{y}$ を行なえば，ちょうど，

$$F(\boldsymbol{x}) = F_0(\boldsymbol{y}) = {}^t\boldsymbol{y}A_0\boldsymbol{y} = \lambda_1 {y_1}^2 + \lambda_2 {y_2}^2 + \cdots\cdots + \lambda_n {y_n}^2 \quad \cdots\cdots (4)$$

の形になる．これは，変数 y_i に関する平方和の形である．

例8　$F(x, y, z) = x^2 + y^2 - z^2 + 4xz + 4yz$ を平方和に直せ．

解　$$A = \begin{pmatrix} 1 & 0 & 2 \\ 0 & 1 & 2 \\ 2 & 2 & -1 \end{pmatrix}, \quad \chi_A(X) = (X-1)(X-3)(X+3) = 0,$$

---

*)　λ_i は A の固有値で，A が実対称行列なら，λ_i はすべて実数であった．

$$\lambda_1 = 1,\ \lambda_2 = 3,\ \lambda_3 = -3$$

Tを求めるために，$(A-I)\boldsymbol{x} = \boldsymbol{0}$ を解いて，$\boldsymbol{x} = {}^t(1, -1, 0)$，$(A-3I)\boldsymbol{x} = \boldsymbol{0}$ を解いて ${}^t(1, 1, 1)$，$(A+3I)\boldsymbol{x} = \boldsymbol{0}$ を解いて，$\boldsymbol{x} = {}^t(1, 1, -2)$，これらを正規化して*) 列ベクトルとして並べれば，

$$T = \begin{pmatrix} 1/\sqrt{2} & 1/\sqrt{3} & 1/\sqrt{6} \\ -1/\sqrt{2} & 1/\sqrt{3} & 1/\sqrt{6} \\ 0 & 1/\sqrt{3} & -2/\sqrt{6} \end{pmatrix}$$ が得られる．これによって，$\boldsymbol{x} = T\boldsymbol{x}'$ として，$F'(x', y', z') = x'^2 + 3y'^2 - 3z'^2$ の形になる．

$\boldsymbol{x}'$ で解くと，$\boldsymbol{x}' = T^{-1}\boldsymbol{x} = {}^tT\boldsymbol{x}$ だから，$\boldsymbol{x}' = (1/\sqrt{2})(x-y)$，$y' = (1/\sqrt{3})(x+y+z)$，$z' = (1/\sqrt{6})(x+y-2z)$，すなわち，

$$F(x, y, z) = \frac{1}{2}(x-y)^2 + (x+y+z)^2 - \frac{1}{2}(x+y-2z)^2.$$

【2】 慣性法則　ところで，二次形式 $F(\boldsymbol{x})$ を平方和に直すのは，何もこの直交変換による方法だけというわけではない．たとえば，上の例1でも，≪斜めの項≫ $4xz$ や $4yz$ を完全平方式の中に取りこんでいって，

$$\begin{aligned} F(x, y, z) &= (x+2z)^2 + y^2 - 5z^2 + 4yz \\ &= (x+2z)^2 + (y+2z)^2 - 9z^2 \\ &= x'^2 + y'^2 - z'^2 \end{aligned}$$

と変形することもできる．しかし，どう変形しても，正の項と負の項の数は同一であるというのが，有名なシルベスターの**慣性法則**である．

定理3　二次形式 $F(\boldsymbol{x}) = {}^t\boldsymbol{x}A\boldsymbol{x}$ は，変数変換 $\boldsymbol{x} = Q\boldsymbol{z}$ によって，

$$F(\boldsymbol{x}) = G_0(\boldsymbol{z}) = z_1{}^2 + z_2{}^2 + \cdots\cdots + z_p{}^2 - z_{p+1}{}^2 - \cdots\cdots - z_{p+q}{}^2 \quad \cdots\cdots\cdots (5)$$

の形に直せる．その際，正負の項の数 (p, q) は変換の仕方にかかわらず一定である．

証明　変形の可能性は，(4) において

$$\lambda_1, \lambda_2, \cdots\cdots, \lambda_p > 0,\ \lambda_{p+1}, \cdots\cdots, \lambda_{p+q} < 0,\ \lambda_{p+q+1} = \cdots\cdots = \lambda_n = 0$$

---

*) 固有ベクトルが直交することはすでに示されている．第6章，§5，[4] (184ページ)．

と並べ，さらに，

$$y_i = \frac{z_i}{\sqrt{\lambda_i}} \quad (1 \leqslant i \leqslant p),\ \ y_j = \frac{z_j}{\sqrt{-\lambda_j}} \quad (p+1 \leqslant j \leqslant p+q)$$

とおけば，(5) の形になる．ここで，$p+q$ は A の階数だから，一意的に定まる．

さて別の変形によって，

$$F(\boldsymbol{x}) = H_0(\boldsymbol{y}) = y_1{}^2 + y_2{}^2 + \cdots\cdots + y_s{}^2 - y_{s+1}{}^2 - \cdots\cdots - y_{s+t}{}^2$$

になったとする．$p+q = s+t$ だが，$p > s$ と仮定する．変数変換を $\boldsymbol{x} = P\boldsymbol{y}$, $\boldsymbol{x} = Q\boldsymbol{z}$ とすると，$\boldsymbol{y} = P^{-1}\boldsymbol{x}$, $\boldsymbol{z} = Q^{-1}\boldsymbol{x}$ だから，$\boldsymbol{x}$ に関する斉次１次方程式

$$z_{p+1} = 0, \cdots\cdots,\ z_n = 0,\ y_1 = 0, \cdots\cdots,\ y_s = 0$$

を考えると，方程式の数は $n-p+s$ で，仮定により未知数の数 n より小さいから，すべてが 0 ではない解 $\boldsymbol{a} = {}^t(a_1, a_2, \cdots\cdots, a_n)$ をもつ．$Q^{-1}\boldsymbol{a} = \boldsymbol{b} = {}^t(b, \cdots\cdots, b_p, 0, \cdots\cdots, 0)$, $P^{-1}\boldsymbol{a} = \boldsymbol{c} = (0, \cdots\cdots, 0, c_{s+1}, \cdots\cdots, c_n)$ だから，$\boldsymbol{a} = Q\boldsymbol{b}$ を $F(\boldsymbol{x})$ の $\boldsymbol{x}$ に代入すると，一方で，

$$F(\boldsymbol{a}) = G_0(\boldsymbol{b}) = b_1{}^2 + b_2{}^2 + \cdots\cdots + b_p{}^2$$

他方で，$\boldsymbol{a} = P\boldsymbol{c}$ より $F(\boldsymbol{a}) = H_0(\boldsymbol{c}) = -c_{s+1}{}^2 - \cdots\cdots - c_n{}^2$

より，$b_1{}^2 + b_2{}^2 + \cdots\cdots + b_p{}^2 + c_{s+1}{}^2 + \cdots\cdots + c_n{}^2 = 0$，したがって，$b_1 = b_2 = \cdots\cdots = b_p = 0$ でなければならないが，これは $\boldsymbol{a}$ が自明でない解であるという仮定に反する．

整数の対 (p, q) を二次形式 F の**符号型**といい，$\mathrm{sgn}\, F$ と書く，とくに，$q = 0$ のとき，二次形式は**正値**であるといい，さらにとくに，$p = r = n$ のとき**真正値**であるという．

これで，問 8 で触れた二次形式の分類の問題は完全に解決された．なぜなら，二つの二次形式 F と G が同値であるとすると，それらの符号型は等しい．$\mathrm{sgn}\, F = \mathrm{sgn}\, G$，逆に，符号型 (p, q) が等しければ，F も G も同じ**標準形**

$$H_0(\boldsymbol{y}) = y_1{}^2 + y_2{}^2 + \cdots\cdots + y_p{}^2 - y_{p+1}{}^2 - \cdots\cdots - y_{p+q}{}^2$$

に同値となるから，$F \sim H_0$，$G \sim H_0$ より $F \sim G$ となる．したがって，

$$F \sim G \Longleftrightarrow \operatorname{sgn} F = \operatorname{sgn} G.$$

問 9　二次形式 $F(x, y, z) = 2xy + 2yz$ を平方和に直せ．

§4　二次超曲面の分類

【1】 二次超曲面　直交座標系に関して，2次方程式

$$\sum_{ij} a_{ij}x_ix_j + \sum_i b_ix_i + c = 0 \quad \cdots\cdots\cdots\cdots (1)$$

をみたす点の集合を**二次超曲面**という．平面上ならとくに，**二次曲線**，空間(3次元の)なら**二次曲面**である．二次形式のときと同じように，係数 a_{ij} は $a_{ij} = a_{ij}$ をみたすとしてよい．この方程式をベクトル＝行列記法で表わすために，

$$\boldsymbol{x} = {}^t(x_1, x_2, \cdots\cdots, x_n),\ \ A = (a_{ij}),\ \ \boldsymbol{b} = {}^t(b_1, b_2, \cdots\cdots, b_n)$$

とおくと，(1)は

$${}^t\boldsymbol{x}A\boldsymbol{x} + {}^t\boldsymbol{b}\boldsymbol{x} + c = 0 \quad \cdots\cdots\cdots\cdots (2)$$

と表わされる．これは非斉次の形なので，なるべく斉次の形に似るように，さらに，

$$\tilde{\boldsymbol{x}} = {}^t(x_1, x_2, \cdots\cdots, x_n\ 1\ ),\ \ \tilde{A} = \begin{pmatrix} A & \boldsymbol{b} \\ {}^t\boldsymbol{b} & c \end{pmatrix}$$

とおくと，これはさらに，

$${}^t\tilde{\boldsymbol{x}}\tilde{A}\tilde{\boldsymbol{x}} = 0 \quad \cdots\cdots\cdots\cdots (3)$$

と書くことができる．

直交座標の変換は，直交変換*) と平行移動によるから，

$$\boldsymbol{x} = T\boldsymbol{y} + \boldsymbol{t}$$

の形の1次変換になっている．したがって，ここでも，$\tilde{T} = \begin{pmatrix} T & \boldsymbol{t} \\ 0 & 1 \end{pmatrix}$ とおくと，

$$\tilde{\boldsymbol{x}} = \tilde{T}\boldsymbol{y}$$

---

*) 直交変換の幾何学的意味については次項に述べる．

の形に表わされる．この変換によって，方程式(3)は，

$$ {}^t\tilde{\boldsymbol{y}}\tilde{B}\tilde{\boldsymbol{y}}=0, \quad \tilde{B}={}^t\tilde{T}\tilde{A}\tilde{T}=\begin{pmatrix} {}^tTAT & \boldsymbol{b}' \\ {}^t\boldsymbol{b}' & c' \end{pmatrix} $$

に変わる．そこで，T や $\tilde{T}$ をなるべくうまく選んで，この方程式を簡単な形にしようというわけである．

問 10　$\boldsymbol{b}'$ と c' を求めよ．

【2】 二次曲線の分類　まず，$n=2$，二次曲線の場合を考える．T を適当に選ぶと，${}^tTAT$ は対角形に直せるから，最初から，A は対角形で，

$$ \tilde{A}=\begin{pmatrix} \lambda_1 & 0 & b_1 \\ 0 & \lambda_2 & b_2 \\ b_1 & b_2 & c \end{pmatrix} $$

の形をしているとする．A の階数を r, $\tilde{A}$ の階数を $\tilde{r}$, A の符号型を (p,q) とする．

1. $r=2$. 問10より，平行移動 $\boldsymbol{x}=\boldsymbol{y}+\boldsymbol{t}$ により，$\boldsymbol{b}'=A\boldsymbol{t}+\boldsymbol{b}$ となるが*)，A は正則だから，$\boldsymbol{b}'=\boldsymbol{0}$，つまり，$A\boldsymbol{t}=-\boldsymbol{b}$ になるように $\boldsymbol{t}$ を求めうる．すると，方程式は，

$$ \lambda_1{y_1}^2+\lambda_2{y_2}^2+c'=0. $$

1.1. $(p,q)=(2,0)$，$c'<0$：楕円，$c'>0$：空集合，$c'=0$：1点．

1.2. $(p,q)=(1,1)$，$c'\neq 0$：双曲線，$c'=0$：相交2直線．

2.　$r=1$. $\lambda_1\neq 0$，$\lambda_2=0$ とし，平行移動 $x_1=y_1-b_1/\lambda_1$ を行なうと**)，

$$ \lambda_1{y_1}^2+2b_2y_2+c'=0. $$

2.1. $\tilde{r}=3$ のときは，$b_2\neq 0$ だから，平行移動 $y_2=z_2-c'/2b_2$ を行なうと $\lambda_1{z_1}^2+2b_2z_2=0$：放物線．

2.2. $\tilde{r}=2, b_2=0$ だが，λ_1, c' 同符号なら空集合，異符号なら平行2直線．

2.3. $\tilde{r}=1, b_2=c'=0$：重なった1直線．

---

*)　問10で $T=I$ (単位行列) の場合．

**)　平行移動を求める方程式 $A\boldsymbol{t}=-\boldsymbol{b}$ は解けないが，その第1成分だけ考えた $\lambda_1t_1=-b_1$ は $t_1=-b_1/\lambda_1$ と解け，b_1 を0にすることはできる．

【3】 二次曲面の分類 次に，$n=3$，2次曲面の場合に移ろう．上と同じく，Aは対角形で

$$A=\begin{pmatrix} \lambda_1 & 0 & 0 & b_1 \\ 0 & \lambda_2 & 0 & b_2 \\ 0 & 0 & \lambda_3 & b_3 \\ b_1 & b_2 & b_3 & c \end{pmatrix}$$

となっているものとする．

1. $r=3$. 平行移動により，

$$\lambda_1 y_1{}^2+\lambda_2 y_2{}^2+\lambda_3 y_3{}^2+c'=0.$$

1. 1. $(p,q)=(3,0)$，$c'<0$：楕円面，$c'>0$：空集合，$c'=0$：1点.

1. 2. $(p,q)=(2,1)$，$\lambda_1>0$，$\lambda_2>0$，$\lambda_3<0$ とすると，$c'>0$：一葉双曲面，$c'<0$：二葉双曲面.

1. 3. $(p,q)=(2,1)$，$c'=0$：楕円錐面.

2. $r=2$. $\lambda_1\neq 0$，$\lambda_2\neq 0$，$\lambda_3=0$ とし，平行移動 $x_i=y_i-b_i/\lambda_i\ (i=1,2)$ により，

$$\lambda_1 y_1{}^2+\lambda_2 y_2{}^2+2b_3 y_3+c'=0.$$

2. 1. $(p,q)=(2,0), \tilde{r}=4$ のとき．$b_3\neq 0$ だから，平行移動 $y_3=z_3-c'/2b_3$ より，$\lambda_1 z_1{}^2+\lambda_2 z_2{}^2+2b_3 z_3=0$：楕円放物面.

2. 2. $(p,q)=(2,0)$，$\tilde{r}=3$ のとき．$b_3=0$，$c'\neq 0$ だから，$\lambda_1 y_1{}^2+\lambda_2 y_2{}^2+c'=0, c'<0$：楕円柱面，$c'>0$：空集合.

2. 3. $(p,q)=(2,0)$，$\tilde{r}=2$ のとき．$c'=0$：1直線.

2. 4. $(p,q)=(1,1)$，$\tilde{r}=4$ のとき．$b_3\neq 0$，$\lambda_1 z_1{}^2+\lambda_2 z_2{}^2+2b_3 z_3=0$：双曲放物面.

2. 5. $(p,q)=(1,1)$，$\tilde{r}=3$ のとき．$b_3=0$，$c'\neq 0$ だから，$\lambda_1 y_1{}^2+\lambda_2 y_2{}^2+c'=0$：双曲柱面.

2. 6. $(p,p)=(1,1)$，$\tilde{r}=2$ のとき．$c'=0$：相交2平面.

3. $r=1$. この場合は $\tilde{r}\leqq 3$ である*)．$\lambda_1\neq 0$，$\lambda_2=\lambda_3=0$ とし，平行移

*) $r\leqq\tilde{r}\leqq r+2$ に注意.

動 $x_1 = y_1 - b_1/\lambda_1$ によって，

$$\lambda_1 y_1^2 + 2b_2 y_2 + 2b_3 y_3 + c' = 0$$

3. 1.　$\tilde{r} = 3$.　$b_2 \neq 0$, $b_3 \neq 0$ でなければならない*)．この場合には，直交変換

$$T = \begin{pmatrix} 1 & 0 & 0 \\ 0 & b_2/\sqrt{b_2^2+b_3^2} & -b_3/\sqrt{b_2^2+b_3^2} \\ 0 & b_3/\sqrt{b_2^2+b_3^2} & b_2/\sqrt{b_2^2+b_3^2} \end{pmatrix}$$

によって，

$$\lambda_1 z_1^2 + 2b' z_2 + c'' = 0 \quad (b' \neq 0)$$

の形になり，さらに平行移動 $z_2 = u_2 - c''/2b'$ によって，$\lambda_1 u_1^2 + 2b' u_2 = 0$ となるから放物柱面．

3. 2.　$\tilde{r} = 2$.　$b_2 = b_3 = 0$ でなければならない**)．$\lambda_1 y_1^2 + c' = 0$ で $c' \neq 0$.

$\lambda_1 c'$ 同符号なら空集合，異符号なら平行2直線．

3. 3.　$\tilde{r} = 1$.　$c' = 0$ だから，重なった平面．

例9　曲面：$x^2 + y^2 - z^2 + 4xz + 4yz = 3$ の種類を判別せよ．

解　例8の直交変換 $\boldsymbol{x} = T\boldsymbol{x}'$ を座標変換と考えると，$x'^2 + 3y'^2 - 3z'^2 = 3$, すなわち，

$$\left(\frac{x'}{\sqrt{3}}\right)^2 + y'^2 - z'^2 = 1$$

の形になる．これは，一葉双曲面の方程式である．

問11　曲線 $xy + yz + zx = 1$ の種類を判別せよ．

【4】 合同変換　第6章，§5より直交行列 A は，直交行列 T によって

$$T^{-1}AT = A_0 = \begin{pmatrix} \cos\theta_1 & -\sin\theta_1 & & & & & \\ \sin\theta_1 & \cos\theta_1 & & & & & \\ & & \ddots & & & & \\ & & & \cos\theta_n & -\sin\theta_n & & \\ & & & \sin\theta_n & \cos\theta_n & & \\ & & & & & \pm 1 & \\ & & & & & & \ddots \\ & & & & & & & \pm 1 \end{pmatrix}$$

---

*)　$b_2 = 0$ か $b_3 = 0$ とすると，$\tilde{r} = 2$ となってしまう．

**)　3次の小行列式を計算してみる．

の形に変形される．この事実を利用すると，直交変換の分類ができる．前章，問17でも示したように，直交変換とは，$\|u(\boldsymbol{x})\| = \|\boldsymbol{x}\|$，すなわち，すべてのベクトルの長さを変えないような線型写像のことであった*)．

【5】 平面上の場合 まず，$n=2$ の場合を考えよう．上記の一般論から，基底ベクトル(座標系)を適当にとると，直交変換は

$$\begin{pmatrix}1 & 0\\0 & 1\end{pmatrix}(\text{恒等変換}),\ \begin{pmatrix}1 & 0\\0 & -1\end{pmatrix}(x\text{ 軸での鏡映}),\ \begin{pmatrix}-1 & 0\\0 & 1\end{pmatrix}(y\text{ 軸での鏡映}),$$

$$\begin{pmatrix}-1 & 0\\0 & -1\end{pmatrix}(\text{原点での点対称}),\ \begin{pmatrix}\cos\theta & -\sin\theta\\\sin\theta & \cos\theta\end{pmatrix}(\text{角度 }\theta\text{ の回転})$$

のいずれかであることがわかる．

【6】 3次元空間の場合 次に，$n=3$ の場合も同じように，(少し略して列挙すると)

$$\begin{pmatrix}1 & 0 & 0\\0 & 1 & 0\\0 & 0 & 1\end{pmatrix}(\text{恒等変換}),\quad \begin{pmatrix}1 & 0 & 0\\0 & 1 & 0\\0 & 0 & -1\end{pmatrix}(\text{座標面での面対称}),$$

$$\begin{pmatrix}1 & 0 & 0\\0 & -1 & 0\\0 & 0 & -1\end{pmatrix}(\text{座標軸での線対称}),\quad \begin{pmatrix}-1 & 0 & 0\\0 & -1 & 0\\0 & 0 & -1\end{pmatrix}(\text{原点での点対称}),$$

$$\begin{pmatrix}\cos\theta & -\sin\theta & 0\\\sin\theta & \cos\theta & 0\\0 & 0 & 1\end{pmatrix}(\text{角度 }\theta\text{ の回転}),\quad \begin{pmatrix}\cos\theta & -\sin\theta & 0\\\sin\theta & \cos\theta & 0\\0 & 0 & -1\end{pmatrix}.$$

この最後のタイプは，角 θ の回転とその回転軸に直交する平面に関する鏡映との合成で，≪回転鏡映≫とよばれるものである．

さて，$n=2$，平面の場合には，不動点をもつ等長変換(長さを変えない変換)**) は，その不動点を座標の原点Oにとり，あと適当な座標軸をとってやると，

回転と鏡映

の2種類になることがわかる，(点対称は半回転で，恒等写像は角度0の回転！)

---

*) 長さを変えない写像を一般に**合同変換**という．直交変換とは，原点Oを動かさない合同変換のことに他ならない．

**) 2点P, Qに対して，$\sigma(\mathrm{P})\sigma(\mathrm{Q}) = \mathrm{PQ}$.

前者は≪向き≫を変えない（行列式 $=1$ の正格等長変換で，後者は変格等長変換である）．

$n=3$，3次元空間の場合には，不動点をもつ等長変換は，上記から，

$$\text{回転，鏡映，回転鏡映}\quad (\theta \neq 0)$$

の3種類になる．（線対称は半回転，点対称は半回転鏡映，恒等変換は角度0の回転）

不動点をもたない等長変換はどうなるだろうか？ σ をそのような変換とし，点PをQに，QをRに，RをSに移すものとする．もし，R＝Pとすると，PQの中点が不動点となる[*] から，R $\neq$ P である．すると，P, Q, R は一直線をなすか三角形をなす．前の場合には，PQ＝QR だから，PをQに移す併進（平行移動）を α とすると，$\alpha^{-1}\circ\sigma$ はPをもQをも不動点とする．したがって，$n=2$，つまり平面上なら，$\alpha^{-1}\circ\sigma$ は恒等変換か鏡映 β でなければならない．

$$\sigma=\alpha \text{ か } \sigma=\alpha\circ\beta$$

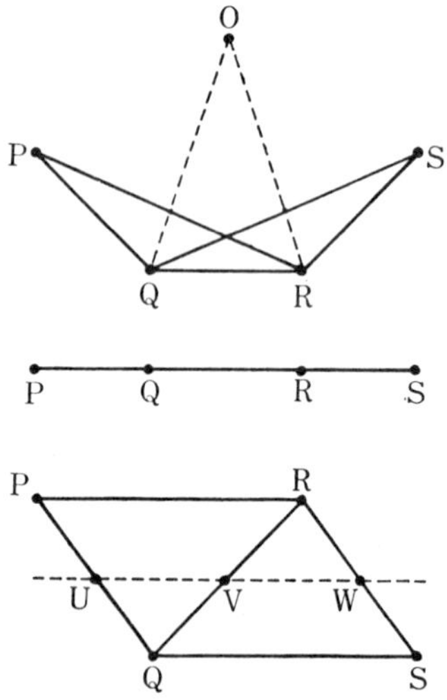

[*] PQの中点KはPK＝KQなるただ一つの点．

つまり，σ は

併進か併進鏡映

で，このあとのは，一つの鏡映とその軸に沿う併進との合成である．

後の PQR が三角形をなす場合には，△PQR と △QRS は合同で，PR の中点 M は QS の中点 N に移る．もし，QM と RN が点 O で交わると，O は不動点となって*) 仮定に反するから，PR と QS は平行でなければならない．PQ, QR, RS の中点を U, V, W とすると，σ は U を V に，V を W に移すから，前の場合に帰着される．

問 12 3 次元空間で，不動点のない等長変換はどうなるか？

---

*) O の像を O′ とすると，$O'N = OM = ON$，$O'R = OQ = OR$ だから，$O' = O$ でなければならない．

■イラスト・中西伸司

問　の　略　解

≪第 1 章≫

問1　(1)　$(-\boldsymbol{a})+(-(-\boldsymbol{a}))=\boldsymbol{0}$ だが，一方 $(-\boldsymbol{a})+\boldsymbol{a}=\boldsymbol{0}$ で，このような $\boldsymbol{a}$ はただ一つしかないから，$-(-\boldsymbol{a})=\boldsymbol{a}$ でなければならない．

(2)　$(\boldsymbol{a}+\boldsymbol{b})+(-(\boldsymbol{a}+\boldsymbol{b}))=\boldsymbol{0}$ であるが，一方 $-\boldsymbol{a}-\boldsymbol{b}=(-\boldsymbol{a})+(-\boldsymbol{b})$ だから，$(\boldsymbol{a}+\boldsymbol{b})+(-\boldsymbol{a}-\boldsymbol{b})=(\boldsymbol{a}+(-\boldsymbol{a}))+(\boldsymbol{b}+(-\boldsymbol{b}))=\boldsymbol{0}+\boldsymbol{0}=\boldsymbol{0}$ で，差の一意性によって，$-(\boldsymbol{a}+\boldsymbol{b})=-\boldsymbol{a}-\boldsymbol{b}$.

(3)　$\boldsymbol{a}-\boldsymbol{0}$ は $\boldsymbol{0}+\boldsymbol{x}=\boldsymbol{a}$ の解だが，$\boldsymbol{a}$ もそうだから，$\boldsymbol{a}-\boldsymbol{0}=\boldsymbol{a}$.

問2　(1)　$\lambda-\mu=\nu$ とおくと，$\lambda=\mu+\nu$ だから，$\mu\boldsymbol{a}+\nu\boldsymbol{a}=(\mu+\nu)\boldsymbol{a}=\lambda\boldsymbol{a}$，したがって $\nu\boldsymbol{a}=\lambda\boldsymbol{a}-\mu\boldsymbol{a}$，すなわち，$(\lambda-\mu)\boldsymbol{a}=\lambda\boldsymbol{a}-\mu\boldsymbol{a}$.

(2)　例2において，$\boldsymbol{b}=\boldsymbol{a}$ とおくと，$\lambda(\boldsymbol{a}-\boldsymbol{a})=\lambda\boldsymbol{a}-\lambda\boldsymbol{a}$，すなわち，$\lambda\boldsymbol{0}=\boldsymbol{0}$.

(3)　(1)で，$\lambda=\mu$ とおくと，$(\lambda-\lambda)\boldsymbol{a}=\lambda\boldsymbol{a}-\lambda\boldsymbol{a}$，すなわち，$0\boldsymbol{a}=\boldsymbol{0}$.

(4)　例2において，$\boldsymbol{b}=\boldsymbol{a}$ とおくと，$\lambda\boldsymbol{0}=\boldsymbol{0}$ だから，$\lambda(\boldsymbol{0}-\boldsymbol{a})=\lambda\boldsymbol{0}-\lambda\boldsymbol{a}=\boldsymbol{0}-\lambda\boldsymbol{a}$ より $\lambda(-\boldsymbol{a})=-\lambda\boldsymbol{a}$.

(5)　(1)において，$\lambda=0$ とおくと，$0\boldsymbol{a}=\boldsymbol{0}$ だから，$(0-\mu)\boldsymbol{a}=0\boldsymbol{a}-\mu\boldsymbol{a}=\boldsymbol{0}-\mu\boldsymbol{a}$，すなわち，$(-\mu)\boldsymbol{a}=-\mu\boldsymbol{a}$.

(6)　(5)で，$\lambda=1$ とおくと，7° より $(-1)\boldsymbol{a}=-1\boldsymbol{a}=-\boldsymbol{a}$.

問3　$\lambda\neq 0$ とすると，$\dfrac{1}{\lambda}(\lambda\boldsymbol{a})=\dfrac{1}{\lambda}\cdot\boldsymbol{0}=\boldsymbol{0}$，すなわち $\left(\dfrac{1}{\lambda}\cdot\lambda\right)\boldsymbol{a}=\boldsymbol{0}$，つまり $1\boldsymbol{a}=\boldsymbol{0}$，$\boldsymbol{a}=\boldsymbol{0}$ を得る．

問4　(1)　$(1,\ -2,\ 2)$　　(2)　$(3,\ -5,\ 8)$　　(3)　$\left(-\dfrac{7}{6},\ \dfrac{2}{3},\ -\dfrac{23}{12}\right)$

(4)　$(-1,\ -2,\ 5)$　　(5)　$(12,\ 1,\ -1)$

問5　(1)　$8\boldsymbol{a}$　　(2)　$2\boldsymbol{b}$　　(3)　$1.3\boldsymbol{c}$　　(4)　$6\boldsymbol{x}$　　(5)　$\dfrac{1}{2}\boldsymbol{y}$

(6)　$\boldsymbol{z}$

問6　(1)　$(-5,\ 2,\ -2)$　　(2)　$\left(-\dfrac{2}{3},\ \dfrac{14}{3},\ \dfrac{4}{3}\right)$

(3)　$\left(1,\ \dfrac{9}{5},\ \dfrac{6}{5}\right)$　　(4)　$\left(-\dfrac{9}{7},\ \dfrac{41}{7},\ \dfrac{10}{7}\right)$

問7　略.

問8　$A\subset[A]$ は明らか．$A\subset W$（部分線型空間）とすると，A のベクトルの線型結合は W に含まれるから，$[A]\subset W$ となる．

問 9 (1) $\bigcap W_\iota$ が部分線型空間であることは，$\boldsymbol{a}, \boldsymbol{b} \in \bigcap W_\iota$ とすると，すべての ι について $\boldsymbol{a}, \boldsymbol{b} \in W_\iota$，したがって，$\boldsymbol{a}+\boldsymbol{b}$，$\lambda\boldsymbol{a} \in \bigcap W_\iota$ となることから明らか．すべての W_ι に含まれる部分線型空間は明らかに $\bigcap W_\iota$ に含まれる．

(2) $[\bigcup W_\iota]$ がすべての W_ι を含む部分線型空間にあることは，問 8 (1) より明白．すべての W_ι を含む部分線型空間 W があると，$\bigcup W_\iota \subset W$ で，さらに問 8 (2) によって，$[\bigcup W_\iota] \subset W$ である．$[\bigcup W_\iota]$ のベクトル $\boldsymbol{x}$ は，$\bigcup W_\iota$ の有限個のベクトル $\boldsymbol{a}_k (k = 1, 2, \cdots\cdots, r)$ の線型結合 $\boldsymbol{x} = \sum \lambda_k \boldsymbol{a}_k$ であるが，$\boldsymbol{a}_k \in W_{\iota_k}$ とすると，$\lambda_k \boldsymbol{a}_k \in W_{\iota_k}$ だから，$\boldsymbol{x}$ は有限個 $W_{\iota_1}, W_{\iota_2}, \cdots, W_{\iota_r}$ の中のベクトルの和になる．

問 10 (1) $A+B$ は，$\boldsymbol{x}+\boldsymbol{y}$ ($\boldsymbol{x} \in A$，$\boldsymbol{y} \in B$) の形のベクトルの全体である．前問により，$A+B$ は，A と B を含む最小の部分線型空間でもある．これは同時に B と A を含む最小の部分線型空間でもあるから，$A+B = B+A$.

$(A+B)+C$ は A と B と C を含む最小の部分線型空間でもあるから，$A+(B+C)$ にも一致しなければならない．

$A+(A \cap B) \supset A \supset A \cap (A+B)$ は明らか．左辺のベクトル $\boldsymbol{x}+\boldsymbol{y}$ ($\boldsymbol{x} \in A, \boldsymbol{y} \in A \cap B$) をとると，これは A にも属するから，$\boldsymbol{x}+\boldsymbol{y}$ はけっきょく $A \cap (A+B)$ に属する．

(2) $B \subset A$ なら，$A+B \subset A+A \subset A$ は明らか．逆に，$A+B \supset A$ は定義による．次に $A+B = A$ とすると，$A+B$ は A と B を含むから，A は B を含む．

(3) $A \supset C$ とする．$A \cap B \subset A$，$C \subset A$ だから，$(A \cap B)+C \subset A$．一方 $A \cap B \subset B$ だから，$(A \cap B)+C \subset B+C$．したがって，合わせて，$(A \cap B)+C \subset A \cap (B+C)$．逆に，$A \cap (B+C) \ni \boldsymbol{x} = \boldsymbol{y}+\boldsymbol{z}$ ($\boldsymbol{y} \in B$，$\boldsymbol{z} \in C$) をとる．$C \subset A$ より $\boldsymbol{z} \in A$ だから，$\boldsymbol{y} = \boldsymbol{x}-\boldsymbol{z} \in A$，したがって，$\boldsymbol{y} \in A \cap B$ で，$\boldsymbol{x} \in (A \cap B)+C$．これで，逆の包含式 $A \cap (B+C) \subset (A \cap B)+C$ が示された．

問 11 前問の (3) で，$A \to A$，$B \to C$，$C \to A \cap B$ と考えると，前半の等式が導かれる．同じく，前問の (3) で $A \to A+B$，$B \to C$，$C \to A$ とおくと，後半の等式が得られる．

問 12, 問 13 略．ベクトルのときと同じ．§1，問 1，問 2 を参照せよ．

問 14 $A(B+C)$ の i 行 k 列めの成分 $= \sum_{j=1}^{m} a_{ij}(b_{jk}+c_{jk}) = \sum_{j=1}^{m} a_{ij}b_{jk} + \sum_{j=1}^{m} a_{ij}c_{jk} = AB+AC$ の i 行 k 列めの成分．$(B+C)A$ についても同様．

問 15 (1) $\begin{pmatrix} -7 & 6 \\ 1 & -8 \end{pmatrix}$ (2) $\begin{pmatrix} 16 & 0 \\ 5 & 11 \end{pmatrix}$ (3) $\begin{pmatrix} 3 & -3 \\ 0 & -3 \end{pmatrix}$ (4) $\begin{pmatrix} 66 & 24 \\ 20 & 34 \end{pmatrix}$

問 16 略．ベクトルのときを参照．

問 17 たとえば，$\begin{pmatrix} 1 & 2 \\ 0 & 0 \end{pmatrix}\begin{pmatrix} 2 & 0 \\ -1 & 0 \end{pmatrix} = \begin{pmatrix} 0 & 0 \\ 0 & 0 \end{pmatrix}$.

問18 (1) $\begin{pmatrix} -5 & 2 \\ 3 & -1 \end{pmatrix}$ (2) $\begin{pmatrix} 1/2 & 0 \\ 0 & -1/4 \end{pmatrix}$ (3) $\begin{pmatrix} 1 & -2 \\ 0 & 1 \end{pmatrix}$ (4) $\begin{pmatrix} 0 & 1 \\ 1 & 0 \end{pmatrix}$

問19 $Z = B^{-1}A^{-1}$ とおくと, $(AB)Z = A(BB^{-1})A^{-1} = AA^{-1} = I$, $Z(AB) = B^{-1}(A^{-1}A)B = B^{-1}B = I$ だから, Z は AB の逆行列. すなわち $Z = (AB)^{-1}$.

問20 $Z = A$ とおくと, $A^{-1}Z = A^{-1}A = I$, $ZA^{-1} = AA^{-1} = I$ だから, Z は A^{-1} の逆行列である. すなわち, $Z = (A^{-1})^{-1}$ となる.

問21 $AX = B$ の左から A^{-1} をかけると, $A^{-1}(AX) = A^{-1}B$, $(A^{-1}A)X = A^{-1}B$, $IX = A^{-1}B$, $X = A^{-1}B$ となる. 逆に $X = A^{-1}B$ とすると $AX = A(A^{-1}B) = (AA^{-1})B = IB = B$. したがって, 求める $X = A^{-1}B$ である.

同様に $YA = B$ の解は, $Y = BA^{-1}$ となる.

問22 $Z = {}^t(A^{-1})$ とおくと, ${}^tA\cdot Z = {}^tA{}^t(A^{-1}) = {}^t(A^{-1}A) = {}^tI = I$, $Z\cdot{}^tA = {}^t(A^{-1}){}^tA = {}^t(AA^{-1}) = {}^tI = I$ だから, Z は ${}^tA$ の逆行列, したがって, $({}^tA)^{-1} = {}^t(A^{-1})$ が成り立つ.

問23 1° で $\boldsymbol{x}+\boldsymbol{y} = \boldsymbol{z}$ とおくと, $\boldsymbol{y} = \boldsymbol{z}-\boldsymbol{x}$ だから, $f(\boldsymbol{z}) = f(\boldsymbol{x})+f(\boldsymbol{z}-\boldsymbol{x})$, すなわち, $f(\boldsymbol{z}-\boldsymbol{x}) = f(\boldsymbol{z})-f(\boldsymbol{x})$ が成り立つ. $\boldsymbol{z}$ をあらためて $\boldsymbol{y}$ と書き直せば, 最初の等式が得られる. この等式で, $\boldsymbol{y} = \boldsymbol{x}$ とおくと, $f(\boldsymbol{x}-\boldsymbol{x}) = f(\boldsymbol{x})-f(\boldsymbol{x})$, すなわち, $f(\boldsymbol{0}) = \boldsymbol{0}$ が得られる. 最初の等式で, $\boldsymbol{y} = \boldsymbol{0}$ とおくと, $f(\boldsymbol{0}-\boldsymbol{x}) = f(\boldsymbol{0})-f(\boldsymbol{x})$, すなわち, $f(-\boldsymbol{x}) = -f(\boldsymbol{x})$ が得られる.

問24 1) $f(V)$ の中のベクトルは, $f(\boldsymbol{x}), f(\boldsymbol{y}), \cdots\cdots$, $(\boldsymbol{x}, \boldsymbol{y}, \cdots\cdots \in V)$ と表わされるが, $f(\boldsymbol{x})+f(\boldsymbol{y}) = f(\boldsymbol{x}+\boldsymbol{y})$, $\lambda f(\boldsymbol{x}) = f(\lambda\boldsymbol{x})$ で $\boldsymbol{x}+\boldsymbol{y}$, $\lambda\boldsymbol{y} \in V$ だから, $f(V)$ のベクトルの和とスカラー倍はふたたび $f(V)$ に属する. 2) また, $\overset{-1}{f}(\boldsymbol{0}) \ni \boldsymbol{x}, \boldsymbol{y}$ をとると, $f(\boldsymbol{x}) = \boldsymbol{0}$, $f(\boldsymbol{y}) = \boldsymbol{0}$ だが $f(\boldsymbol{x}+\boldsymbol{y}) = f(\boldsymbol{x})+f(\boldsymbol{y}) = \boldsymbol{0}+\boldsymbol{0} = \boldsymbol{0}$, $f(\lambda\boldsymbol{x}) = \lambda f(\boldsymbol{x}) = \lambda\boldsymbol{0} = \boldsymbol{0}$ だから, $\boldsymbol{x}+\boldsymbol{y}$, $\lambda\boldsymbol{x} \in \overset{-1}{f}(\boldsymbol{0})$ が成り立つ.

問25 $f(V_1)$ のベクトル $f(\boldsymbol{x}), f(\boldsymbol{y})$ $(\boldsymbol{x}, \boldsymbol{y} \in V_1)$ の和 $f(\boldsymbol{x})+f(\boldsymbol{y}) = f(\boldsymbol{x}+\boldsymbol{y})$, スカラー倍 $\lambda f(\boldsymbol{x}) = f(\lambda\boldsymbol{x})$ は. $\boldsymbol{x}+\boldsymbol{y}$, $\lambda\boldsymbol{x} \in V_1$ よりふたたび $f(V_1)$ に属する. また, $\boldsymbol{x} \in \overset{-1}{f}(W_1)$, $\boldsymbol{y} \in \overset{-1}{f}(W_1)$ をとると, $f(\boldsymbol{x}) \in W_1$, $f(\boldsymbol{y}) \in W_1$ より, $f(\boldsymbol{x}+\boldsymbol{y}) = f(\boldsymbol{x})+f(\boldsymbol{y}) \in W_1$, $f(\lambda\boldsymbol{x}) = \lambda f(\boldsymbol{x}) \in W_1$ だから, $\boldsymbol{x}+\boldsymbol{y} \in \overset{-1}{f}(W_1)$, $\lambda\boldsymbol{x} \in \overset{-1}{f}(W_1)$ である.

問26 (1) $\begin{pmatrix} y_1 \\ y_2 \end{pmatrix} = \begin{pmatrix} 1 & 1 \\ 1 & -1 \end{pmatrix}\begin{pmatrix} x_1 \\ x_2 \end{pmatrix}$ (2) $\begin{pmatrix} y_1 \\ y_2 \end{pmatrix} = \begin{pmatrix} 0 & 1 \\ 1 & 0 \end{pmatrix}\begin{pmatrix} x_1 \\ x_2 \end{pmatrix}$

(3) $\begin{pmatrix} y_1 \\ y_2 \end{pmatrix} = \begin{pmatrix} 1 & 0 & 0 \\ 0 & 1 & 0 \end{pmatrix}\begin{pmatrix} x_1 \\ x_2 \\ x_3 \end{pmatrix}$ (4) $\begin{pmatrix} y_1 \\ y_2 \\ y_3 \end{pmatrix} = \begin{pmatrix} 1 & 0 \\ 0 & 1 \\ 1 & 1 \end{pmatrix}\begin{pmatrix} x_1 \\ x_2 \end{pmatrix}$

≪第 2 章≫

問 1　$\boldsymbol{\lambda}=(\lambda_1, \lambda_2, \cdots\cdots, \lambda_r)$，$\boldsymbol{\mu}=(\mu_1, \mu_2, \cdots\cdots, \mu_r)$ とおくと，$f(\boldsymbol{\lambda}+\boldsymbol{\mu})=\sum_{i=1}^{r}(\lambda_i+\mu_i)\boldsymbol{a}_i=\sum_{i=1}^{r}\lambda_i\boldsymbol{a}_i+\sum_{i=1}^{r}\mu_i\boldsymbol{a}_i=f(\boldsymbol{\lambda})+f(\boldsymbol{\mu})$，$f(\alpha\boldsymbol{\lambda})=\sum_{i=1}^{r}(\alpha\lambda_i)\boldsymbol{a}_i=\sum_{i=1}^{r}\alpha(\lambda_i\boldsymbol{a}_i)=\alpha\sum_{i=1}^{r}\lambda_i\boldsymbol{a}_i=\alpha f(\boldsymbol{\lambda})$ だから.

問 2　任意の $\boldsymbol{x}=(x_1, x_2, \cdots\cdots, x_n)=\sum_{i=1}^{n}x_i\boldsymbol{e}_i$ と表わされたから，$\boldsymbol{e}_i$ は生成系．さらに $\sum_{i=1}^{n}x_i\boldsymbol{e}_i=\boldsymbol{0} \Longleftrightarrow \boldsymbol{x}=\boldsymbol{0} \Longleftrightarrow$ すべての $x_i=0$ だから，$\boldsymbol{e}_i$ は線型独立．したがって基底である.

問 3　$\boldsymbol{a}=\boldsymbol{0}$ なら，0 でない λ で (たとえば $\lambda=1$ で) $\lambda\boldsymbol{a}=\boldsymbol{0}$ となるから，$\boldsymbol{a}$ は線型従属である．また，逆に $\boldsymbol{a}$ が線型従属なら，0 でない λ で，$\lambda\boldsymbol{a}=\boldsymbol{0}$ となる．しかるに，第 1 章，問 3 に示したように，$\lambda\boldsymbol{a}=\boldsymbol{0}$ なら，$\lambda=0$ か $\boldsymbol{a}=\boldsymbol{0}$ であるから，今の場合 $\boldsymbol{a}=\boldsymbol{0}$ とならなければならない．したがって，$\boldsymbol{a}=\boldsymbol{0} \Leftrightarrow \boldsymbol{a}$：線型従属，これの対偶を考えると，$\boldsymbol{a}\neq\boldsymbol{0} \Leftrightarrow \boldsymbol{a}$：線型独立.

問 4　対偶を示す．$\boldsymbol{a}_{i_1}, \boldsymbol{a}_{i_2}, \cdots\cdots, \boldsymbol{a}_{i_s}$ が線型従属だと，すべてが 0 ではない係数 $\lambda_{i_1}, \lambda_{i_2}, \cdots\cdots, \lambda_{i_s}$ によって，$\lambda_{i_1}\boldsymbol{a}_{i_1}+\lambda_{i_2}\boldsymbol{a}_{i_2}+\cdots\cdots+\lambda_{i_s}\boldsymbol{a}_{i_s}=\boldsymbol{0}$ となるが，これを $\boldsymbol{a}_1, \boldsymbol{a}_2, \cdots\cdots, \boldsymbol{a}_r$ の線型関係と考えれば，$\boldsymbol{a}_1, \boldsymbol{a}_2, \cdots\cdots, \boldsymbol{a}_r$ の線型従属性を示している.

問 5　$\lambda_1\boldsymbol{a}_1+\lambda_2\boldsymbol{a}_2+\lambda_3\boldsymbol{a}_3=\boldsymbol{0}$ を成分で書くと，$\lambda_1+\lambda_2=0$，$\lambda_2+\lambda_3=0$，$\lambda_3+\lambda_1=0$．これより，$\lambda_1=\lambda_2=\lambda_3=0$ となるから，$\boldsymbol{a}_1, \boldsymbol{a}_2, \boldsymbol{a}_3$ は線型独立．また，$\lambda_1\boldsymbol{a}_1+\lambda_2\boldsymbol{a}_2+\lambda_3\boldsymbol{a}_3=\boldsymbol{a}_4$ より，$\lambda_1+\lambda_2=3$，$\lambda_1+\lambda_3=4$，$\lambda_2+\lambda_3=5$，これを解いて，$\lambda_1=1$，$\lambda_2=2$，$\lambda_3=3$ を得る.

問 6　$\lambda_1(\boldsymbol{a}_2+\boldsymbol{a}_3)+\lambda_2(\boldsymbol{a}_3+\boldsymbol{a}_1)+\lambda_3(\boldsymbol{a}_1+\boldsymbol{a}_2)=\boldsymbol{0}$ とすると，$(\lambda_2+\lambda_3)\boldsymbol{a}_1+(\lambda_3+\lambda_1)\boldsymbol{a}_2+(\lambda_1+\lambda_2)\boldsymbol{a}_3=\boldsymbol{0}$，これより，$\lambda_2+\lambda_3=\lambda_3+\lambda_1=\lambda_1+\lambda_2=0$，したがって $\lambda_1=\lambda_2=\lambda_3=0$.

問 7　1)　[3] 項の説明からわかるように，W の中に線型独立なベクトル $\boldsymbol{a}_1, \cdots\cdots, \boldsymbol{a}_s$ があると，これにさらにベクトルを追加して W の基底を作りうる．したがって $\dim W=r$ とおくとかならず $s\leqslant r$ である．いいかえると，次元 r は W の中の線型独立なベクトルの最大数である．2)　また，$W=[\boldsymbol{b}_1, \boldsymbol{b}_2, \cdots\cdots, \boldsymbol{b}_s]$ とすると，定理 3 から，$r\leqslant s$ である.

問 8　1°　$\dim W=r$ とすると，W の中に r 個の線型独立なベクトル $\boldsymbol{a}_1, \cdots\cdots, \boldsymbol{a}_r$ があり，それらは W' にも含まれているから，問 7, 1) によって，$r\leqslant\dim W'$．2° とくに，$r=\dim W'$ とし，W' の任意のベクトル $\boldsymbol{x}$ をとると，$\boldsymbol{a}_1, \cdots\cdots, \boldsymbol{a}_r$，$\boldsymbol{x}$ は線型従属になるから，定理 1 によって，$\boldsymbol{x}$ は $\boldsymbol{a}_1, \cdots\cdots, \boldsymbol{a}_r$ の線型結合になり，$\boldsymbol{x}$ は W に含まれる．し

たがって $W' = W$.

問 9 (i, k) 成分のみが 1 で，他の成分が 0 であるような行列 $E_{ik}(i = 1, 2, \cdots\cdots, m; k = 1, 2, \cdots\cdots, n)$ が基底になる.

問 10 $\boldsymbol{e}_1, \boldsymbol{e}_2, \cdots, \boldsymbol{e}_n$ が線型独立だから，$\sum_{i=1}^{n} \boldsymbol{e}_i \alpha_{ij} = \sum_{i=1}^{n} \boldsymbol{e}_i \beta_{ij}$ のような関係からは，各 i, j について $\alpha_{ij} = \beta_{ij}$ が導かれるからである.

問 11 P は正則だから，逆行列を P' とし，(3) に右から P' をかけると，$(\boldsymbol{e}_1' \boldsymbol{e}_2' \cdots \boldsymbol{e}'_n) P' = (\boldsymbol{e}_1 \boldsymbol{e}_2 \cdots \boldsymbol{e}_n) PP' = (\boldsymbol{e}_1 \boldsymbol{e}_2 \cdots \boldsymbol{e}_n) I = (\boldsymbol{e}_1 \boldsymbol{e}_2 \cdots \boldsymbol{e}_n)$, したがって，$\boldsymbol{e}_j$ は $\boldsymbol{e}_1', \boldsymbol{e}_2', \cdots, \boldsymbol{e}_n'$ の線型結合になる．$\boldsymbol{e}_1', \boldsymbol{e}_2', \cdots, \boldsymbol{e}_n'$ の張る部分線型空間の次元を r とすると，定理 3 によって $n \leqq r$, したがって，$r = n$ でなければならない．$\boldsymbol{e}_i'$ は線型独立になり，V の基底となる.

問 12 略.

問 13 $U_i(\lambda) U_i(\lambda^{-1}) = U_i(\lambda \cdot \lambda^{-1}) = U_i(1) = I$, $U_i(\lambda^{-1}) U_i(\lambda) = U_i(\lambda^{-1} \lambda) = U_i(1) = I$ だから，$\lambda \neq 0$ なら $U_i(\lambda)$ は正則で，$U_i(\lambda)^{-1} = U_i(\lambda^{-1})$. $U_{ij}(\lambda)$ についても同様.

問 14 略．$(\boldsymbol{e}_1' \cdots\cdots \boldsymbol{e}_n') = (\boldsymbol{e}_1 \cdots\cdots \boldsymbol{e}_n) P$ に注意する.

問 15 すぐ上の操作を行列演算に直すと，$T_{ij} = U_{ji}(-1) U_{ij}(1) U_{ji}(-1) U_i(-1)$.

問 16 略．㊂ は $U_{ji}(1)$ であることに注意.

問 17 略．$(\boldsymbol{f}_1 \cdots\cdots \boldsymbol{f}_m) = (\boldsymbol{f}_1' \cdots\cdots \boldsymbol{f}_m') \boldsymbol{Q}^{-1}$ に注意.

問 18 (1) $r = 3$ (2) $r = 2$

問 19 (1) 3 (2) 2

問 20 (1) 3 (2) 4

問 21 $\boldsymbol{e}_2, \boldsymbol{e}_3, 13\boldsymbol{e}_2 + 5\boldsymbol{e}_3 + \boldsymbol{e}_4, \boldsymbol{e}_2 - \boldsymbol{e}_3 + \boldsymbol{e}_5, \boldsymbol{e}_1 + 2\boldsymbol{e}_2, -\boldsymbol{f}_1 - 2\boldsymbol{f}_2 - \boldsymbol{f}_3, 3\boldsymbol{f}_1 + 5\boldsymbol{f}_2 + \boldsymbol{f}_3, \boldsymbol{f}_3$.

問 22 $P = \begin{pmatrix} 0 & 0 & 0 & 0 & 1 \\ 1 & 0 & 13 & 1 & 2 \\ 0 & 1 & 5 & -1 & 0 \\ 0 & 0 & 1 & 0 & 0 \\ 0 & 0 & 0 & 1 & 0 \end{pmatrix}$, $Q = \begin{pmatrix} -1 & 3 & 0 \\ -2 & 5 & 0 \\ -1 & 1 & 1 \end{pmatrix}$.

問 23 $\boldsymbol{b} \in f(V) \Leftrightarrow [f(\boldsymbol{e}_1), \cdots\cdots, f(\boldsymbol{e}_n), \boldsymbol{b}] = [f(\boldsymbol{e}_1), \cdots\cdots, f(\boldsymbol{e}_n)] \Leftrightarrow \operatorname{rank} \tilde{A} = \operatorname{rank} A$.

問 24 $\boldsymbol{x} = \boldsymbol{0}$ はつねに解．$\boldsymbol{x} \neq \boldsymbol{0}$ なる解をもつためには，(8) が無数の解をもてばよい．すなわち，$r < n$.

問 25 B を列ベクトルで表わして，$B = (\boldsymbol{b}_1 \cdots\cdots \boldsymbol{b}_p)$ とすると，$AX = B$ を解くことは，p 個の 1 次方程式 $A\boldsymbol{x} = \boldsymbol{b}_i (i = 1, 2, \cdots\cdots, p)$ を解くことと同じ．したがって，問23 より A の右に次々に $\boldsymbol{b}_i$ を追加しても階数の変わらぬことが，解けるための条件となる.

問 26 (1) たとえば $x_3 = 22x_1 - 33x_2 - 11$, $x_4 = -16x_1 + 24x_2 + 8$. (2) 不能.

問 27 (1) たとえば $(8, -6, 1, 0)$, $(-7, 5, 0, 1)$. (2) たとえば $(1, 1, 1, 1, 0, 0)$,

$(-1,0,0,0,1,0)$, $(0,-1,0,0,0,1)$.

問 28 $\mathrm{rank}\,BA=\mathrm{rank}(g\circ f)=\dim(g\circ f)(V)\leqslant\dim f(V)=\mathrm{rank}\,A$, また, $f(V)\subset W$ より $(g\circ f)(V)\subset g(W)$ だから, $\mathrm{rank}\,BA\leqslant\dim g(W)=\mathrm{rank}\,B$.

問 29 A は (m,n) 行列とすると, $AX=I_m$ (m 次の単位行列), $YA=I_n$ (n 次の単位行列) だから, 前問より, $m=\mathrm{rank}\,AX\leqslant\mathrm{rank}\,A\leqslant n$, $n=\mathrm{rank}\,YA\leqslant\mathrm{rank}\,A\leqslant m$. これより $m=n$ で, A は正方行列となる.

問 30 (1) $\begin{pmatrix}-1/2 & 1/2 & -1/2\\ 13 & -10 & 17\\ -9 & 7 & -12\end{pmatrix}$ (2) $\dfrac{1}{4}\begin{pmatrix}1 & 1 & 1 & 1\\ 1 & 1 & -1 & -1\\ 1 & -1 & 1 & -1\\ 1 & -1 & -1 & 1\end{pmatrix}$ (3) $\begin{pmatrix}1 & -1 & 0 & \cdots & 0\\ 0 & 1 & -1 & \cdots & 0\\ \cdots & \cdots & \cdots & \cdots & \cdots\\ 0 & 0 & 0 & \cdots & 1\end{pmatrix}$

≪第 3 章≫

問 1 $0=f(\cdots\cdots,\boldsymbol{x}_i+\boldsymbol{x}_j,\cdots\cdots,\boldsymbol{x}_i+\boldsymbol{x}_j,\cdots\cdots)=f(\cdots\cdots,\boldsymbol{x}_i,\cdots\cdots,\boldsymbol{x}_i,\cdots\cdots)+f(\cdots\cdots,\boldsymbol{x}_i,\cdots\cdots,\boldsymbol{x}_j,\cdots\cdots)+f(\cdots\cdots,\boldsymbol{x}_j,\cdots\cdots,\boldsymbol{x}_i,\cdots\cdots)+f(\cdots\cdots,\boldsymbol{x}_j,\cdots\cdots,\boldsymbol{x}_j,\cdots\cdots)=f(\cdots\cdots,\boldsymbol{x}_i,\cdots\cdots,\boldsymbol{x}_j,\cdots\cdots)+f(\cdots\cdots,\boldsymbol{x}_j,\cdots\cdots,\boldsymbol{x}_i,\cdots\cdots)$ より.

問 2 $\boldsymbol{x}_i=(x_{i1},x_{i2},\cdots\cdots,x_{in})=\sum_{k=1}^{n}x_{ik}\boldsymbol{e}_k$ $(i=1,2,\cdots\cdots,m)$ を f に代入して, 定理 1 と同様にやればよい.

問 3 定理 2 の (2) で $(-1)^{\nu}=\mathrm{sgn}\,\sigma$ だから.

問 4 偶, 奇, 偶, 偶.

問 5 偶順列 : (1 2 3 4), (1 3 4 2), (1 4 2 3), (2 1 4 3), (2 3 1 4), (2 4 3 1), (3 1 2 4), (3 2 4 1), (3 4 1 2), (4 1 3 2), (4 2 1 3), (4 3 2 1), 奇順列 : (1 2 4 3), (1 3 2 4), (1 4 3 2), (2 1 3 4), (4 2 3 1), (2 4 1 3), (3 1 4 2), (3 2 1 4), (3 4 2 1), (4 1 2 3), (4 2 3 1), (4 3 1 2).

問 6 (1) 40 (2) 170 (3) 2 (4) $2x^3-(a+b+c)x^2+abc$

問 7 (1) $(b-c)(c-a)(a-b)$ (2) $-(a+b+c)(a^2+b^2+c^2-bc-ca-ab)$ (3) 0

問 8 (1) -8 (2) 100 (3) 5

問 9 第 i 行と第 k 列がないのだから, 番号のつけ替えを行なう. すなわち, $a_{pq}=a'_{p+1,q+1}(1\leqslant p\leqslant i-1,\ 1\leqslant q\leqslant k-1)$, $a'_{p,q+1}(i+1\leqslant p\leqslant n,\ 1\leqslant q\leqslant k-1)$, $a'_{p+1,q}(1\leqslant p\leqslant i-1,\ k+1\leqslant q\leqslant n)$, $a'_{p,q}(i+1\leqslant p\leqslant n,\ k+1\leqslant q\leqslant n)$ とおくと, (3) の右辺の行列式の項は, $\pm 1a_{1i_1}\cdots a_{ni_n}=\pm 1a'_{2i_2}a'_{3i_3}\cdots a'_{ni_n}$ となり, $(i_2i_3\cdots i_n)$ が $(23\cdots n)$ の偶順列なら $+1$, 奇順列なら -1 である. したがって (3) の右辺の行列式は, $|a'_{pq}|=\varDelta_{ik}$.

問 10 左辺の行列式を D の行ベクトルの関数と考えると, 交代複線型だから, $c|D|$ の形に書け, $c=\begin{vmatrix}A & B\\ 0 & I\end{vmatrix}$ となる. これは, 行列式の性質から, $\begin{vmatrix}A & 0\\ 0 & I\end{vmatrix}$, したがって, (4) をく

り返し使うことによって，$c=|A|$．けっきょく，左辺の行列式 $=|A|\cdot|D|$．

問 11　(1) $\frac{1}{4}\begin{pmatrix} 3 & -1 & -1 \\ -1 & 3 & -1 \\ -1 & -1 & 3 \end{pmatrix}$　(2) $\begin{pmatrix} 0 & -1 & 0 & -1 \\ 1 & 0 & 0 & 0 \\ 0 & 0 & 0 & -1 \\ 1 & 0 & 1 & 0 \end{pmatrix}$　(3) $\frac{1}{143}\begin{pmatrix} 9 & 14 & 25 & -35 \\ 16 & 9 & -35 & 49 \\ 49 & -35 & 9 & 16 \\ -35 & 25 & 14 & 9 \end{pmatrix}$

問 12　(1) $\begin{vmatrix} 0 & b & c \\ b & a & 0 \\ c & 0 & a \end{vmatrix}^2 = a^2(b^2+c^2)^2$　(2) $\begin{vmatrix} 1 & x_1 & 0 \\ 1 & x_2 & 0 \\ 1 & x_3 & 0 \end{vmatrix}\cdot\begin{vmatrix} 1 & 1 & 1 \\ y_1 & y_2 & y_3 \\ 0 & 0 & 0 \end{vmatrix}=0$

問 13　定理10から，A が正則なら $A^{(c)}=|A|\cdot A^{-1}$ だから，$|A^{(c)}|=||A|\cdot A^{-1}|=|A|^n\cdot|A^{-1}|=|A|^n\cdot|A|^{-1}=|A|^{n-1}$ が成り立つ．また，$(A^{(c)})^{-1}=(|A|A^{-1})^{-1}=|A|^{-1}(A^{-1})^{-1}=|A|^{-1}A$，一方，$(A^{-1})^{(c)}=|A^{-1}|\cdot(A^{-1})^{-1}=|A|^{-1}A$ が成り立つ．最後に $(A^{(c)})^{(c)}=|A^{(c)}|\cdot(A^{(c)})^{-1}=|A|^{n-1}\cdot|A|^{-1}A=|A|^{n-2}A$．

問 14　$\mathrm{rank}\,A=m$ だから．

問 15　$\mathrm{rank}(\boldsymbol{a}_1\boldsymbol{a}_2\cdots\boldsymbol{a}_n)=n$ だから．

問 16　(1) 2　(2) 2　(3) 3

問 17　(1)　$x=\dfrac{(d-b)(c-d)}{(a-b)(c-a)}$,　$y=\dfrac{(a-d)(d-c)}{(a-b)(b-c)}$,　$z=\dfrac{(b-d)(d-a)}{(b-c)(c-a)}$.

(2)　$x=bc$，$y=ca$，$z=ab$.

(3)　$x=-z=\dfrac{a}{2(a^2+b^2)}$,　$-y=u=\dfrac{b}{2(a^2+b^2)}$.

≪第 4 章≫

問 1　$\overrightarrow{\mathrm{QP}}=-\boldsymbol{a}$ をみたす点 P をとればよい．

問 2　可換律が，平行四辺形の対辺の合同性を表わしている．結合律は作用群ということ．

問 3　$\boldsymbol{a}_1,\boldsymbol{a}_2,\cdots\cdots$ を次々とつなげていったとき閉じた多角形ができること．

問 4　$\boldsymbol{a}$ の反ベクトル $-\boldsymbol{a}$ と $\boldsymbol{b}$ とを平行四辺形法によって加える．

問 5　P が A, B の間にある $\Longleftrightarrow 0\leqq\lambda\leqq 1$ に注意する．

問 6　$(\boldsymbol{a}+k\boldsymbol{b})/(1+k)$　($k=-1$ のときは，P は存在しない)．

問 7　$(\boldsymbol{a}+\boldsymbol{b})/2$.

問 8　$\mathrm{B}\in L$ をとると，$\mathrm{P}\in L$ に対して $\overrightarrow{\mathrm{BP}}=\overrightarrow{\mathrm{BA}}+\overrightarrow{\mathrm{AP}}=\overrightarrow{\mathrm{AP}}-\overrightarrow{\mathrm{AB}}\in W$. 逆に，任意の $\overrightarrow{\mathrm{AP}}\in W$ をとると，同じくこの式から，$\overrightarrow{\mathrm{BP}}\in W$ で，$W=\{\overrightarrow{\mathrm{BP}}|\mathrm{P}\in L\}$ となる．

問 9　$\mathrm{B}_j=\sum_{i=0}^{r}\lambda_{ji}\mathrm{A}_i$，$\sum_{i=0}^{r}\lambda_{ji}=1$ $(j=0,1,\cdots,s)$ とおいて，P を A_i で表わせ．

問 10　内積の性質 1°, 2° をくり返し使う．

問 11　問 1 の特殊な場合と考えてもよいが，1° で，$\boldsymbol{a}_1+\boldsymbol{a}_2=\boldsymbol{a}_3$ とおいて，$\boldsymbol{a}_2=\boldsymbol{a}_3-\boldsymbol{a}_1$

と変形し，$(\boldsymbol{a}_3, \boldsymbol{b}) = (\boldsymbol{a}_1, \boldsymbol{b}) + (\boldsymbol{a}_3 - \boldsymbol{a}_1, \boldsymbol{b})$ より $(\boldsymbol{a}_3 - \boldsymbol{a}_1, \boldsymbol{b}) = (\boldsymbol{a}_3, \boldsymbol{b}) - (\boldsymbol{a}_1, \boldsymbol{b})$ が得られる．この差の分配律で，$\boldsymbol{a}_3 = \boldsymbol{a}_1$ とおくと，$(\boldsymbol{0}, \boldsymbol{b}) = (\boldsymbol{a}_1, \boldsymbol{b}) - (\boldsymbol{a}_1, \boldsymbol{b}) = 0$ が，$\boldsymbol{a}_3 = \boldsymbol{0}$ とおくと $(-\boldsymbol{a}_1, \boldsymbol{b}) = 0 - (\boldsymbol{a}_1, \boldsymbol{b}) = -(\boldsymbol{a}_1, \boldsymbol{b})$ が導かれる．残りは対称性 3° による．

問 12 $(\boldsymbol{a}+\boldsymbol{b}, \boldsymbol{a}-\boldsymbol{b}) = (\boldsymbol{a}, \boldsymbol{a}) + (\boldsymbol{b}, \boldsymbol{a}) - (\boldsymbol{a}, \boldsymbol{b}) - (\boldsymbol{b}, \boldsymbol{b}) = (\boldsymbol{a}, \boldsymbol{a}) - (\boldsymbol{b}, \boldsymbol{b})$.

問 13 $\boldsymbol{a} = \sum_{i=1}^{n} x_i \boldsymbol{e}_i$, $\boldsymbol{b} = \sum_{i=1}^{n} y_i \boldsymbol{e}_i$ を代入して，$f(\boldsymbol{a}, \boldsymbol{b}) = f\left(\sum_{i=1}^{n} x_i \boldsymbol{e}_i, \sum_{i=1}^{n} y_i \boldsymbol{e}_i\right) = \sum_{i,j=1}^{n} x_i y_j f(\boldsymbol{e}_i, \boldsymbol{e}_j) = \sum_{i,j=1}^{n} A_{ij} x_i y_j$ $(A_{ij} = f(\boldsymbol{e}_i, \boldsymbol{e}_j))$ が得られる．

問 14 三角不等式で，$\boldsymbol{a}+\boldsymbol{b} = \boldsymbol{c}$ とおくと，$\boldsymbol{b} = \boldsymbol{c}-\boldsymbol{a}$, $|\boldsymbol{c}| \leqq |\boldsymbol{a}| + |\boldsymbol{c}-\boldsymbol{a}|$, $|\boldsymbol{c}| - |\boldsymbol{a}| \leqq |\boldsymbol{c}-\boldsymbol{a}|$ が得られる．$\boldsymbol{c}$ と $\boldsymbol{a}$ を交換すると，$|\boldsymbol{a}| - |\boldsymbol{c}| \leqq |\boldsymbol{a}-\boldsymbol{c}| = |\boldsymbol{c}-\boldsymbol{a}|$ が得られる．

問 15 左辺 $= (\boldsymbol{a}+\boldsymbol{b}, \boldsymbol{a}+\boldsymbol{b}) + (\boldsymbol{a}-\boldsymbol{b}, \boldsymbol{a}-\boldsymbol{b}) = |\boldsymbol{a}|^2 + 2(\boldsymbol{a}, \boldsymbol{b}) + |\boldsymbol{b}|^2 + |\boldsymbol{a}|^2 - 2(\boldsymbol{a}, \boldsymbol{b}) + |\boldsymbol{b}|^2 = 2(|\boldsymbol{a}|^2 + |\boldsymbol{b}|^2)$.

問 16 P, Q, R の位置ベクトルを $\boldsymbol{x}, \boldsymbol{y}, \boldsymbol{z}$ とすると，$|\boldsymbol{z}-\boldsymbol{x}| = |(\boldsymbol{z}-\boldsymbol{y}) + (\boldsymbol{y}-\boldsymbol{x})| \leqq |\boldsymbol{z}-\boldsymbol{y}| + |\boldsymbol{y}-\boldsymbol{x}|$ だから．

問 17 内積の性質 1°, 2° からすぐにでる．

問 18 略．　**問 19** $|\boldsymbol{a}-\boldsymbol{b}|^2 = (\boldsymbol{a}-\boldsymbol{b}, \boldsymbol{a}-\boldsymbol{b}) = |\boldsymbol{a}|^2 + |\boldsymbol{b}|^2 - 2(\boldsymbol{a}, \boldsymbol{b})$ と (8) より．

問 20 $\boldsymbol{a} = (3, 4, 5)$, $\boldsymbol{b} = (5, -3, 4)$ とおくと，$(\boldsymbol{a}, \boldsymbol{b}) = 23$, $|\boldsymbol{a}| = |\boldsymbol{b}| = 5\sqrt{2}$ より，$\cos\theta = 23/5\sqrt{2}\cdot 5\sqrt{2} = 0.46$, $\therefore\ \theta \fallingdotseq 62.6°$.

問 21 $\boldsymbol{a} = \lambda\boldsymbol{b}$ なら，$|(\lambda\boldsymbol{b}, \boldsymbol{b})| = |\lambda|\cdot|\boldsymbol{b}|^2 = |\lambda\boldsymbol{b}|\cdot|\boldsymbol{b}|$ は明らかに成り立つ．逆に (5) (110 ページ) で等号が成り立つと，(4) の右辺 $= 0$ とおいた 2 次方程式は実根 (重根) $t = \lambda$ をもつ．その根によって，$|\boldsymbol{a}-\lambda\boldsymbol{b}| = 0$, つまり，$\boldsymbol{a} = \lambda\boldsymbol{b}$ が成り立つから，$\boldsymbol{a}, \boldsymbol{b}$ は線型従属である．

[別解] (8) により，$|(\boldsymbol{a}, \boldsymbol{b})| = |\boldsymbol{a}|\cdot|\boldsymbol{b}| \Longleftrightarrow |\cos\theta| = 1 \Longleftrightarrow \theta = 0, \pi \Longleftrightarrow \boldsymbol{a}, \boldsymbol{b}$ は共線，つまり線型従属．

問 22 $\boldsymbol{a}$ と $\boldsymbol{n}$ の角を θ とすると，P′Q′ の長さは $|\boldsymbol{a}|\cos\theta = |\boldsymbol{a}|\cdot|\boldsymbol{n}|\cos\theta = (\boldsymbol{a}, \boldsymbol{n})$ の絶対値に等しい．一方，θが鋭角とすると，P′Q′ の方向は $\boldsymbol{n}$ と同じで，θは鈍角とすると反対である．したがって，ちょうど $\overrightarrow{\mathrm{P'Q'}} = (\boldsymbol{a}, \boldsymbol{n})\boldsymbol{n}$ となる．

問 23 $\boldsymbol{a}\times\boldsymbol{b} = \boldsymbol{0}$ とすると，行列 $\begin{pmatrix}\boldsymbol{a}\\ \boldsymbol{b}\end{pmatrix}$ の階数は 1 だから，$\boldsymbol{a}, \boldsymbol{b}$ は線型従属で，$\boldsymbol{b} = \lambda\boldsymbol{a}$ としてよい．このときは，問 21 より (5) の右辺も 0 となる．

問 24 (1) 左辺のベクトルは $\boldsymbol{a}\times\boldsymbol{b}$ に垂直だから，$\boldsymbol{a}, \boldsymbol{b}$ の張る平面上にあり，したがって，$\lambda\boldsymbol{a}+\mu\boldsymbol{b}$ の形に書ける．$\boldsymbol{c}$ との内積を作ると，左辺 $= 0$ だから，$0 = \lambda(\boldsymbol{a}, \boldsymbol{c}) + \mu(\boldsymbol{b}, \boldsymbol{c})$, したがって，$\lambda : \mu = -(\boldsymbol{b}, \boldsymbol{c}) : (\boldsymbol{a}, \boldsymbol{c})$ で，$(\boldsymbol{a}\times\boldsymbol{b})\times\boldsymbol{c} = k(-\boldsymbol{a}(\boldsymbol{b}, \boldsymbol{c}) + \boldsymbol{b}(\boldsymbol{a}, \boldsymbol{c}))$ と書ける．$\boldsymbol{a} = \boldsymbol{e}_1$, $\boldsymbol{b} = \boldsymbol{e}_2$, $\boldsymbol{c} = \boldsymbol{e}_1$ とおくと，$\boldsymbol{e}_2 = k\boldsymbol{e}_2$ を得るから $k = 1$ でなければならない．

(2) (1) によって $(\boldsymbol{a}\times\boldsymbol{b})\times\boldsymbol{c}$ 等を表わして辺々加えればよい.

問 25 $\dfrac{x-x_1}{a}=\dfrac{y-y_1}{b}=\dfrac{z-z_1}{c}$.

問 26 $x-\lambda_1x_1-\lambda_2x_2-\lambda_3x_3=0,\quad y-\lambda_1y_1-\lambda_2y_2-\lambda_3y_3=0,\quad z-\lambda_1z_1-\lambda_2z_2-\lambda_3z_3=0,$ $1-\lambda_1-\lambda_2-\lambda_3=0$ という斉次1次方程式が自明でない解 $1,\lambda_1,\lambda_2,\lambda_3$ をもつことより, その係数行列式 $=0$.

問 27 $r\cos(\theta-\alpha)=p$ より $r\cos\theta\cos\alpha+r\sin\theta\sin\alpha=p$ で, $r\cos\theta=x$, $r\sin\theta=y$ だから, $x\cos\alpha+y\sin\alpha=p$.

問 28 平面の方程式を $ax+by+cz+d=0$ とすると, $ax_i+by_i+cz_i+d=0(i=1,2,3)$ で, この四つを連立させて自明でない解 a,b,c,d をもつことより係数行列式 $=0$.

問 29 定理8より直ちに出る.

問 30 (1) $5x+2y+3z-6=0$ (2) $x+y-2z+3=0$ (3) $\dfrac{x+2}{3}=\dfrac{y}{-1}=\dfrac{z-3}{-1}$

(4) $x-1=y-2=z-3$ (5) $x+y+z-6=0$

問 31 一つの解を (x_0,y_0,z_0) とすると, $(x-x_0,y-y_0,z-z_0)$ は斉次1次方程式 $a_ix+b_iy+c_iz=0$ $(i=1,2)$ の解で, それは $\begin{vmatrix}b_1&c_1\\b_2&c_2\end{vmatrix}$, $\begin{vmatrix}c_1&a_1\\c_2&a_2\end{vmatrix}$, $\begin{vmatrix}a_1&b_1\\a_2&b_2\end{vmatrix}$ と比例する.

問 32 平行条件 $a_1:a_2=b_1:b_2=c_1:c_2$, 一致条件 $a_1:b_1:c_1=a_2:b_2:c_2=x_2-x_1:y_2-y_1:z_2-z_1$,

問 33 $\sqrt{|\boldsymbol{x}_1-\boldsymbol{x}_0|^2-(\boldsymbol{x}_1-\boldsymbol{x}_0,\boldsymbol{n})^2}$, $\boldsymbol{n}$ は直線 g の単位方向ベクトル.

問 34 $\begin{vmatrix}x_2-x_1&y_2-y_1&z_2-z_1\\a_1&b_1&c_1\\a_2&b_2&c_2\end{vmatrix}\Bigg/\left(\begin{vmatrix}b_1&c_1\\b_2&c_2\end{vmatrix}^2+\begin{vmatrix}c_1&a_1\\c_2&a_2\end{vmatrix}^2+\begin{vmatrix}a_1&b_1\\a_2&b_2\end{vmatrix}^2\right)^{\frac{1}{2}}$ の絶対値.

≪第 5 章≫

問 1 同値関係は明らか. $\bar{f}$ は単射になる.

問 2 図でまず Ω' として $\bar{\Omega}_1$ をとると, Ω/R から $\bar{\Omega}_1$ への写像 $\bar{\varphi}_1$ があって, $\varphi_1=\bar{\varphi}_1\circ\varphi$, 一方 $\bar{\Omega}_1$ について, $\bar{\Omega}_1$ から Ω/R への写像 $\bar{\varphi}$ があって, $\varphi=\bar{\varphi}\circ\varphi_1$ が成り立つ. この二つの等式から, $\bar{\varphi}\circ\bar{\varphi}_1=1$ ($\bar{\Omega}_1$ 上の恒等写像), $\bar{\varphi}_1\circ\bar{\varphi}=1$ (Ω/R 上の恒等写像) となるから, $\bar{\varphi}_1$ が Ω/R から $\bar{\Omega}_1$ への双射で, $\bar{\varphi}$ はその逆写像である.

問 3 $\boldsymbol{u},\boldsymbol{v}\in W$ とすると $\boldsymbol{u}+\boldsymbol{v}\in W$ だから, $(\boldsymbol{x}+\boldsymbol{u})+(\boldsymbol{y}+\boldsymbol{v})=(\boldsymbol{x}+\boldsymbol{y})+(\boldsymbol{u}+\boldsymbol{v})\in(\boldsymbol{x}+\boldsymbol{y})+W$, したがって (1) の左辺 $\subset$ 右辺. 逆に, $\boldsymbol{u}\in W$ とすると, $(\boldsymbol{x}+\boldsymbol{y})+\boldsymbol{u}=\boldsymbol{x}+(\boldsymbol{y}+\boldsymbol{u})\in(\boldsymbol{x}+W)+(\boldsymbol{y}+W)$ だから, 右辺 $\subset$ 左辺. (1) の第2式も同様.

問 4 和の結合律・可換律, スカラー倍との二つの分配律, スカラー倍の結合律

$((\lambda\mu)\boldsymbol{a} = \lambda(\mu\boldsymbol{a}))$ 等は定義とこれらの性質が V で成り立つことから明らか．与えられた $\bar{\boldsymbol{a}} = \boldsymbol{a}+W$ と $\bar{\boldsymbol{b}} = \boldsymbol{b}+W$ に対して，$\boldsymbol{x} = \boldsymbol{b}-\boldsymbol{a}$ とおくと，$\bar{\boldsymbol{x}}+\bar{\boldsymbol{a}} = (\boldsymbol{x}+W)+(\boldsymbol{a}+W) = (\boldsymbol{x}+\boldsymbol{a})+W = \boldsymbol{b}+W = \bar{\boldsymbol{b}}$ が成り立つ．$1\cdot\bar{\boldsymbol{a}} = 1\cdot\boldsymbol{a}+W = \boldsymbol{a}+W = \bar{\boldsymbol{a}}$．したがって，$V/W$ は線型空間．$\boldsymbol{0}$ ベクトルは，V の $\boldsymbol{0}$ を含む類 W で，$\boldsymbol{a}+W$ の反ベクトルは $-\boldsymbol{a}+W$ である．

問 5　$f(\boldsymbol{x}+\boldsymbol{y}) = \bar{f}(\varphi(\boldsymbol{x}+\boldsymbol{y})) = \bar{f}(\varphi(\boldsymbol{x})+\varphi(\boldsymbol{y}))$，一方 f の線型性から，$f(\boldsymbol{x}+\boldsymbol{y}) = f(\boldsymbol{x})+f(\boldsymbol{y}) = \bar{f}(\varphi(\boldsymbol{x}))+\bar{f}(\varphi(\boldsymbol{y}))$，したがって $\bar{f}$ は和を和に写す．同じくスカラー倍はスカラー倍に移す．

問 6　V' から V'/W' への標準写像を φ' とすると，$\varphi'\circ f$ は V から V'/W' の上への線型写像で核が W である．したがって定理3より V/W は V'/W' と同型である．

問 7　線型空間の定義 1°−7°(第1章，§1)をたしかめればよい．

問 8　n についての数学的帰納法．

問 9　$\dim k^n = \dim(k\times k\times\cdots\cdots\times k) = \dim k+\cdots\cdots+\dim k = n\cdot\dim k = n$

問 10　$f((\boldsymbol{x}_1, \boldsymbol{x}_2)+(\boldsymbol{y}_1, \boldsymbol{y}_2)) = f((\boldsymbol{x}_1+\boldsymbol{y}_1, \boldsymbol{x}_2+\boldsymbol{y}_2)) = (\boldsymbol{x}_1+\boldsymbol{y}_1)+(\boldsymbol{x}_2+\boldsymbol{y}_2) = (\boldsymbol{x}_1+\boldsymbol{x}_2)+(\boldsymbol{y}_1+\boldsymbol{y}_2) = f((\boldsymbol{x}_1, \boldsymbol{x}_2))+f((\boldsymbol{y}_1, \boldsymbol{y}_2))$，$f(\lambda(\boldsymbol{x}_1, \boldsymbol{x}_2)) = f((\lambda\boldsymbol{x}_1, \lambda\boldsymbol{x}_2)) = \lambda\boldsymbol{x}_1+\lambda\boldsymbol{x}_2 = \lambda(\boldsymbol{x}_1+\boldsymbol{x}_2) = \lambda f((\boldsymbol{x}_1, \boldsymbol{x}_2))$．

問 11　$W_1\cap W_2$ から N への写像 $g:\boldsymbol{x}\longmapsto(\boldsymbol{x}, -\boldsymbol{x})$ を考える．これが和とスカラー倍を保存することは明らかである．$(\boldsymbol{x}, -\boldsymbol{x}) = \boldsymbol{0}$ は $\boldsymbol{x} = \boldsymbol{0}$ 以外にないから，g は同型である．

問 12　この写像 f の像を $W_1,\cdots\cdots, W_r$ の和という．

問 13　問12の写像 f が単射だとする．$2\leqslant i\leqslant n$ に対して，$W_i\cap(W_1+\cdots\cdots+W_{i-1})\ni\boldsymbol{x}_i$ をとると，$\boldsymbol{x}_i = \boldsymbol{x}_1+\cdots\cdots+\boldsymbol{x}_{i-1}$ (各 $\boldsymbol{x}_j\in W_j$) と表わされるから，$\boldsymbol{x}_1+\cdots\cdots+\boldsymbol{x}_{i-1}-\boldsymbol{x}_i = \boldsymbol{0}$，$f$ が単射であることより，$\boldsymbol{x}_1 = \cdots\cdots = \boldsymbol{x}_i = \boldsymbol{0}$ となる．逆に，この条件が成り立つとし，$\boldsymbol{x}_1+\cdots\cdots+\boldsymbol{x}_r = \boldsymbol{0}$ とすると，$\boldsymbol{x}_r = -\boldsymbol{x}_1-\cdots\cdots-\boldsymbol{x}_{r-1}\in W_r\cap(W_1+\cdots\cdots+W_{r-1})$ だから，仮定より，$\boldsymbol{x}_r = \boldsymbol{0}$，したがって，$\boldsymbol{x}_1+\cdots\cdots+\boldsymbol{x}_{r-1} = \boldsymbol{0}$ となるが同じように，$\boldsymbol{x}_{r-1} = \boldsymbol{0}$．これを繰り返して，$\boldsymbol{x}_r = \boldsymbol{x}_{r-1} = \cdots\cdots = \boldsymbol{x}_1 = \boldsymbol{0}$ を得るから，f は単射でなければならない．次元については，数学的帰納法によればよい．

問 14　線型空間の定義 1°−7°(第1章，§1)を一つ一つたしかめればよい．

問 15　V の基底 $\boldsymbol{e}_1,\cdots\cdots,\boldsymbol{e}_n$，$V'$ の基底 $\boldsymbol{f}_1,\cdots\cdots,\boldsymbol{f}_m$ とすると，$f\in\mathscr{L}(V, V')$ は $f(\boldsymbol{e}_i) = \sum_{k=1}^{m}\boldsymbol{f}_k a_{ki}$ で定められる表現行列 (a_{ki}) から決まる．このことから，各 k, i に対して $a_{ki} = 1$，他の成分を0とした表現行列に対応する線型写像 f_{ki} が基底をなすことが示せる．

問 16　一つ一つたしかめればよい．

問 17　4°, 5° は明白．$\|\boldsymbol{y}-t\boldsymbol{x}\|^2=(\boldsymbol{y}-t\boldsymbol{x},\boldsymbol{y}-t\boldsymbol{x})=\|\boldsymbol{y}\|^2-2(\boldsymbol{x},\boldsymbol{y})t+\|\boldsymbol{x}\|^2t^2\geqslant 0$ より，2 次式の判別式 $\leqslant 0$，つまり 6° の前半をうる．$t=-1$ とおくと，$\|\boldsymbol{y}+\boldsymbol{x}\|^2=\|\boldsymbol{y}\|^2+2(\boldsymbol{x},\boldsymbol{y})+\|\boldsymbol{x}\|^2\leqslant\|\boldsymbol{y}\|^2+2\|\boldsymbol{x}\|\cdot\|\boldsymbol{y}\|+\|\boldsymbol{x}\|^2=(\|\boldsymbol{x}\|+\|\boldsymbol{y}\|)^2$ より，6° の後半を得る．

問 18　$\sum_{i=1}^{r}\lambda_i\boldsymbol{a}_i=\boldsymbol{0}$ と $\boldsymbol{a}_k$ との内積を作ると，$\lambda_k=0\ (1\leqslant k\leqslant r)$ を得る．

問 19　問 17 の解より，$\boldsymbol{x}$ と $\boldsymbol{y}$ が直交すれば，$(\boldsymbol{x},\boldsymbol{y})=0$ だから $\|\boldsymbol{x}+\boldsymbol{y}\|^2=\|\boldsymbol{x}\|^2+\|\boldsymbol{y}\|^2$ を得る．あとはベクトルの数 r についての数学的帰納法によればよい．

問 20　$W\subset W^{\circ\circ}$ は明白．次元の一致することを示せばよい．

問 21　同様．

≪第 6 章≫

問 1　(1) $\chi(X)=(X-1)(X-2)(X-3)$，$\lambda=1,2,3$．固有ベクトル $(1,0,-1),(2,-1,0),(0,1,-1)$，これによって対角型に直せる．

(2)　$\chi(X)=(X-1)^2(X-4)$，$\lambda=1,4$．1 に対する固有ベクトル $(1,-1,0)$，$(1,0,-1)$，4 に対応する固有ベクトル $(1,1,1)$，対角型に直せる．

(3)　$\chi(X)=(X-1)(X-2)^2$，$\lambda=1,2$．1 に対する固有ベクトル $(1,1,1)$，2 に対する固有ベクトル $(2,2,1)$，対角型に直せない．

(4)　$\chi(X)=(X-2)^3$，$\lambda=2$．2 に対する固有ベクトル $(1,2,-2),(1,0,2)$．対角形に直せない．

(5)　$\chi(X)=(X-3)^2(X+3)^2$，$\lambda=3,-3$．3 に対する固有ベクトル $(0,1,-1,-1),(1,0,-1,-1)$，-3 に対する固有ベクトル $(1,1,0,-1)$，$(1,1,-1,0)$，対角型に直せる．

(6)　$\chi(X)=(X-1)^3(X+1)^2$，$\lambda=\pm 1$．1 に対する固有ベクトル $(1,0,0,0,1)$，$(0,1,0,1,0)$，$(0,0,1,0,0)$，-1 に対する固有ベクトル $(1,0,0,0,-1)$，$(0,1,0,-1,0)$，対角型に直せる．(スペースのつごうで，列ベクトルはすべて行ベクトルの形に書いてある．)

問 2　$(u(\boldsymbol{e}_1)\cdots\cdots u(\boldsymbol{e}_n))=(\boldsymbol{e}_1\cdots\boldsymbol{e}_n)A$，$(v(\boldsymbol{e}_1)\cdots\cdots v(\boldsymbol{e}_n))=(\boldsymbol{e}_1\cdots\boldsymbol{e}_n)B$ を辺々加えたり，前者を λ 倍すればよい．

問 3　$N_{f_1},\cdots\cdots,N_{f_r}$ の和が直和になるから．

問 4　$u(\boldsymbol{x})=\lambda\boldsymbol{x}\ (\boldsymbol{x}\neq\boldsymbol{0})$ より，$u^m(\boldsymbol{x})=\lambda^m\boldsymbol{x}$ だから，このような等式をスカラー倍して加えれば，$f(u)(\boldsymbol{x})=f(\lambda)\boldsymbol{x}\ (\boldsymbol{x}\neq\boldsymbol{0})$ を得る．

問 5　最小多項式 $\varphi(X)$ は X^k-1 を割り切る．ところが，この後者は (1 の k 重根を根とするから) 重根をもたない．したがって，$\varphi(X)$ も重根をもたないから．

問 6　最小多項式 X^m は 0 を重根としてもつから．

問 7　準同型定理より．

問8　(1) $\begin{pmatrix}1&0&0\\0&2&0\\0&0&3\end{pmatrix}$ (2) $\begin{pmatrix}1&0&0\\0&1&0\\0&0&-1\end{pmatrix}$ (3) $\begin{pmatrix}3&0&0\\0&-1&1\\0&0&-1\end{pmatrix}$ (4) $\begin{pmatrix}-1&0&0\\0&-1&1\\0&0&-1\end{pmatrix}$ (5) $\begin{pmatrix}1&1&0\\0&1&1\\0&0&1\end{pmatrix}$

(6) $\begin{pmatrix}1&0&0&0\\0&1&1&0\\0&0&1&1\\0&0&0&1\end{pmatrix}$ (7) $\begin{pmatrix}1&1&0&0\\0&1&0&0\\0&0&-1&1\\0&0&0&-1\end{pmatrix}$ (8) $\begin{pmatrix}2&1&0&0\\0&2&0&0\\0&0&2&1\\0&0&0&2\end{pmatrix}$

問9　$n=2$. ① $\chi_u(\chi)=(X-\alpha)(X-\beta)=\varphi(X)$, $\begin{pmatrix}\alpha&0\\0&\beta\end{pmatrix}$ ② $\chi_u(X)=(X-\alpha)^2$, $\varphi(X)=X-\alpha$, $l=1$, $s_1=n=r=2$, 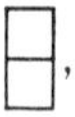, $\begin{pmatrix}\alpha&0\\0&\alpha\end{pmatrix}$ ③ $\chi_u(X)=(X-\alpha)^2=\varphi(X)$, $l=2$, $s_1+s_2=n=2$, これをみたす $(0<s_1\leqslant s_2)$ のは, $s_1=1$, $s_2=1$ のみ, $r=s_2=1$ 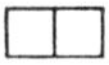, $\begin{pmatrix}\alpha&1\\0&\alpha\end{pmatrix}$

$n=3$. ① $\chi_u(X)=(X-\alpha)(X-\beta)(X-\gamma)=\varphi(X)$, $\begin{pmatrix}\alpha&0&0\\0&\beta&0\\0&0&\gamma\end{pmatrix}$ ② $\chi_u(X)=(X-\alpha)(X-\beta)^2$, $\varphi(X)=(X-\alpha)(X-\beta)$, $\begin{pmatrix}\alpha&0&0\\0&\beta&0\\0&0&\beta\end{pmatrix}$ ③ $\chi_u(X)=(X-\alpha)(X-\beta)^2=\varphi(X)$, $\begin{pmatrix}\alpha&0&0\\0&\beta&1\\0&0&\beta\end{pmatrix}$ ④ $\chi_u(X)=(X-\alpha)^3$, $\varphi(X)=X-\alpha$, $l=1$, $s_1=n=r=3$, 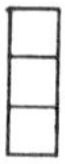, $\begin{pmatrix}\alpha&0&0\\0&\alpha&0\\0&0&\alpha\end{pmatrix}$ ⑤ $\chi_u(X)=(X-\alpha)^3$, $\varphi(X)=(X-\alpha)^2$, $l=2$, $s_1+s_2=n=3$, $s_1=1$, $s_2=2$, $r=2$, 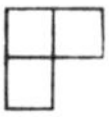, $\begin{pmatrix}\alpha&1&0\\0&\alpha&0\\0&0&\alpha\end{pmatrix}$ ⑥ $\chi_u(X)=(X-\alpha)^3=\varphi(X)$, $l=3$, $s_1+s_2+s_3=n=3$, $s_1=s_2=s_3=1$, $r=1$, 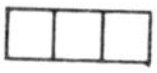, $\begin{pmatrix}\alpha&1&0\\0&\alpha&1\\0&0&\alpha\end{pmatrix}$

$n=4$.　9個の型の他, ⑩ $\chi_u(X)=(X-\alpha)^4$, $\varphi(X)=X-\alpha$, $l=1$, 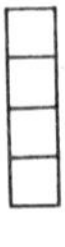,

$\begin{pmatrix}\alpha&0&0&0\\0&\alpha&0&0\\0&0&\alpha&0\\0&0&0&\alpha\end{pmatrix}$ ⑪ $\chi_u(X)=(X-\alpha)^4$, $\varphi(X)=(X-\alpha)^2$, $l=2$, $s_1+s_2=4$, $s_1=s_2$

$= 2,\ r = 2,$ 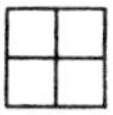, $\begin{pmatrix} \alpha & 1 & 0 & 0 \\ 0 & \alpha & 0 & 0 \\ 0 & 0 & \alpha & 1 \\ 0 & 0 & 0 & \alpha \end{pmatrix}$ ⑫ $s_1 = 1,\ s_2 = 3,\ r = 3,$ 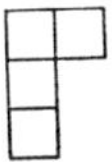,

$\begin{pmatrix} \alpha & 1 & 0 & 0 \\ 0 & \alpha & 0 & 0 \\ 0 & 0 & \alpha & 0 \\ 0 & 0 & 0 & \alpha \end{pmatrix}$ ⑬ $\chi_u(X) = (X-\alpha)^4,\ \varphi(X) = (X-\alpha)^3,\ l = 3,\ s_1+s_2+s_3 = 4,$

$s_1 = s_2 = 1,\ s_3 = 2,\ r = 2,$ 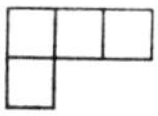, $\begin{pmatrix} \alpha & 1 & 0 & 0 \\ 0 & \alpha & 1 & 0 \\ 0 & 0 & \alpha & 0 \\ 0 & 0 & 0 & \alpha \end{pmatrix}$ ⑭ $\chi_u(X) = (X-\alpha)^4 =$

$\varphi(X),\ l = 4,\ s_1+s_2+s_3+s_4 = 4,\ s_1 = s_2 = s_3 = s_4 = 1,\ r = 1,$ 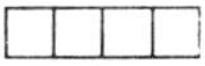,

$\begin{pmatrix} \alpha & 1 & 0 & 0 \\ 0 & \alpha & 1 & 0 \\ 0 & 0 & \alpha & 1 \\ 0 & 0 & 0 & \alpha \end{pmatrix}$

問 10 $\langle f(\boldsymbol{x}_1+\boldsymbol{x}_2), \boldsymbol{y}'\rangle = \langle f(\boldsymbol{x}_1)+f(\boldsymbol{x}_2), \boldsymbol{y}'\rangle = \langle f(\boldsymbol{x}_1), \boldsymbol{y}'\rangle + \langle f(\boldsymbol{x}_2), \boldsymbol{y}'\rangle$, $\langle f(\alpha\boldsymbol{x}), \boldsymbol{y}'\rangle = \langle \alpha f(\boldsymbol{x}), \boldsymbol{y}'\rangle = \alpha\langle f(\boldsymbol{x}), \boldsymbol{y}'\rangle$.

問 11 $g(\boldsymbol{y}_1'+\boldsymbol{y}_2')(\boldsymbol{x}) = \langle f(\boldsymbol{x}), \boldsymbol{y}_1'+\boldsymbol{y}_2'\rangle = \langle f(\boldsymbol{x}), \boldsymbol{y}_1'\rangle + \langle f(\boldsymbol{x}), \boldsymbol{y}_2'\rangle = g(\boldsymbol{y}_1')(\boldsymbol{x}) + g(\boldsymbol{y}_2')(\boldsymbol{x}) = (g(\boldsymbol{y}_1')+g(\boldsymbol{y}_2'))(\boldsymbol{x})$ がすべての $\boldsymbol{x} \in V$ に対して成り立つから，$g(\boldsymbol{y}_1'+\boldsymbol{y}_2') = g(\boldsymbol{y}_1')+g(\boldsymbol{y}_2')$. 同じく，$g(\alpha\boldsymbol{y}')(\boldsymbol{x}) = \langle f(\boldsymbol{x}), \alpha\boldsymbol{y}'\rangle = \alpha\langle f(\boldsymbol{x}), \boldsymbol{y}'\rangle = \alpha(g(\boldsymbol{y}')(\boldsymbol{x})) = (\alpha g(\boldsymbol{y}'))(\boldsymbol{x})$ より，$g(\alpha\boldsymbol{y}') = \alpha g(\boldsymbol{y}')$.

問 12 $\langle (g\circ f)(\boldsymbol{x}), \boldsymbol{z}'\rangle = \langle g(f(\boldsymbol{x})), \boldsymbol{z}'\rangle = \langle f(\boldsymbol{x}), {}^t g(\boldsymbol{z}')\rangle = \langle \boldsymbol{x}, {}^t f({}^t g(\boldsymbol{z}'))\rangle = \langle \boldsymbol{x}, ({}^t f\circ {}^t g)(\boldsymbol{z}')\rangle$ より．

問 13 $\langle \boldsymbol{x}, \varphi(\boldsymbol{y})\rangle = (\boldsymbol{x}, \boldsymbol{y})$ だから，$\langle \boldsymbol{x}, \varphi(\boldsymbol{y}_1+\boldsymbol{y}_2)\rangle = (\boldsymbol{x}, \boldsymbol{y}_1+\boldsymbol{y}_2) = (\boldsymbol{x}, \boldsymbol{y}_1)+(\boldsymbol{x}, \boldsymbol{y}_2) = \langle \boldsymbol{x}, \varphi(\boldsymbol{y}_1)\rangle + \langle \boldsymbol{x}, \varphi(\boldsymbol{y}_2)\rangle = \langle \boldsymbol{x}, \varphi(\boldsymbol{y}_1)+\varphi(\boldsymbol{y}_2)\rangle$ がすべての $\boldsymbol{x} \in V$ に対して成り立ち，$\varphi(\boldsymbol{y}_1+\boldsymbol{y}_2) = \varphi(\boldsymbol{y}_1)+\varphi(\boldsymbol{y}_2)$. 同じく，$\langle \boldsymbol{x}, \varphi(\lambda\boldsymbol{y})\rangle = (\boldsymbol{x}, \lambda\boldsymbol{y}) = \bar{\lambda}(\boldsymbol{x}, \boldsymbol{y}) = \bar{\lambda}\langle \boldsymbol{x}, \varphi(\boldsymbol{y})\rangle = \langle \boldsymbol{x}, \bar{\lambda}\varphi(\boldsymbol{y})\rangle = \langle \boldsymbol{x}, (\bar{\lambda}\varphi)(\boldsymbol{y})\rangle$ がすべての $\boldsymbol{x} \in V$ に対して成り立つから，$\varphi(\lambda\boldsymbol{y}) = \bar{\lambda}\varphi(\boldsymbol{y})$. 一方，$\varphi(\boldsymbol{y}) = \boldsymbol{0}$ なら，すべての $\boldsymbol{x}$ につき $(\boldsymbol{x}, \boldsymbol{y}) = 0$ だから，とくと $\boldsymbol{x} = \boldsymbol{y}$ とおくと，$(\boldsymbol{y}, \boldsymbol{y}) = 0$ より $\boldsymbol{y} = \boldsymbol{0}$，つまり φ は単射． V が有限次元だから，これは全射となる．

問 14 $((u+v)(\boldsymbol{x}), \boldsymbol{y}) = (u(\boldsymbol{x}), \boldsymbol{y})+(v(\boldsymbol{x}), \boldsymbol{y}) = (\boldsymbol{x}, u^*(\boldsymbol{y}))+(\boldsymbol{x}, v^*(\boldsymbol{y})) = (\boldsymbol{x}, (u^*+v^*)(\boldsymbol{y}))$ がすべての $\boldsymbol{x}, \boldsymbol{y}$ について成り立つから，$(u+v)^* = u^*+v^*$. $((\alpha u)(\boldsymbol{x}), \boldsymbol{y}) = \alpha(u(\boldsymbol{x}), \boldsymbol{y}) = \alpha(\boldsymbol{x}, u^*(\boldsymbol{y})) = (\boldsymbol{x}, (\bar{\alpha}u^*)(\boldsymbol{y}))$ より，$(\alpha u)^* = \bar{\alpha}u^*$. $((v\circ u)(\boldsymbol{x}), \boldsymbol{y}) = (u(\boldsymbol{x}), v^*(\boldsymbol{y})) = (\boldsymbol{x}, (u^*\circ v^*)(\boldsymbol{y}))$ より $(v\circ u)^* = u^*\circ v^*$. $(u^*(\boldsymbol{x}), \boldsymbol{y}) = (\boldsymbol{x}, u^{**}(\boldsymbol{y})) = (\boldsymbol{x}, u(\boldsymbol{y}))$ より

$u^{**}=u$.

問 15 u が正規なら, $(u(\boldsymbol{x}),u(\boldsymbol{y}))=(\boldsymbol{x},(u^*\circ u)(\boldsymbol{y}))=(\boldsymbol{x},(u\circ u^*)(\boldsymbol{y}))=(u^*(\boldsymbol{x}),u^*(\boldsymbol{y}))$. $\boldsymbol{x}=\boldsymbol{y}$ とすれば, $|u(\boldsymbol{x})|=|u^*(\boldsymbol{x})|$ を得る. 逆に, $|u(\boldsymbol{x})|=|u^*(\boldsymbol{x})|$ とする. $\boldsymbol{x}$ として $\boldsymbol{x}+\boldsymbol{y}$ を入れて, $(u(\boldsymbol{x}+\boldsymbol{y}),\ u(\boldsymbol{x}+\boldsymbol{y}))=(u^*(\boldsymbol{x}+\boldsymbol{y}),\ u^*(\boldsymbol{x}+\boldsymbol{y}))$, これをバラして, $\mathscr{R}(u(\boldsymbol{x}),\ u(\boldsymbol{y}))=\mathscr{R}(u^*(\boldsymbol{x}),u^*(\boldsymbol{y}))$, $\boldsymbol{y}$ の代わりに $i\boldsymbol{y}$ として, $\mathscr{I}(u(\boldsymbol{x}),u(\boldsymbol{y}))=\mathscr{I}(u^*(\boldsymbol{x}),u^*(\boldsymbol{y}))$ を得るから, $(u(\boldsymbol{x}),u(\boldsymbol{y}))=(u^*(\boldsymbol{x}),u^*(\boldsymbol{y}))$. 左辺 $=(\boldsymbol{x},(u^*\circ u)(\boldsymbol{y}))$, 右辺 $=(\boldsymbol{x},(u\circ u^*)(\boldsymbol{y}))$ だから, $u^*\circ u=u\circ u^*$ が成り立つ.

問 16 u の表現行列を与える V の正規直交基底を $\boldsymbol{e}_1,\boldsymbol{e}_2,\cdots,\boldsymbol{e}_n$ とすると, $u(\boldsymbol{e}_i)=\lambda_i\boldsymbol{e}_i$ だから, [2] 項より $u^*(\boldsymbol{e}_i)=\bar{\lambda}_i\boldsymbol{e}_i$, したがって, u^* の表現行列は $(\bar{\lambda}_i\delta_{ij})$ となる.

問 17 (1) $\Rightarrow$ (2) は, $(u(\boldsymbol{x}),u(\boldsymbol{y}))=(\boldsymbol{x},(u^*\circ u)(\boldsymbol{y}))=(\boldsymbol{x},\boldsymbol{y})$ より. (2) $\Rightarrow$ (3) は $\boldsymbol{x}=\boldsymbol{y}$ とおく. (3) $\Rightarrow$ (2) は問 15 と同様にやる. (2) $\Rightarrow$ (4) $(u(\boldsymbol{e}_i),u(\boldsymbol{e}_j))=(\boldsymbol{e}_i,\boldsymbol{e}_j)=\delta_{ij}$. (4) $\Rightarrow$ (1) は $(\boldsymbol{e}_i,(u^*\circ u)(\boldsymbol{e}_j))=(u(\boldsymbol{e}_i),u(\boldsymbol{e}_j))=\delta_{ij}=(\boldsymbol{e}_i,\boldsymbol{e}_j)$ より $(u^*\circ u)(\boldsymbol{e}_j)=\boldsymbol{e}_j$, $u^*\circ u=1$ を得るから.

≪第 7 章≫

問 1 (1) $P=\begin{pmatrix}-1&2&1\\1&2&0\\1&1&0\end{pmatrix}$, $P^{-1}=\begin{pmatrix}0&-1&2\\0&1&-1\\1&-3&4\end{pmatrix}$ によって, $P^{-1}AP=J=\begin{pmatrix}2&0&0\\0&-1&1\\0&0&-1\end{pmatrix}$ となり, $N=\begin{pmatrix}0&0&0\\0&0&1\\0&0&0\end{pmatrix}$, $R=PNP^{-1}=\begin{pmatrix}2&-6&8\\2&-6&8\\1&-3&4\end{pmatrix}$, $S=A-R=\begin{pmatrix}-1&3&-6\\0&-4&6\\0&-3&5\end{pmatrix}$. (2) $P=\begin{pmatrix}0&1&0\\1&2&0\\-2&-2&1\end{pmatrix}$, $P^{-1}=\begin{pmatrix}-2&1&0\\1&0&0\\-2&2&1\end{pmatrix}$, $P^{-1}AP=J=\begin{pmatrix}2&0&0\\0&2&1\\0&0&2\end{pmatrix}$, $D=2I=S$, $R=A-S=\begin{pmatrix}-2&2&1\\-4&4&2\\4&-4&-2\end{pmatrix}$. (3) 対称行列だからこれ自身半単純. したがって, $S=A, R=0$. (4) 固有値0だから, これ自身巾零, したがって, $S=0$, $R=A$.

問 2 (1) $D^n=\begin{pmatrix}2^n&0&0\\0&(-1)^n&0\\0&0&(-1)^n\end{pmatrix}=2^n\begin{pmatrix}1&0&0\\0&0&0\\0&0&0\end{pmatrix}+(-1)^n\begin{pmatrix}0&0&0\\0&1&0\\0&0&1\end{pmatrix}$, $nD^{n-1}N=n(-1)^{n-1}\begin{pmatrix}0&0&0\\0&0&1\\0&0&0\end{pmatrix}$, $A^n=2^n\begin{pmatrix}0&1&-2\\0&-1&2\\0&-1&2\end{pmatrix}+(-1)^n\begin{pmatrix}1&-1&2\\0&2&-2\\0&1&1\end{pmatrix}+n(-1)^{n-1}$

$\begin{pmatrix} 2 & -6 & 8 \\ 2 & -6 & 8 \\ 1 & -3 & 4 \end{pmatrix}$.　(2)　$D^n = 2^n \cdot I,\ nD^{n-1}N = n\cdot 2^{n-1}\begin{pmatrix} 0 & 0 & 0 \\ 0 & 0 & 1 \\ 0 & 0 & 0 \end{pmatrix}$,　$A^n = 2^n \cdot I + n\cdot 2^{n-1} \times$

$\begin{pmatrix} -2 & 2 & 1 \\ -4 & 4 & 2 \\ 4 & -4 & -2 \end{pmatrix}$.　(3)　$P = \begin{pmatrix} 1 & 0 & 1 \\ 0 & 1 & 1 \\ -1 & -1 & 1 \end{pmatrix}$,　$P^{-1} = \dfrac{1}{3}\begin{pmatrix} 2 & -1 & -1 \\ -1 & 2 & -1 \\ 1 & 1 & 1 \end{pmatrix}$ によって,

$P^{-1}AP = J = \begin{pmatrix} 1 & 0 & 0 \\ 0 & 1 & 0 \\ 0 & 0 & 4 \end{pmatrix} = D$,　$D^n = \begin{pmatrix} 1 & 0 & 0 \\ 0 & 1 & 0 \\ 0 & 0 & 0 \end{pmatrix} + 4^n\begin{pmatrix} 0 & 0 & 0 \\ 0 & 0 & 0 \\ 0 & 0 & 1 \end{pmatrix}$,　$A^n = \dfrac{1}{3} \times$

$\begin{pmatrix} 2 & -1 & -1 \\ -1 & 2 & -1 \\ -1 & -1 & 2 \end{pmatrix} + \dfrac{4^n}{3}\begin{pmatrix} 1 & 1 & 1 \\ 1 & 1 & 1 \\ 1 & 1 & 1 \end{pmatrix}$.　(4)　$P = \begin{pmatrix} 1 & 0 & 0 \\ -1 & 1 & 1 \\ 0 & 0 & 1 \end{pmatrix}$,　$P^{-1} = \begin{pmatrix} 1 & 0 & 0 \\ 1 & 1 & -1 \\ 0 & 0 & 1 \end{pmatrix}$ によって

$P^{-1}AP = J = \begin{pmatrix} 2 & 1 & 0 \\ 0 & 2 & 1 \\ 0 & 0 & 2 \end{pmatrix}$ だから,　$N^3 = 0$,　$D^n = 2^n I$,　$nD^{n-1}N = n\cdot 2^{n-1}\begin{pmatrix} 0 & 1 & 0 \\ 0 & 0 & 1 \\ 0 & 0 & 0 \end{pmatrix}$,

$\dbinom{n}{2} D^{n-2}N = \dfrac{n(n-1)}{2}\cdot 2^{n-2}\begin{pmatrix} 0 & 0 & 1 \\ 0 & 0 & 0 \\ 0 & 0 & 0 \end{pmatrix}$,　$A^n = 2^n I + n\cdot 2^{n-1}\begin{pmatrix} 1 & 1 & -1 \\ -1 & -1 & 2 \\ 0 & 0 & 0 \end{pmatrix} + n(n-1)\cdot$

$2^{n-3}\begin{pmatrix} 0 & 0 & 1 \\ 0 & 0 & -1 \\ 0 & 0 & 0 \end{pmatrix}$.

問 3　(1)　$\boldsymbol{x}(n) = 5^{n-1}\begin{pmatrix} 0 & 0 & 0 \\ 1 & 3 & 2 \\ 1 & 3 & 2 \end{pmatrix}\boldsymbol{x}(0)$　(2)　$\boldsymbol{x}(n) = \left[2^n \cdot I + n\cdot 2^{n-1}\begin{pmatrix} -2 & 2 & 1 \\ -4 & 4 & 2 \\ 4 & -4 & -2 \end{pmatrix}\right]\boldsymbol{x}(0)$

(3)　$x_n = \dfrac{(-1)^n}{9}(4x_0 - 4x_1 + x_2) + \dfrac{2^n}{9}(5x_0 + 4x_1 - x_2) + \dfrac{n\cdot 2^{n-1}}{3}(-2x_0 - x_1 + x_2)$

(4)　$x_n = nx_1 - (n-1)x_0$

問 4　(1)　$\exp J = e^2\begin{pmatrix} 1 & 0 & 0 \\ 0 & 0 & 0 \\ 0 & 0 & 0 \end{pmatrix} + e^{-1}\begin{pmatrix} 0 & 0 & 0 \\ 0 & 1 & 1 \\ 0 & 0 & 1 \end{pmatrix}$,　$\exp A = e^2\begin{pmatrix} 0 & 1 & -2 \\ 0 & -1 & 2 \\ 0 & -1 & 2 \end{pmatrix} + e^{-1}$

$\begin{pmatrix} 3 & -7 & 10 \\ 2 & -4 & 6 \\ 1 & -2 & 3 \end{pmatrix}$.　(2)　$\exp J = e^2\begin{pmatrix} 0 & 0 & 0 \\ 0 & 1 & 1 \\ 0 & 0 & 1 \end{pmatrix}$,　$\exp A = e^2\begin{pmatrix} -1 & 2 & 1 \\ -4 & 5 & 2 \\ 4 & -4 & -1 \end{pmatrix}$.

(3)　$\exp J = e\begin{pmatrix} 1 & 0 & 0 \\ 0 & 1 & 0 \\ 0 & 0 & 0 \end{pmatrix} + e^4\begin{pmatrix} 0 & 0 & 0 \\ 0 & 0 & 0 \\ 0 & 0 & 1 \end{pmatrix}$,　$\exp A = \dfrac{e}{3}\begin{pmatrix} 2 & -1 & -1 \\ -1 & 2 & -1 \\ -1 & -1 & 2 \end{pmatrix} + \dfrac{e^4}{3}\begin{pmatrix} 1 & 1 & 1 \\ 1 & 1 & 1 \\ 1 & 1 & 1 \end{pmatrix}$.

(4) $\exp J = e^2\begin{pmatrix}1 & 1 & 1/2\\ 0 & 1 & 1\\ 0 & 0 & 1\end{pmatrix}$, $\exp A = e^2\begin{pmatrix}2 & 1 & -1/2\\ -1 & 0 & 3/2\\ 0 & 0 & 1\end{pmatrix}$.

問 5 (4)で $Y=-X$ とおくと, $\exp X\exp(-X)=\exp O=I$ より $\exp(-X)=(\exp X)^{-1}$, また, ${}^tX=-X$ なら ${}^t(\exp X)=\exp({}^tX)=\exp(-X)=(\exp X)^{-1}$.

問 6 $X=PJP^{-1}$, $\exp J=\exp D\exp N$ とすると, $|\exp X|=|\exp J|=|\exp D|\cdot|\exp N|=|\exp D|=|\delta_{ij}e^{\lambda_i}|=e^{\lambda_1+\cdots\cdots\lambda_n}$ で, $\lambda_1+\cdots+\lambda_n=x_{11}+x_{22}+\cdots x_{nn}$.

問 7 (1) $\boldsymbol{x}(t)=\dfrac{e^{5t}}{5}\begin{pmatrix}0 & 0 & 0\\ 1 & 3 & 2\\ 1 & 3 & 2\end{pmatrix}\boldsymbol{x}(0)$ (2) $\boldsymbol{x}(t)=e^{2t}\begin{pmatrix}1-2t & 2t & t\\ -4t & 1+4t & 2t\\ 4t & -4t & 1-2t\end{pmatrix}\boldsymbol{x}(0)$

(3) $x(t)=\dfrac{e^{-t}}{9}(4x(0)-4x'(0)+x''(0))+\dfrac{e^{2t}}{9}((5-6t)x(0)+(4-3t)x'(0)+(-1+3t)x''(0))$

(4) $x(t)=e^t((1-t)x(0)+tx'(0))$

問 8 (1) $P=I$ (単位行列) にとると, $A={}^tIAI$ だから. (2) $B={}^tPAP$ なら $A={}^t(P^{-1})B(P^{-1})$ となる. (3) $B={}^tPAP$, $C={}^tQBQ$ とすると, $C={}^t(PQ)A(PQ)$ となるから.

問 9 $A=\begin{pmatrix}0 & 1 & 0\\ 1 & 0 & 1\\ 0 & 1 & 0\end{pmatrix}$, $\chi(A)=X(X-\sqrt{2})(X+\sqrt{2})$, $\lambda_1=\sqrt{2}$, $\lambda_2=-\sqrt{2}$, $\lambda_3=0$, $T=\begin{pmatrix}1/2 & 1/2 & 1/\sqrt{2}\\ 1/\sqrt{2} & -1/\sqrt{2} & 0\\ 1/2 & 1/2 & -1/\sqrt{2}\end{pmatrix}$, $F(x,y,z)=\sqrt{2}\,x'^2-\sqrt{2}\,y'^2=\dfrac{\sqrt{2}}{4}(x+\sqrt{2}\,y+z)^2-\dfrac{\sqrt{2}}{4}(x-\sqrt{2}\,y+z)^2$. [別解] $x'=x+y$, $y'=x-y$ とし, $F(x,y,z)=\dfrac{1}{2}x'^2-\dfrac{1}{2}y'^2+(x'-y')z=\dfrac{1}{2}(x'+z)^2-\dfrac{1}{2}y'^2-y'z-\dfrac{1}{2}z^2=\dfrac{1}{2}(x'+z)^2-\dfrac{1}{2}(y'+z)^2=\dfrac{1}{2}(x+y+z)^2-\dfrac{1}{2}(x-y+z)^2$.

問 10 $\boldsymbol{b}'={}^tT(A\boldsymbol{t}+\boldsymbol{b})$, $c={}^t\boldsymbol{t}A\boldsymbol{t}+2{}^t\boldsymbol{t}\boldsymbol{b}+c$.

問 11 $F(x,y,z)=2xy+2yz+2zx=2$ とし, $A=\begin{pmatrix}0 & 1 & 1\\ 1 & 0 & 1\\ 1 & 1 & 0\end{pmatrix}$, $\chi_A(X)=(X-2)(X+1)^2$ より, $\lambda_1=2, \lambda_2=\lambda_3=-1$ だから, $\left(\dfrac{x'}{\sqrt{2}}\right)^2-y'^2-z'^2=1$, 二葉双曲面.

問 12 $\alpha^{-1}\circ\sigma$ は 2 点以上の不動点をもつ等長変換だから, 恒等写像か回転 ρ か鏡映 β かになる. したがって, $\sigma=\alpha$ か $\sigma=\alpha\circ\rho$ か $\sigma=\alpha\circ\beta$, つまり, 併進か回転併進か併進

鏡映かいずれかになる．回転併進とは，一つの回転とその軸に沿う併進との合成でいわゆる≪スクリュー運動≫である．併進鏡映は鏡映との面上のある直線に沿う併進との合成である．

定 義 一 覧 表

定義 1 (線型空間) 集合 V の元の間と，和 $\boldsymbol{a}+\boldsymbol{b}$ と，V の元 $\boldsymbol{a}$ と数 λ の間にスカラー倍 $\lambda\boldsymbol{a}$ が定義されていて，これらの算法が

1° $\boldsymbol{a}+\boldsymbol{b} = \boldsymbol{b}+\boldsymbol{a}$ (可換律)

2° $(\boldsymbol{a}+\boldsymbol{b})+\boldsymbol{c} = \boldsymbol{a}+(\boldsymbol{b}+\boldsymbol{c})$ (結合律)

3° 任意の $\boldsymbol{a}, \boldsymbol{b}$ に対して，$\boldsymbol{a}+\boldsymbol{x} = \boldsymbol{b}(\boldsymbol{x}+\boldsymbol{a} = \boldsymbol{b})$ をみたすベクトル $\boldsymbol{x}$ がただ一つ存在する.

4° $\lambda(\boldsymbol{a}+\boldsymbol{b}) = \lambda\boldsymbol{a}+\lambda\boldsymbol{b}$ (第 1 分配律)

5° $(\lambda+\mu)\boldsymbol{a} = \lambda\boldsymbol{a}+\mu\boldsymbol{a}$ (第 2 分配律)

6° $(\lambda\mu)\boldsymbol{a} = \lambda(\mu\boldsymbol{a})$

7° $1\cdot\boldsymbol{a} = \boldsymbol{a}$

をみたすとき，V を線型空間といい，その元をベクトルという. (第 1 章，§2)

定義 2 (部分線型空間) 線型空間 V の部分集合 W が，

(1) $\boldsymbol{a}\boldsymbol{b} \in W \Rightarrow \boldsymbol{a}+\boldsymbol{b} \in W$

(2) $\boldsymbol{a} \in W$，λ : 数 $\Rightarrow \lambda\boldsymbol{a} \in W$

をみたすとき，V の部分線型空間 (略して部分空間) という. (第 1 章，§2)

定義 3 (線型写像) 線型空間 V から線型空間 W への写像 f が，

1° $f(\boldsymbol{x}+\boldsymbol{y}) = f(\boldsymbol{x})+f(\boldsymbol{y})$

2° $f(\lambda\boldsymbol{x}) = \lambda f(\boldsymbol{x})(\lambda$: 数$)$

をみたすとき，V から W への線型写像という. (第 1 章，§4)

定義 4 r 項数ベクトルに線型空間 V のベクトル $\boldsymbol{a}_i$ の線型結合を対応させる線型写像

$$f : (\lambda_1, \lambda_2, \cdots\cdots, \lambda_r) \longmapsto \lambda_1\boldsymbol{a}_1+\lambda_2\boldsymbol{a}_2+\cdots\cdots+\lambda_r\boldsymbol{a}_r$$

が単射のとき，$\boldsymbol{a}_1, \boldsymbol{a}_2, \cdots\cdots, \boldsymbol{a}_r$ を線型独立，全射のとき生成系，双射のとき基底という.

(第 2 章，§1)

定義 5 (交代複線型関数) n 個のベクトル $\boldsymbol{x}_i$ の関数 $f(\boldsymbol{x}_1, \boldsymbol{x}_2, \cdots\cdots, \boldsymbol{x}_n)$ が，

1° 各変数 $\boldsymbol{x}_i$ について線型

2° 交代 (二つの変数を交換すると符号が変わる)

をみたすとき，交代複線型であるという. (第 3 章，§1)

定義 6 集合 Ω と線型空間 V があり，Ω の点 P, V のベクトル $\boldsymbol{a}$ について，

1° 任意の 2 点 P, Q に対して，$\overrightarrow{\mathrm{PQ}} \in V$

2° $\overrightarrow{\mathrm{PQ}} = \mathbf{0} \Rightarrow \mathrm{P} = \mathrm{Q}$

3° $\overrightarrow{\mathrm{PQ}} + \overrightarrow{\mathrm{QR}} = \overrightarrow{\mathrm{PR}}$

4° 任意の点 P と与えられた $\boldsymbol{a} \in V$ に対して，$\overrightarrow{\mathrm{PQ}} = \boldsymbol{a}$ をみたす点 Q が存在する．

（第 4 章，§1）

定義 7（線型多様体）次の同値な条件をみたす集合 L を線型多様体という．

(A) L 上の点 A に対して，$W = \{\overrightarrow{\mathrm{AP}} \mid \mathrm{P} \in L\}$ は V の部分線型空間．

(B) L 上に適当な点 $\mathrm{A}_0, \mathrm{A}_1, \cdots\cdots, \mathrm{A}_r$ に対して，$L = \left\{\mathrm{P} \mid \mathrm{P} = \sum_{i=0}^{r} \lambda_i \mathrm{A}_i,\ \sum_{i=0}^{r} \lambda_i = 1\right\}$

（第 4 章，§3）

定義 8（商線型空間）線型空間 V の部分線型空間 W に対して，商集合 V/W は，

$$(\boldsymbol{x}+W)+(\boldsymbol{y}+W) = (\boldsymbol{x}+\boldsymbol{y})+W,$$
$$\lambda(\boldsymbol{x}+W) = \lambda\boldsymbol{x}+W$$

によって，線型空間になるが，これを W を法とする商線型空間という．（第 5 章，§1）．

定義 9（積線型空間）n 個の線型空間 $V_1, V_2, \cdots\cdots, V_n$ に対して，その積集合 $V_1 \times V_2 \times \cdots\cdots \times V_n$ は，

$$(\boldsymbol{x}_1, \boldsymbol{x}_2, \cdots\cdots \boldsymbol{x}_n)+(\boldsymbol{y}_1, \boldsymbol{y}_2, \cdots\cdots, \boldsymbol{y}_n) = (\boldsymbol{x}_1+\boldsymbol{y}_1, \boldsymbol{x}_2+\boldsymbol{y}_2, \cdots\cdots, \boldsymbol{x}_n+\boldsymbol{y}_n)$$
$$\lambda(\boldsymbol{x}_1, \boldsymbol{x}_2, \cdots\cdots, \boldsymbol{x}_n) = (\lambda\boldsymbol{x}_1, \lambda\boldsymbol{x}_2, \cdots\cdots, \lambda\boldsymbol{x}_n)$$

によって，線型空間となるが，これを $V_1, V_2, \cdots\cdots, V_n$ の積線型空間という．

（第 5 章，§2）

定義 10（計量線型空間）線型空間 V に，内積 $(\boldsymbol{x}, \boldsymbol{y})$ が与えられて，

1° $(\boldsymbol{x}, \boldsymbol{y}) = (\boldsymbol{y}, \boldsymbol{x})$（対称性）（あるいは $\overline{(\boldsymbol{x}, \boldsymbol{y})} = (\boldsymbol{y}, \boldsymbol{x})$）

2° $(\boldsymbol{x}_1+\boldsymbol{x}_2, \boldsymbol{y}) = (\boldsymbol{x}_1, \boldsymbol{y})+(\boldsymbol{x}_2, \boldsymbol{y}), (\lambda\boldsymbol{x}, \boldsymbol{y}) = \lambda(\boldsymbol{x}, \boldsymbol{y})$,（双線型性）

3° $(\boldsymbol{x}, \boldsymbol{x}) \geqq 0$，等号は $\boldsymbol{x} = \mathbf{0}$ のときのみ（正値性）

をみたすとき，V を計量線型空間という．（第 5 章，§4）

さくいん

—著者紹介—

銀　林　　浩

1927年　東京生まれ

1953年　東京大学理学部数学科卒

現　在　明治大学名誉教授

主要著書　水道方式による計算体系(明治図書)1960

初等整数論入門(国土社)1966

有限世界の数学(上下)(国土社)1972/3

量の世界—構造主義的分析(むぎ書房)1975

ベクトルと行列(講談社)1979

人間行動からみた数学(正続)(明治図書)1982/84

人文的数学のすすめ(日本評論社)1989

基礎からわかる数・数式と図形の英語(銀林 純と共著)(日興企画)1999

線型代数学序説

2002年4月20日初版第1刷

著　者　銀　林　　浩

発行者　富　田　　栄

印刷所　牟禮印刷株式会社

発行所　現代数学社

京都市左京区鹿ヶ谷西寺ノ前町1　〒606-8425

振替　01010-8-11144　TEL(075)751-0727

ISBN4—7687—0276—7　C3041